日本の製紙業における合併効果

――生産性と効率性の計量分析

上田雅弘［著］

ミネルヴァ書房

日本の製紙業における合併効果

——生産性と効率性の計量分析——

目　次

第Ⅰ部　生産性分析で見た合併効果

第Ⅱ部　企業合併の効率性分析

序　日本の製紙業における合併効果

企業合併は産業組織論の伝統的な研究テーマであり，これまで寡占市場を中心とした理論モデルの展開と多くの実証的検証の蓄積がなされている。近年，国際的な競争圧力とそれに伴う規制緩和の影響により，企業の合併・統合や資本提携など，さまざまな産業分野で組織の再編成が盛んである。こうした動きが活発な日本の製造業として製紙業があげられる。製紙業界では，1990年代に大規模な水平合併が繰り返され市場の寡占化が進展している。

本書では日本の製紙業界におけるダイナミックな構造変化に注目し，合併のインセンティブを寡占市場の理論モデルを用いて経済合理的に整理するとともに，収益性・生産性・効率性の側面から多角的な統計分析の手法を駆使して実証的に解明する。

まず日本の製造業に関する企業合併の動向を把握するために，第１章では合併の経年的な変化を態様別に捉えている。大型の水平合併は市場集中度を高め，競争条件に直接影響を及ぼす。しかし近年の合併は，過剰設備を抱える業種の再編を進めるため，規制緩和推進に伴う積極的な競争政策が展開されたものである。こうした視点で日本の製造業を見た時，大型の水平合併が実現した製紙業が注目される。

製紙業は輸出入の割合も小さい典型的な内需型産業であり，貿易の影響を大きく考慮することなく市場構造の変化を市場成果と結びつけて考察できる。製造業に占める製紙業の地位は，製品出荷額で見れば３％程度であるが，製紙業の主たる製品は，新聞・印刷・包装・衛生用紙等の「洋紙」と，包装用や加工用の「板紙」に区分され，産業用・家庭用として日常の経済活動に多大な影響を及ぼしている。

洋紙の需要は1990年代初頭まで拡大傾向にあったが，不況によって停滞する。そして2007年をピークに需要量は減少し，2020年時点では洋紙の生産量が板紙の生産量を下回る水準になった。洋紙の販売単価は経年的に低下してきたが，近年では横ばいとなっている。

こうした製紙業の需要構造の変化を把握する目的で，第２章では主たる製品に関する経年的な価格水準と販売量の変化から需要の価格弾力性を求めている。さらに洋紙市場における需要構造の変化を価格弾力性で捉えるために，状態空間モデルによって弾力性値を推計する新たな方法を提示する。一般的な計測モデルを用いる場合には，価格弾力性は一定期間におけるパラメータとして得ることになるが，状態空間モデルを用いることによって毎期の価格弾力性値を推計できる。

こうした状態空間モデルの特性を利用して，洋紙の品種ごとに価格弾力性値を求め，景気の局面にしたがって需要動向がどのように変化したのかを検証する。さらに，得られた価格弾力性のデータを従来から研究されている寡占市場のモデルに適用し，産業利潤率の決定因として需要の価格弾力性の影響を統計的な分析によって明確化している。

製紙業の概況から浮き彫りとなった市場における課題を認識しそれを解決するためには，その構造を理論的に定式化して把握することから始めなければならない。さらにその把握の方法が正しいかどうか実証的に検証することによって，直面している課題の解決法を見出すことができる。これが産業組織分析における，理論・実証・政策の科学的思考過程である。

その意味では，まず市場を理論モデルによって捉えることが有効となる。製紙業は同質的な財を生産する企業がシェアを争う生産量戦略ゲームがあてはまる寡占市場である。生産量競争の典型的な理論モデルとしては，クールノー・モデルやシュタッケルベルク・モデルがあげられる。これらの理論は，ゲーム理論の分析手法の発展により，多くの理論的な研究が蓄積されている。製紙業がこれらの理論モデルで説明される競争形態であると認められるならば，生産量競争の理論的枠組みを適用して，合併を含むさまざまな企業戦略の効果を分析し，競争政策の有効性を考えることができる。

第３章では製紙業界の合併行動を理論モデルによって把握し，収益性向上の面から経済合理的な説明を試みる。合併のインセンティブを収益性の面から理論的に検討した時，生産量競争を前提とした単純なクールノー・モデルでは，合併当事者となった企業は収益を増大できず，いわゆる「合併のパラドクス」を引き起こすことが知られている。

しかし現実の製紙市場における競争形態に注目すると，リーダー企業とフォロワー企業が存在するようなシュタッケルベルク市場の様相を呈している。合併をシュタッケルベルク市場モデルで展開した時，収益性の面からも経済合理性的に合併のインセンティブを解釈できる。さらには費用効率の大幅な改善を伴う合併であれば，収益性向上を合理的に説明する余地がある。1990年代に大型合併を繰り返した日本の製紙業界における実証分析の視点は，競争形態と生産性および効率性に着目すべきであることが理論研究から見出される。そこで，合併の収益性向上に関する効果について，収益性向上の面から差分の差分法（*DID*）回帰分析を用いて合併前後の収益性の変化について実態を捉え理論モデルの含意を確認する。

また第４章では典型的な寡占形態が観察される日本の洋紙市場を対象に，競争市場の理論モデルから得られた価格の理論値を用いることで，クールノー市場とシュタッケルベルク市場の競争形態を検証している。モデルから得られた価格の理論値は，企業数とシェア，さらに需要の価格弾力性，単位費用などのパラメータを使って算出することができ，これを現実の価格と比較する手法で検定を試みる。計測過程では第２章で状態空間モデルによって得られた需要の価格弾力性の推計値を用いる。寡占市場の典型とされるクールノー市場やシュタッケルベルク市場は，過去に豊富な理論研究の蓄積がある。市場の競争形態を特定化できれば，理論研究のインプリケーションを適用して，当該市場の戦略的行動を窺うことができ，さまざまな政策判断を行う根拠となる。

製紙業は技術的には典型的な装置型産業であるうえに，パルプや古紙という共通した原料から，洋紙と板紙を主とした多様な財を生産するという特徴がある。つまり，大規模生産の効率性を表す「規模の経済性（Economies of Scale）」と，複数財生産における「範囲の経済性（Economies of Scope）」が重要な意味をもつ産業であると考えられる。製紙業界で相次いだ合併の成否を判断する鍵は，企業合併によって規模と範囲の経済性を実現すること，さらには生産性を向上させるとともに，費用効率を改善することにある。

そこで第５章では合併前後における生産性の変化に注目し，日本の製紙業界における合併効果を，全要素生産性（Total Factor Productivity : *TFP*）で捉えている。*TFP* は伝統的な生産性の計測方法であるが，大別すれば，特定の関数を仮定して計測を行い，その残差から得られる指標を用いる計量アプローチと，投入・産出の変化率の加重和から得られる指標を用いた指数法がある。ここでは指数法を用いた計測を採用して，企業レベルでの全要素生産性の成長率を計測している。

生産性は景気循環の影響を受けやすい。一般に，景気とマーク・アップ率との関係は，好況時には需要が拡大し企業間の競争も緩和されるため市場価格が上昇するが，費用条件が一定であれば，企業の利潤率も高まることになる。逆に，不況期にはシェア争いの激化に伴い市場価格が低下して企業の利潤率も低くなる。この見解に従えば，景気とマーク・アップ率は同調的（procyclical）に動くことになる。

他方，マーク・アップ率は景気変動と逆循環的（countercyclical）に動くという見解もある。これは需要の価格弾力性が景気と同調的に動くことから価格変動は景気循環に逆行し，マーク・アップ率を引き下げるメカニズムによって説明されている。また，好景気である時には市場規模が大きく，そこから得られる利得は大きいため，これが将来にわたってライバル企業と協調関係を続けることによって得られる利得の割引現在価値を上回れば，価格協調から逸脱する。すると好景気時には価格水準が低下し，マーク・アップ率は低下するので，景気とマーク・アップ率は逆循環するという見解もある。

このような景気とマーク・アップ率の循環性を生産性の観点から捉えるために，第６章では規模の経済性を明示的に考慮した包括的なモデルを提示した。このモデルでは規模の経済性が存在する場合，景気とマーク・アップ率は逆循環となることが明らかになる。これを製紙業に当てはめて産業レベルの利潤率と景気との関係において検証している。実際の計測では，マーク・アップ率の長期的な傾向を移動平均で求め，製紙業界の規模の経済性が発揮された年代との関係で理論モデルとの対応を確認している。

大規模装置産業においては，生産規模の拡大によって平均費用が低下する規模の経済性の実現や，複数事業の展開による多品種生産のメリットである範囲の経済性の発揮が費用効率を向上させる源泉となる。第7章では製紙業における企業レベルでの規模の経済性と範囲の経済性について，静学的費用関数を用いた計測を試みた。さらに企業の長期にわたる意思決定を反映するために，動学的要素需要関数によって動学的最適化行動を定式化し，資本設備における調整費用の存在を明示的にモデルに取り込んだ計測も行っている。

経済学の最適化理論と整合的な生産関数や費用関数を用いた定式化によって，企業の生産効率や費用効率を計測する手法として，確率的フロンティア分析（Stochastic Frontier Analysis：*SFA*）をあげることができる。*SFA* は生産関数や費用関数のフロンティアを求め，企業の相対的な非効率性を技術効率と資源配分の効率の概念を用いてパラメトリックに推計する手法である。第8章では生産面と費用面から見た *SFA* によって，各企業の技術非効率を評価している。生産フロンティアは与えられた投入量に対して技術的に可能な最大の生産量を示す生産関数で定義される。技術効率的な生産活動はこの生産フロンティア上で行われるが，もし生産活動が可能な最大の生産量を達成できず，生産フロンティアから乖離したところで行われているとすれば，そのような状況は技術非効率な状態である。

費用フロンティアは所与の生産量と投入要素価格のもとで費用の最小化を定義するものである。投入要素価格との乖離から生じる非効率は最適な資源配分を達成しないため，配分上の非効率が生じる。これを加味した計測によって非効率性を推計する。しかし，*SFA* では関数の安定的な推定に相当数のデータが必用であり，産業内に存在する企業が少ない場合には，パラメータの推定の統計的有意性が不安定な場合がある。このような欠点を補うために，多角的な効率性分析によって計測結果の頑健性を補完する必用がある。

SFA は確率論的アプローチによる効率性分析であるが，線形計画法を応用して決定論的にさまざまな意思決定主体の活動における相対的効率性を評価する手法として，包絡分析法（Data Envelopment Analysis：*DEA*）が用いられる。*DEA* は，分析対象となる主体の投入と産出にかかる適当なウェイトを算出し，

産出／投入の効率性指標を計算する方法である。第9章では*DEA*による効率性分析を製紙業界に適用し，企業の合併前後の効率性の変化を評価した。しかし単純な生産*DEA*のアプローチでは，最も効率的であると判断される企業が複数評価され，それら企業間の効率性の比較をすることが難しい。こうした問題を改善するため，最も効率的であるとされた企業間の効率性を比較することが可能となる*DEA Super - Efficiency*モデルによる分析を試みている。これは基本的なモデルによって計測され，効率値が最も高いと判断された当該企業を除いた生産可能集合を作り，その距離を測る手法であり，この距離の測定には，Slacks Based Measure of Efficiency（*SBM*）という評価方法が用いられている。

第10章では*DEA*による費用効率分析を行っている。*DEA*で費用効率を捉える際には，生産面からの分析で計測される技術非効率に加えて，要素価格を含めた資源配分の非効率性が考慮される。したがって，生産面からのアプローチよりも効率性評価の差が明確になる。しかし費用効率モデルを使っても，費用格差による資源配分の非効率性の相違を反映できない問題が生じるため，これを解決する手段として，*DEA New - Cost*モデルを採用して合併による効率性の変化を確認している。

合併や統合が行われると，被合併企業のデータは消失するうえ，存続企業のデータも不連続となってしまう。これまでの研究では，合併当事者となった存続企業と被合併企業が合併しなかった状況を想定して，合併後の効率性を比較するということまでは検討していなかった。このような課題を克服するため，シミュレーションによって合併が行われなかった時の仮想的データを作成し，これら架空のデータと合併後の実際のデータを費用効率の両面から*DEA*による分析を行うことで，合併後に存続した企業と，合併を行わなかったケースで比較を行い，合併の成否についての評価を試みた。

伝統的な*DEA*モデルでは，クロスセクションデータによって投入と産出の効率性を扱っていた。第11章では，複数の企業のデータが長期間にわたって観察されるパネルデータを想定し，今期から次期にリンクする変数を考慮して動学的な*DEA*モデルを展開している。具体的には，資本設備に長期的な最適計画の概念を含む動学的最適化を考慮した企業レベルの効率性を *Dynamic DEA* モデルによって計測している。製紙業界は1990年代に企業レベルの大型合併を繰り返したが，それぞれの工場のほとんどは資本設備や従業員を引き継ぎ，生産物も合併前とほぼ変わらず生産を存続している。したがって，*Dynamic DEA* モデルが想定するような長期にわたる効率性分析を適用するには，サンプル数を増やす意味でも工場レベルの効率性を測ることが望ましい。そこで，工場レベルのデータを用いることで分析期間を長期化し，企業の設備投資における動学的意思決定を反映できるように考慮した。

第12章では，一般化費用関数を用いた規模と範囲の経済性の計測を試み，*SFA* で表された非効率性が，どのように投入要素の資源配分の歪みと対応しているのか検証した。要素価格の変化にしたがって生産要素が柔軟に代替されない場合や，そもそも要素価格が硬直的である場合，企業の費用最小化は実現されず，資源配分に歪みが発生し生産活動に非効率が伴う。通常，生産関数や費用関数を用いて実証分析を試みる場合には，こうした資源配分の非効率性は考慮されていない。経済理論に従えば，資源配分の非効率性は，要素価格と限界代替率が等しくならない状況で説明される。

こうした一連の研究に大きな進展を与えたのが，一般化費用関数による計測手法である。一般化費用関数モデルは，資源配分の非効率性を固定的な係数で捉え，限界代替率と価格比の乖離を表すパラメータとして推計する。一般化費用関数はモデルが複雑であり，非効率性を表す係数値を求めるには計測上の工夫を要するが，これまで行ってきた規模の経済性の有無と企業レベルでの資源配分の非効率性の対応を見出すには有用な方法である。

日本の製紙業は，ペーパーレス化やデジタルコンテンツの進展により，大きな転換期を迎えている。そもそも製紙業は大型装置産業であり，大量のエネルギーを使って生産が営まれるが，近年では紙の製造工程で発生する廃棄物をバイオマス燃料として自家発電に利用し，大幅な省エネルギー化を達成している。さらにはセルロースナノファイバー（CNF）などの新素材開発によって，将来，市場の拡大が期待される新市場を開拓し継続的な研究開発が活発である。第13章では，製紙業界の新市場開拓に向けたイノベーションの効果について寡占市場を前提に理論的に捉え，新市場の拡大が企業の生産性・効率性にどのように影響するのか，シミュレーション・データによる実証分析を試みている。CNFの開発等による新市場の開拓は，長期的に製紙企業の効率性をどの程度向上させる効果があるか，シミュレーション・データから得られた将来の産出と投入のデータを用いて，*DEA* による費用効率評価を行う。

製紙業界では，従来の本業である洋紙の需要低迷が，新市場開拓のインセンティブとなり，範囲の経済性を発揮できる新素材開発へのイノベーションを実現している。今後，CNF の製造技術の発展によって製造コストの低減を実現し多様な用途の開発ができれば，新市場をさらに拡大することが可能となる。製紙業界においては，既に実現されている発電やバイオマス・エネルギーが活用され，将来は CNF が広範な財に用いられているかもしれない。製紙業はカーボンニュートラルの達成とともに，従来の本業を上回る収益力を獲得する新たな市場開拓が期待される業界である。

第Ⅰ部
生産性分析で見た合併効果

第1章
製紙業界の概況

1　日本における企業合併と製紙業界の再編

1990年代以降，日本経済の不況が長期化する中で，合併・統合は企業が生産性を向上させるための重要な戦略となった。この背景には，需要の低迷，経済の情報化・グローバル化の進展，規制緩和政策など経営環境の劇的な変化が窺える。こうした状況下で進められる合併・統合は，企業にとって市場での競争優位を確保し，経営資源の効率的な選択を行うための戦略的な手段である。

一方，企業の合併・統合には市場の集中度を高める可能性があるため，独占禁止法に関わる競争政策上の問題が併存する。1990年代に至るまで，政策当局はこうした合併による弊害を危惧する立場から合併規制を厳しく行ってきた。しかし日本企業の国際競争力低下が懸念される状況で，合併による規模の経済性，言い換えれば生産性の向上を重視する立場で合併規制の緩和が推進されるようになった。[(1)]

戦後の合併件数の推移を概観するために，図1－1では公正取引委員会（以下，公取委）の年次報告書のデータをもとに，合併届け出受理件数（図中，純計）と態様別合併件数の推移を示している。[(2)]全体の推移を見ると，合併の受理件数は1960年代初頭に一時期急増し，その後はやや勢いは衰えるものの，1960年代後半から1970年代初頭までは増加傾向にある。この時期のピークは1972年の1,184件である。しかし第1次オイルショック以後合併件数は減少し，1970

(1)　企業結合（合併）規制における近年の変遷については，川濵・武田（2011）pp.4-12や小田切（1999）pp.255-289など参照。

図１－１　態様別合併件数の推移

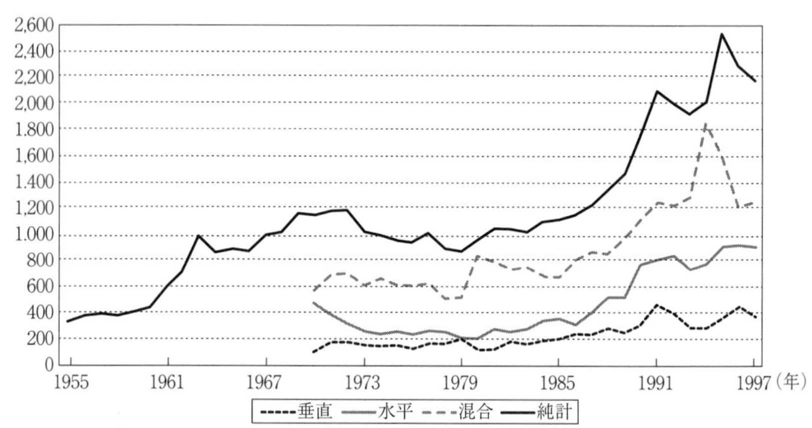

注：1997年以降は独占禁止法改正による定義変更のためデータの接続ができない。
出所：『公正取引委員会年次報告書（各年版）』のデータをもとに筆者作成。

年代終盤では900件以下となる。その後，1980年代以降再び増加し，1985年には1,113件となった。さらに1990年代になると増加傾向に拍車がかかり，ピーク時の1995年には2,520件を数える。つまり1985年から1995年の10年間で合併件数は２倍以上に急増していることになる。

1970年以降の態様別推移では，1970年代はどの態様でも同じように減少傾向を示しているが，1980年代初頭に混合型が急増し，後に低下傾向となり，水平・垂直型合併が概して微増傾向となる(3)。その後1980年代の後半にはどの態様

---

(2)　企業の合併については，過去には公正取引委員会に対して全数の報告が義務付けられていたが，1990年代以降，経済のグローバル化と規制緩和の流れの中で，経済環境の変化に即応した競争条件の整備や，競争政策の国際的展開に適切な対応が求められた。そこで合併，株式保有等に関する企業結合規制についても，制度の趣旨・目的に照らしたより効率的かつ機動的な運用や企業の負担軽減等の観点から，届け出・報告対象範囲の縮減，審査手続きの整備等を内容とする独禁法の改正が1997年に行われた。届け出対象となる合併の範囲は，総資産合計額100億円超の会社が総資産合計額10億円超の会社と合併する場合に縮減された。したがって1997年以降とそれ以前ではこのデータによって合併件数等を比較することはできない。詳しくは公正取引委員会ホームページの「1997年の独占禁止法改正に関わる企業合併の制度変更資料」等参照。

(3)　態様別分類のうち，「水平」とは合併当該企業が同一の市場において同種の商品を供給しているケースであり，「垂直」とは当該企業が購入者―販売者の関係をもっている場合をいう。また「混合」とは水平，垂直のいずれにも該当しない合併であり，地域または商品の拡大という分類を含んでいる。

図１－２　合併態様別吸収総資産額の割合

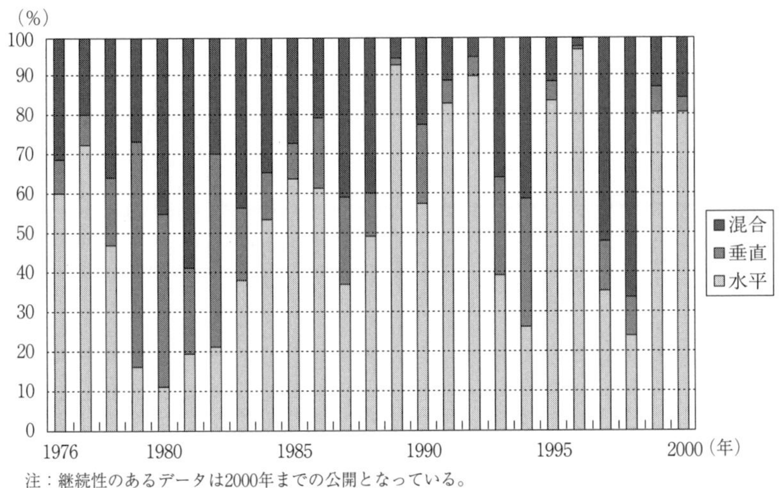

注：継続性のあるデータは2000年までの公開となっている。
出所：『公正取引委員会年次報告書（各年版）』のデータをもとに筆者作成。

でも合併が増加する。1990年代初頭の不況期には水平・垂直型の合併が減少する一方で混合型は急増し，企業の多角化展開が反映されている。

他方，『公正取引委員会年次報告書（各年版）』から1970年代以降の合併態様別の総資産額の割合を調べたものを図１－２に示している。これを見ると大規模合併の内訳が水平合併を要因としたものであったことが明らかである。また，1980年代後半から1990年代にかけて，水平合併の割合がそれ以前に増して大きくなっている。さらに図１－３には大規模な水平合併を行った後の市場シェア（以下，シェア）が25％以上であり，同時に業界内のシェアの順位が３位以内にとどまる割合を示している。1980年代においては水平合併後，およそ４割の企業がこの分類に該当することが多く，1990年代の後半になるにつれその割合も高くなることがわかる。1990年代以降の合併件数増加の背景には，急速に進んだ経済のグローバル化と規制緩和の流れによって，経済環境の変化に即応した競争条件の整備と競争政策の国際的展開に適切な対応が規制当局に求められたことから，公取委の合併政策における転換が後押しになったと考えられる。

図1－3　水平合併後のシェア

注：継続性のあるデータは2000年までの公開となっている。
出所：『公正取引委員会年次報告書（各年版）』のデータをもとに筆者作成。

こうした事実からもわかるように，経済厚生の観点からは，大型の水平合併は市場の集中度を高め，個別の市場の競争条件に直接影響を及ぼすことがある。そもそもこれまで合併規制が行われてきた理由は，社会的厚生を高めうる合併を抑制してしまう経済的損失よりも，集中度を高めるような競争制限的な合併になる可能性を，効率性向上の理由のもとに認めてしまう損失の方が大きいと考えられたからである[(4)]。しかし1990年代以降の合併ブームの流れには，不況によって過剰設備を抱える業種の再編を進めるため，公取委が規制緩和推進と一体となった積極的な競争政策の展開を図った立場が窺える。

公取委による政策変更が行われる以前には，企業合併による新規事業への進出については独占禁止法が足かせになっており，産業界からは持株会社の解禁が求められていた。その結果，1997年には持株会社解禁を含めた独占禁止法が改正され，この時期に企業結合規制の見直しが行われたことも，企業合併の動向が活発になった大きな要因である公取委の合併データはこの改正の影響で，それ以前のデータと接続できない。そこで法改正後の合併動向の概況を知るた

(4)　小田切（1999）pp.255-289における競争の実質的制限に関する議論を参照。

図1－4　1985年以降の合併の推移（民間企業調査による）

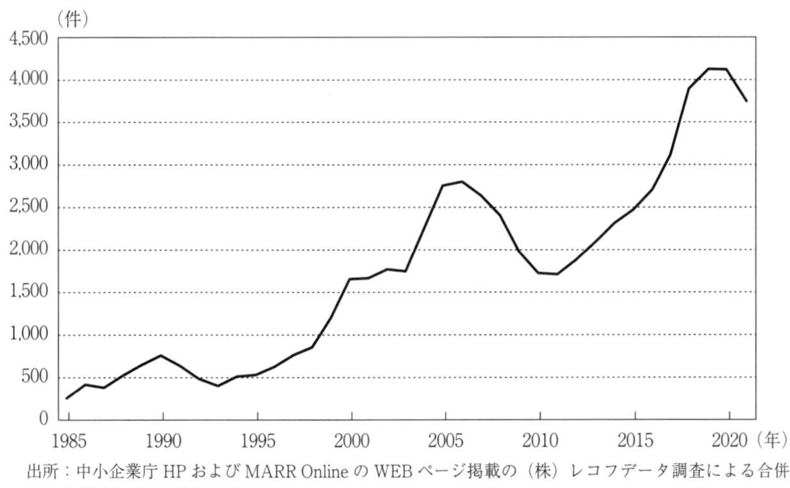

出所：中小企業庁 HP および MARR Online の WEB ページ掲載の（株）レコフデータ調査による合併件数等をもとに筆者作成。

めに，『中小企業白書（中小企業庁のホームページに掲載）』にある民間企業調査（株式会社レコフデータ調べ）による合併件数を図1－4に示している。これを見ると，先ほど示したように，1980年代後半には合併件数が増加傾向となるが，1990年代初頭に起こったいわゆるバブル崩壊による不況の影響で合併件数は減少している。そして1997年の法改正以降は2000年頃までは再び合併件数は急増する。その後2003年までは合併件数は横ばいになるが，2004年からは2007年頃にかけてまた大幅に増加する。2008年にはリーマン・ショックを契機とした不況の影響で2010年頃まではさらに合併件数は低下する。その後は世界的な感染症の流行による不況期となる2020年までは合併件数は大幅に増加し，2020年時点では合併件数が4,000件を超えている。こうして景気と合併の関係を見ると，好況期には合併件数は増加し，不況をきっかけに合併件数は減少することも確認できる。その意味では合併は合理化の手段であるとともに，企業の事業戦略を拡大する有効な手段であると推察される。

合併という視点で日本の産業組織を振り返った時，水平合併が繰り返された産業として，製紙業をあげることができる。日本の製紙業は19世紀終盤に近代化して以来，合従連衡の歴史を繰り返している。以下では日本の製紙業界を対象に，企業合併の成否を収益性，生産性，効率性といった多角的な視点で，理論的・実証的な分析を試みる。

まず理論・実証分析に入る前に，日本の製紙業を取り巻く状況を概観する。2020年時点の日本の紙・板紙の生産量は22,887千トンであり，世界における生産構成比は5.7％である。これは中国（103,994千トン：構成比26.1％），アメリカ（67,955千トン：構成比17.1％）に次いで世界第3位の位置にあり，製紙技術も世界有数の水準の高さを誇っている。また，2020年の日本の国民一人当たりの紙・板紙消費量は178.4kgであり，世界第7位となっている[(5)]。2020年における日本の古紙リサイクルは，利用率（古紙消費量／紙・板紙生産量）が68.7％であり，回収率（古紙回収量／紙・板紙消費量）は84.3％でともに世界トップクラスである。この背景には，古紙から異物やインキを取り出す技術などが優れていることや，古紙の回収システムが確立されていることなどがあげられる。

また図1－5には，日本の製造業における製紙産業の地位の変化を確認するために，『工業統計表（産業編）』から製造品出荷額比率と従業者比率を算出し，1955年から2019年の長期にわたる経年変化を提示している。これを見ると，製紙業が日本の製造業に占める製造品出荷額の比率は，1955年当時は4％以上あったが，1970年代には既に3.3％程度に低下し，1980年代になると3％弱となる。さらに2000年代になると2.5％を下回ってしまう。また，製紙業に従事する従業者の製造業全体における比率は，1955年当時は3.5％程度であったが，1970年代に入ると3％を下回ってしまい，1985年にはおよそ2.5％にまで低下する。その後は2.5％前後を変動して推移している。こうした事実からもわかるように，製紙業の日本経済における地位は経年的に低下している。

(5)　世界における日本の紙生産量については，日本製紙連合会のホームページ「世界の中の日本」を参照している。なお，国民一人当たりの紙・板紙消費量（kg／人）は，2020年時点でスロベニア（269.8），ベルギー（239.4），ドイツ（224.7），オーストリア（206.2），米国（198.2），韓国（191.2）となっている。

図1－5　製造業における製紙業の地位推移

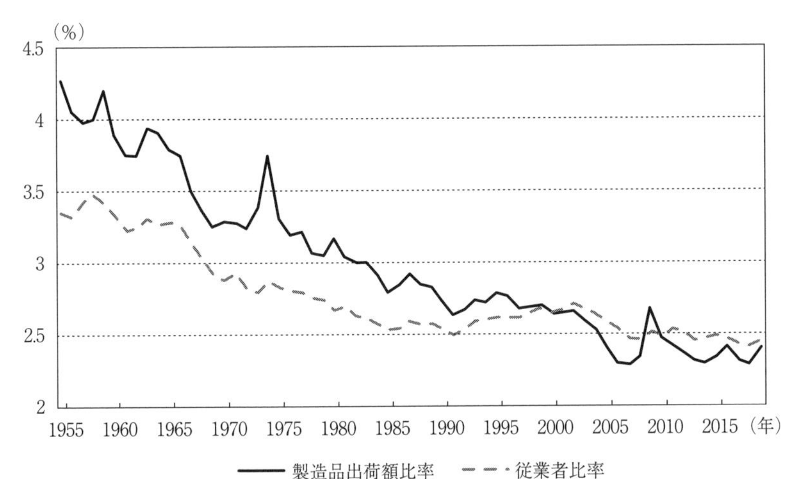

出所：経済産業省編『工業統計表（産業編）』の各年データをもとに筆者作成。

2　紙の種類と市況

製紙業の分析に際して，その製品となる紙の分類を明確にしておかねばならない。紙を大別すると，「洋紙」と「板紙」になるが，さらに詳細な紙の品種分類を表1－1にあげている[(6)]。「洋紙」は大分類として新聞巻取紙，印刷・情報用紙，包装用紙，衛生用紙，雑種紙の5つに分類される。印刷・情報用紙を細かく見ると，非塗工印刷用紙と，表面をコーティングした塗工印刷用紙，特殊印刷用紙がある。非塗工印刷用紙は白色度によってさらに上級・中級・下級等に用途分類され，上級印刷紙・中級印刷紙・下級印刷紙・薄葉印刷紙などがある。上級印刷紙は晒化学パルプ100％使用したもので，中級印刷紙は晒化学パルプ40～90％以上，白色度65～75％前後のもの，下級印刷紙は晒化学パルプ40％未満使用しており，白色度55％前後のものである。

また，紙の表面を塗工したものが塗工印刷用紙であり，高級美術書や雑誌の

(6)　この分類表および紙の種類についての解説は，日本製紙連合会が毎年編纂する『紙・板紙統計年報（各年版）』を参照している。

表1－1　紙の種類と用途

洋紙

新聞巻取紙			
印刷・情報用紙	非塗工印刷用紙	上級印刷紙	印刷用紙A その他印刷用紙 筆記図画用紙
		中級印刷紙	印刷用紙B 印刷用紙C グラビア用紙
		下級印刷紙	印刷用紙D 特殊更紙
		薄葉印刷紙	インディアペーパー その他薄葉印刷紙
	微塗工印刷用紙		
	塗工印刷用紙	アート紙	
		コート紙	上質コート紙 中質コート紙
		軽量コート紙	
		その他塗工印刷紙	キャストコート紙 エンボス紙 その他塗工紙
	特殊印刷用紙	色上質紙	
		その他特殊印刷用紙	郵便はがき用紙 その他特殊印刷用紙
	情報用紙	複写原紙	ノーカーボン原紙 裏カーボン原紙 その他複写原紙
		フォーム用紙	
		PPC 用紙	
		情報記録紙	感熱紙原紙 感光紙用紙 その他記録紙
		その他情報用紙	

包装用紙	未晒包装紙	重袋用両更クラフト紙	
		その他両更クラフト紙	一般両更クラフト紙 特殊両更クラフト紙
		その他未晒包装紙	筋入クラフト紙 片艶クラフト紙 その他未晒包装紙
	晒包装紙	純白ロール紙	
		晒クラフト紙	両更クラフト紙 片艶晒クラフト紙
		その他晒包装紙	薄口模造紙 その他晒包装紙
衛生用紙	ティシュペーパー		
	トイレットペーパー		
	タオル用紙		
	その他衛生用紙		
雑種紙	工業用雑種紙	加工原紙	化粧板用原紙 壁紙原紙 積層板原紙 接着紙原紙 食品容器原紙 塗工印刷用紙 その他加工原紙
		電気絶縁紙	コンデンサペーパー プレスボード その他絶縁紙
		その他工業用雑種紙	
	家庭用雑種紙	書道用紙 その他家庭用雑種紙	

板紙

段ボール原紙	ライナー	外装用 内装用	外装用段ボール箱　巻取 内装用段ボール箱　中仕切
	中しん原紙	パルプしん 特しん	段ボールシートの中の「段」 段ボールシートの中の「段」
紙器用板紙	白板紙	マニラボール 白ボール	外装用段ボール箱　巻取 内装用段ボール箱　中仕切
	黄・チップ・色板紙	黄板紙 チップボール 色板紙	ブックケース　洋服箱 機械箱 機械箱

建材原紙	防水原紙	建築物の屋根　床の下葺	外装用段ボール箱　巻取
	石膏ボード原紙	耐火性の壁材	段ボールシートの中の「段」
紙管原紙		紙　布　セロファン　テープ　糸などの巻きしん	

出所：日本製紙連合会編『紙・板紙統計年報（各年版）』を参照。

表紙などに用いられるアート紙，ポスターやカタログに用いられるコート紙，軽量コート紙に分類される。アート紙は，１㎡当たり両面で40g前後の塗料を塗布したもので，コート紙は１㎡当たり両面で20g前後の塗料を塗布したもの，軽量コート紙は１㎡当たり両面で15g前後の塗料を塗布したものである。これらはチラシ・ポスター・カタログ・パンフレットなどに使われる。アート紙は印刷特性を高め，細かな点も色もはっきり出し，写真をより綺麗に見せることができるために写真集やカタログなどのカラー印刷によく使われる。また情報用紙ではPPC用紙が代表的な製品である。

包装用紙は未晒包装紙と晒包装紙に大別される。未晒包装紙に分類されるクラフト紙は，包装用紙を中心に幅広い用途で使用されている。未晒包装紙は強度が非常に強く柔軟性があり，印刷適正・加工適正がよいという特徴をもつため，セメントや肥料の袋に用いる重袋用両更クラフト紙や包装用のクラフト紙として使用される。晒包装紙には，ヤンキーマシン（ドライヤーをもつ抄紙機）で抄造された片面光沢のある純白ロール紙や，封筒などに用いられる晒クラフト紙がある。衛生用紙の機能は，液体や汚れを吸収したり，拭き取ったりするために用いられる紙で，ティシュペーパー，トイレットペーパー，キッチンペーパーなどに用いられるタオル用紙がある。雑種紙は工業用雑種紙と家庭用雑種紙に分類される。工業用雑種紙には建材用原紙となる化粧板用原紙や壁紙の原紙などに加え，コンデンサペーパーなどの電気絶縁紙がある。家庭用雑種紙の主な製品には書道用紙や障子紙・ふすま紙などがある。

「板紙」の種類を大きく分類すると，段ボール原紙，紙器用板紙，建材原紙，紙管原紙となる。また，黄・チップ・色板紙の用途は主にブックケース，洋服箱，紙製玩具などに使用されており，古紙を原料にしている。建材原紙は防水原紙と石膏ボード原紙がある。防水原紙は古紙，繊維ぼろを原料として抄合され，アスファルトやタールなどに含浸させて防水性をもたせている。主に建設

図1－6　洋紙と板紙の年生産量の推移

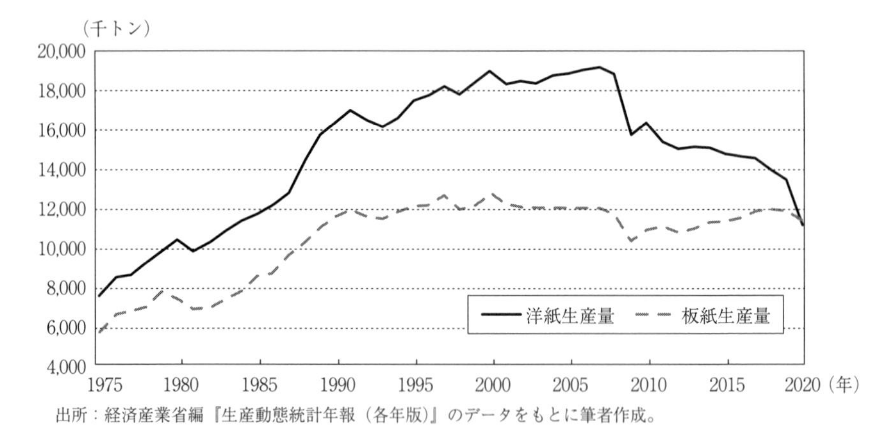

出所：経済産業省編『生産動態統計年報（各年版）』のデータをもとに筆者作成。

物の屋根や床の下葺に用いられる。また石膏ボード原紙は建設基準法で防火材料に認められていて，吸音材との併用により，優れた遮音性能を得ることができる。紙管原紙は古紙を原料として抄合わされている。[(7)]

ここで製紙市場の全体像を確認するために，図1－6では1975年から2020年までの「洋紙」と「板紙」の生産量の推移から景気の動向を示している。まず1970年代後半から1980年にかけては，1970年代初頭の第1次オイルショック時の不況からの需要回復を背景に，洋紙・板紙ともに生産量は順調に増大している。さらに1980年代初頭には，第2次オイルショックによる不況の影響で，一時，生産量は停滞するが，その後は1990年に至るまで，紙の旺盛な需要に支えられ洋紙・板紙の生産量は増加傾向を辿る。しかし，1990年代初頭のいわゆるバブル崩壊による不況によって紙の需要が減少する。この影響で洋紙の生産量は1993年に再び増加基調となるが，板紙の生産量はその後一定であり，1,200万トン前後で停滞している。洋紙の生産量も2007年がピークであり，2008年のいわゆるリーマン・ショックを期に生産量が大きく減少している。

洋紙については情報通信技術の進展によるペーパーレス化などの経済構造変

---

(7)　表層は晒パルプ，中層・裏層は古紙またはパルプから抄合わされているもの。用途は厚手の印刷物および化粧品・石鹸・タバコなどの個装用箱である。

化の影響もあり，新聞用紙や印刷・情報用紙を中心に需要の減少傾向に歯止めがかからない。他方，板紙は，段ボール原紙が，加工食品等の食品分野や家電向けなどの安定した需要に加え，eコマースの普及を背景に堅調である。2020年時点ではついに洋紙の生産量が板紙の生産量を下回る水準にまで落ち込んでいる。

図1－7には輸出入の推移と現状を示している。生産量に対する輸出の比率を算出すると，洋紙では近年増加傾向にあるものの10%に満たない状況である。また板紙の輸出比率は5%程度で推移してきたが，近年では8%程度に上昇している。国内出荷量に対する輸入の比率を計算すると，洋紙は増加傾向にあるとはいえ10%未満であり，板紙は2%から3.5%で推移している。こうした輸出入の状況を見ても，製紙業界は典型的な内需型産業である。

さらに紙市場の動向を確認するために，経済産業省が公表している『生産動態統計年報（各年版）』の月次データを用いて，洋紙の国内販売量と単価の経年変化を観察する[(8)]。ここでは国内販売量（トン）を国内需要量とみなし，国内販売金額を国内需要量で割った値を名目単価として算出し，これを紙パルプの企業物価指数（日本銀行）でデフレートした値を実質価格として計算した。この定義にしたがって，以下では紙の品種ごとに需要動向の経年変化を確認する。

『生産動態統計年報（各年版）』の紙の品種分類は，1988年を境に定義が変更されており，特に雑種紙の内容に統計的な連続性がない。したがってここでは「紙合計」のほか，「新聞巻取紙」「非塗工印刷用紙」「塗工印刷用紙」「包装用紙」「衛生用紙」の5種類の製品について，1975年から2020年までの長期にわたる国内需要と単価の関係を提示する。

図1－8には紙合計の国内販売量と実質単価を示した。これを見ると，1980年前後の第2次オイルショックの時期には紙の需要はやや停滞するものの，1970年代から紙の国内需要は順調に拡大しており，とりわけ1980年代後半の好景気の時期には出荷量の増大が著しい。1991年のいわゆるバブル崩壊によ

(8)　以下では経済産業省が公表している『生産動態統計年報（各年版）』の紙・印刷・プラスチック製品・ゴム製品統計編および当該統計の旧書名『紙・パルプ統計年報』を，本文中では『生産動態統計年報（各年版）』と記載する。

図1－7　洋紙と板紙の輸出入比率

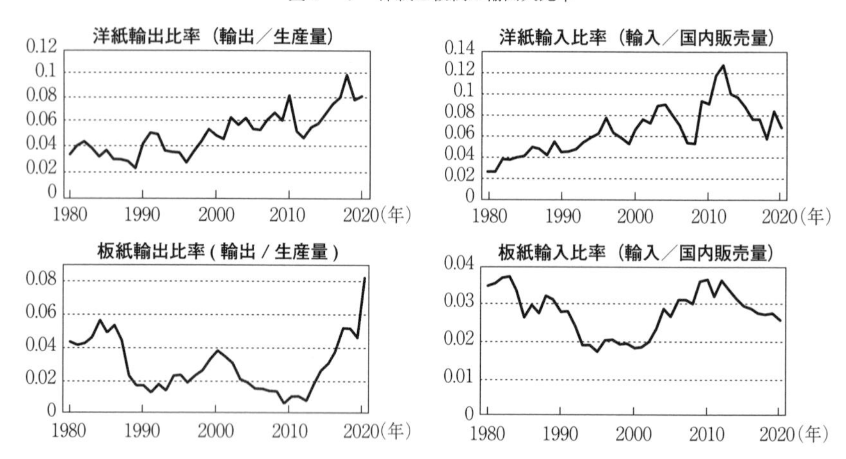

る景気後退の影響を受け一時的に紙の国内需要は減退するが，その後は2007年まで堅調に市場を拡大してきた。ところが2008年のリーマン・ショックと呼ばれる不況は，紙の市場に大きな縮小傾向をもたらした。その後は情報通信技術の進歩によるペーパーレス化といった構造的な要因もあり，紙の国内販売量減少が続く状況である。他方，紙の単価は総合的に見ると経年的に一貫して低下傾向にあることがわかる。

さらに個別の品種に関する国内販売量と単価を確認する。図1－9で見るように，新聞巻取紙は1970年代に需要を拡大させるが，1980年代前半は停滞している。1980年代の後半は好景気の支えもあって需要が急増するが，バブル崩壊による大不況の影響に直面して出荷は減少する。その後，国内出荷量は2007年まで再び拡大するが，やはり2008年のリーマン・ショックの影響は新聞用紙にも大きな需要減退をもたらした。その後は情報通信技術の普及を受けて，2020年時点の出荷量は1975年時点にまで減少している。

図1－10には非塗工印刷用紙の国内販売量と実質単価の経年変化を描いている。非塗工印刷用紙は1980年代初頭の不況期にやや需要量は停滞しているが，その後は経済成長の後押しを受けて1980年代後半の好況期まで需要は伸び続ける。しかし，1991年に始まる不況期以降，印刷用紙の需要低迷を受けて経年的

図1－8　洋紙の国内販売量と単価

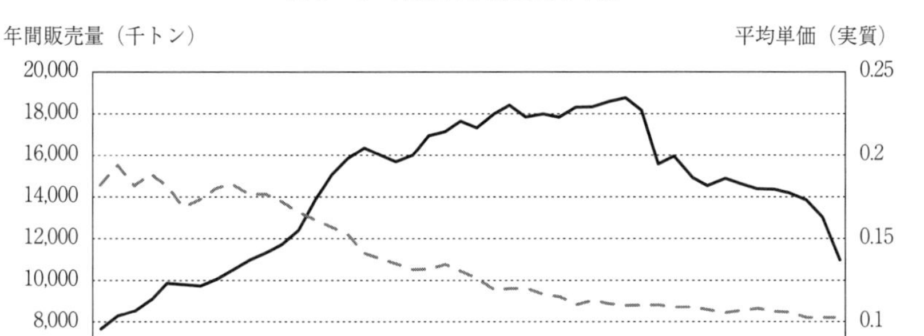

出所：経済産業省編『生産動態統計年報（各年版）』および日本銀行編『物価指数年報（各年版）』をもとに筆者作成。

図1－9　新聞巻取紙の国内販売量と単価

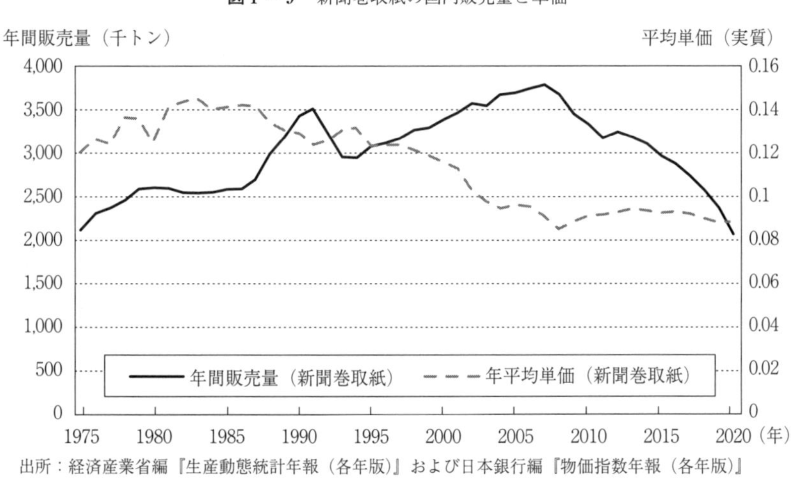

出所：経済産業省編『生産動態統計年報（各年版）』および日本銀行編『物価指数年報（各年版）』をもとに筆者作成。

図1－10　非塗工印刷用紙の国内販売量と単価

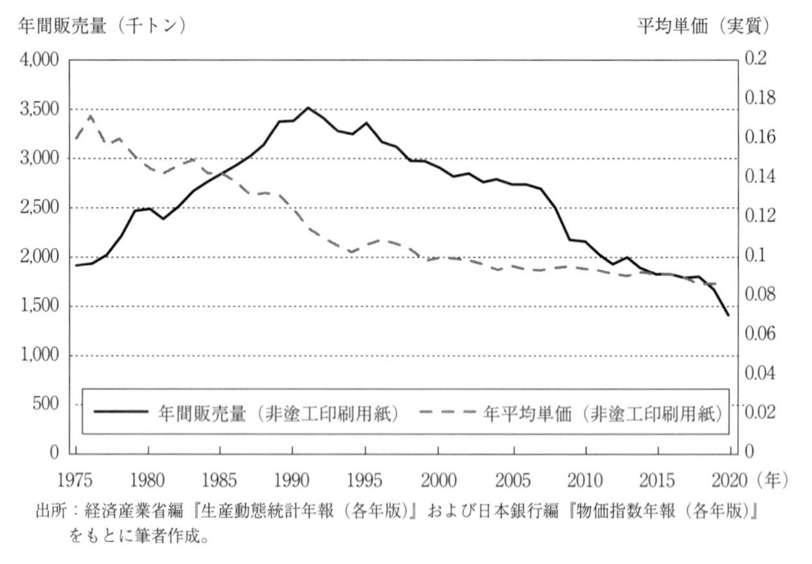

出所：経済産業省編『生産動態統計年報（各年版）』および日本銀行編『物価指数年報（各年版）』をもとに筆者作成。

図1－11　塗工印刷用紙の国内販売量と単価

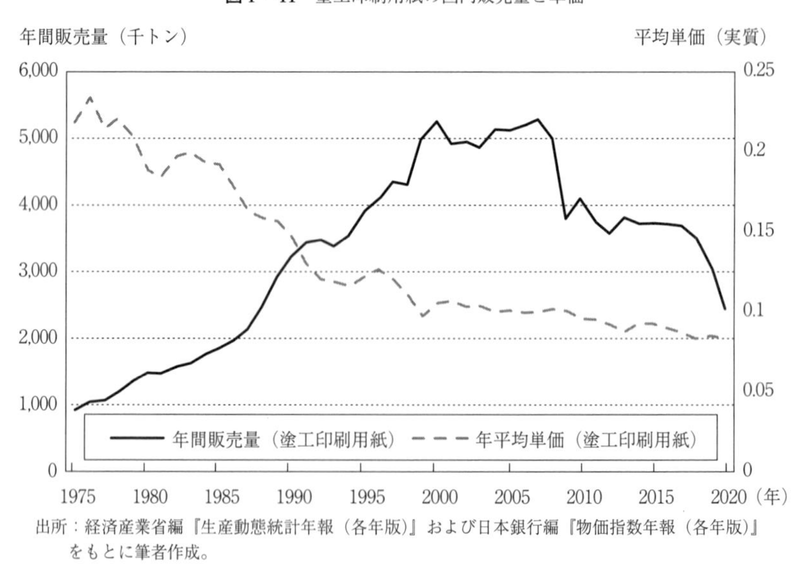

出所：経済産業省編『生産動態統計年報（各年版）』および日本銀行編『物価指数年報（各年版）』をもとに筆者作成。

図1－12　包装用紙の国内販売量と単価

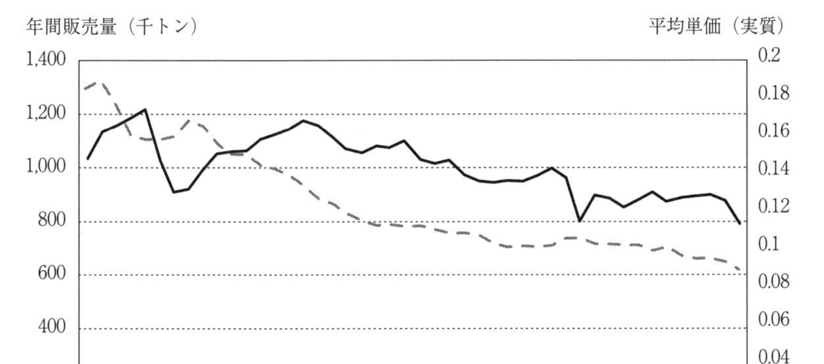

出所：経済産業省編『生産動態統計年報（各年版）』および日本銀行編『物価指数年報（各年版）』をもとに筆者作成。

図1－13　衛生用紙の国内販売量と単価

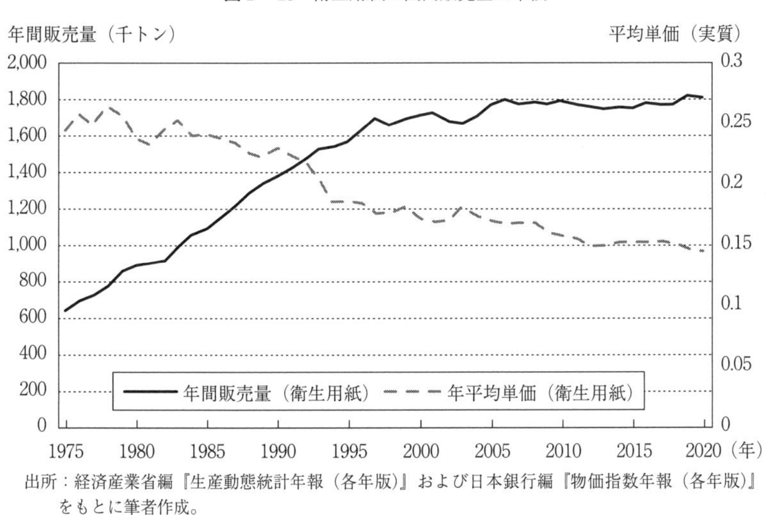

出所：経済産業省編『生産動態統計年報（各年版）』および日本銀行編『物価指数年報（各年版）』をもとに筆者作成。

に国内販売量は減少の一途を辿り，2011年時点で既に1975年の需要量を下回っている。実質単価は低下しているが，1990年代半ばまでの低下傾向よりは，それ以降の傾向は緩やかで，近年ではほぼ横ばいとなっている。

さらに塗工印刷用紙の国内販売量と実質単価の経年変化を図1－11で示す。表面を上質に加工した塗工印刷用紙は非塗工印刷用紙とは異なり，2000年まで国内販売量は持続的に増加している。しかしそれ以降，2000年代半ばまでは需要は横ばいとなり，2008年の不況期の後，雑誌の需要低迷を受けて国内販売量は大きく低下する。2020年時点の国内販売量は，1980年代後半の水準まで減少している。実質単価は期間を通じて低下しているが，2000年以降は低下傾向が鈍化しており，需要量の変動に比べると価格の変動幅は小さいことが観察される。図1－12には包装用紙の国内販売量と実質単価の経年変化を提示している。包装用紙の国内販売量は1970年代から低下傾向であり，1980年初頭の不況期や2008年の大不況時には需要量は低下するものの，ほかの種類の紙製品に比べると，経年的な変動幅は小さいことがわかる。また単価はほかの紙同様に低下しているが，2000年以降は単価の低下傾向がやや鈍化している。

最後に衛生用紙は，図1－13に見るように1990年代半ばまでは順調に国内販売量は増加していたが，その後は天井を見るように需要量が横ばいになる。単価は時間を通じて低下傾向にあるが，2010年代以降は需要量の停滞を背景に単価も一定となる。

3　日本における製紙業の成り立ち

これまで長期的な製紙市場の需要動向を概観したが，以下では製紙業界における供給面に着目し，日本の製紙業における合併の変遷を辿る[(9)]。

日本の近代的な洋紙製造は，明治時代の開国とともに始まった。1872年（明治5年）には日本で最初の製紙会社である有恒社が創立され，1874年（明治7

(9)　製紙業界の歴史的経緯に関する詳細は研究として四宮（1997）があげられる。以下に記述する合併の変遷については，この文献をはじめ『王子製紙社史——1873-2000』や製紙各社のホームページを参考に概要および図表をまとめている。

図 1 －14　戦前から戦後における王子製紙関連企業の合併と分割（1990年代以前）

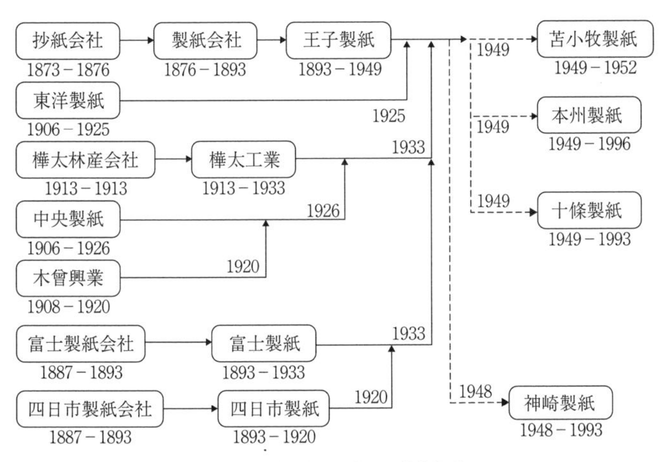

出所：製紙各社ホームページの「沿革」をもとに筆者作成。

年）には輸入抄紙機を用いて洋紙の生産を行っている。図 1 －14には戦前から戦後における王子製紙関連企業に関する合併と分割の概要を示している。1875年（明治 8 年）には，現在の王子製紙の前身となる抄紙会社（1873年創立）が実業家である渋沢栄一らの尽力により東京王子で操業を開始している。抄紙会社は当初から近代製紙技術を採り入れ発展し，1876年には製紙会社と商号を改め，1893年には王子製紙となる。また，1887年（明治20年）には富士製紙が設立され，1889年（明治22年）に最初の工場が静岡県で操業を開始する。一時は洋紙の生産量が王子製紙を上回り，日本最大の製紙会社となった時期もあった。王子製紙と富士製紙は北海道にも進出した。1920年代には王子製紙は東洋製紙を，富士製紙は四日市製紙を合併しさらに工場を展開した。樺太工業は1913年（大正 2 年）に実業家の大川平三郎とその関連会社の出資で設立された。しかし，1933年（昭和 8 年）には富士製紙と樺太工業の経営が悪化したため，王子製紙が両者を合併した。この頃，王子製紙の洋紙生産量のシェアは，国全体の 8 割を占めるまでになった。

しかし1949年（昭和24年）には過度経済力集中排除法が適用され，王子製紙は苫小牧製紙，十條製紙，本州製紙の 3 社に分割される。苫小牧工場を引き継

図1－15　その他主要企業の合併と分割（1990年代以前）

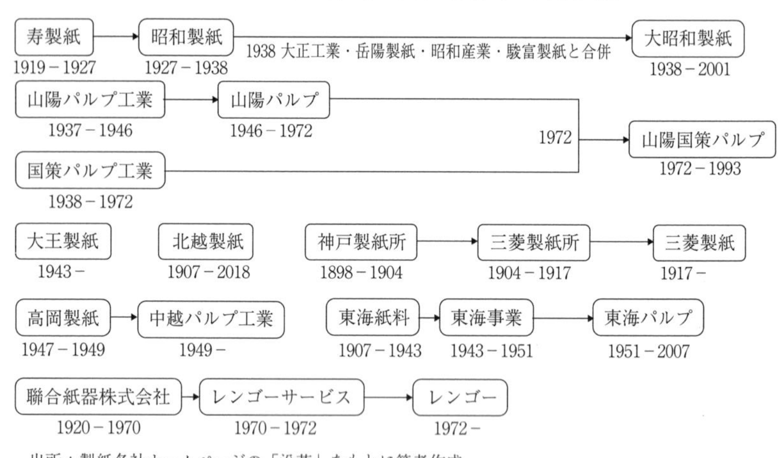

出所：製紙各社ホームページの「沿革」をもとに筆者作成。

いで1949年（昭和24年）に発足した苫小牧製紙は，近代化を進め経営環境の変化に対応して発展した。その後，王子製紙工業（1952年から1960年）となった後，1960年には再び王子製紙と名称を変更した。

王子製紙関連企業以外の主要企業に関する沿革については図1－15に示した通りである。まず大昭和製紙は，1919年（大正8年）に寿製紙株式会社が創始され，1927年（昭和2年）には昭和製紙株式会社となる。その後各地に工場が展開され，1938年（昭和13年）には，大正工業・岳陽製紙・昭和産業・駿富製紙と合併し，大昭和製紙株式会社が設立された。

山陽パルプ工業株式会社は1937年（昭和12年）に設立されるが，1946年（昭和21年）には山陽パルプ株式会社と名称変更した。また1938年（昭和13年）には国策会社として国策パルプ工業株式会社が設立された。さらに1972年（昭和47年）に山陽パルプと国策パルプが合併して，山陽国策パルプが発足している。

業界で中堅となる企業の成り立ちについても，ここで触れておく必要があるだろう。愛媛県の四国中央市に大規模工場を有する大王製紙は，1943年（昭和18年）に四国紙業など14社が合同して設立された。当初は和紙の製造販売が主たる製品であったが，1945年（昭和20年）には生産設備を三島工場に集約し，1947年（昭和22年）から洋紙の製造も開始した。北越製紙は1907年（明治40年）に新潟県長岡市に設立された。その後，1917年（大正 6 年）には北越板紙株式会社を買収し，1938年（昭和13年）には新潟板紙株式会社との合併を経た。三菱製紙は1898年（明治31年）に神戸市三宮で展開されていた製紙会社である神戸製紙所を三菱財閥 3 代目総帥である岩崎久彌が買収し，合資会社神戸製作所として設立されたのが起点である。その後，1966年（昭和41年）には白河パルプ工業株式会社と合併して，パルプから紙に至る一貫メーカーとなった。

中越パルプ工業は，1947年（昭和22年）に高岡製紙株式会社として設立された。1949年（昭和24年）に中越パルプ工業株式会社に社名を変更する。その後，能町工場や川内工場などが操業を開始している。また東海パルプは，1907年（明治40年）に東海紙料株式会社として創業した。その後，主力となる島田工場が操業し，1943年（昭和18年）には東海事業株式会社に社名が変更される。さらに1951年（昭和26年）には東海パルプ株式会社と名称が変更され，クラフトパルプ製造も開始された。レンゴーは，1909年（明治42年）に井上貞治郎によって創業され，日本で初めての段ボールを事業化した板紙専業の企業である。1926年（大正15年）には本店を東京から大阪に移し，東京・大阪・名古屋の主要都市に工場を展開した。

こうして1960年代から1970年代初頭における日本の高度成長期に，製紙業界は小規模な合併を繰り返し，規模の経済を生かすことができる安定した供給体制を構築した。他方でこの間，製紙業界では過剰設備と過剰生産の問題が発生し操業調整が行われた。1970年代初頭の第 1 次オイルショックによる景気後退時には，原料不足と公害規制によって紙不足が顕在化した。しかし景気は徐々に回復し，製紙業界は順調な需要拡大を背景に大幅な設備投資を行った。1980年代初頭には，第 2 次オイルショックの影響で原材料不足と光熱費などの高騰によって洋紙の価格が再び上昇したが，それ以後は安定供給できる体制が維持された。その後，洋紙と板紙は順調に生産量を拡大したが，1990年代初頭のいわゆるバブル崩壊に伴う景気後退の影響を受け，再び設備過剰が深刻な問題となり，各企業の業績が悪化する。そこで業界大手の企業間で合併が相次ぎ業界再編がなされた。

苫小牧製紙は1960年に他社との合併を期に王子製紙と改名し，その後も数社との合併を経験したが，1990年代初頭から始まる長期的な不況の余波を受け，1993年10月に神崎製紙と合併し新王子製紙となった。そして1996年10月には，もともと兄弟企業であった本州製紙と新王子製紙との大型合併が実現し，ここで再び王子製紙の社名が復活した。

1999年には需要の不振と市場の低迷により，段ボール業界においてもセッツとレンゴー，高崎製紙と三興製紙の合併が発表され板紙業界の再編も加速した。その後は情報通信関連の需要回復を受けて状況は好転したが，2002年には高崎三興製紙，中央板紙，北洋製紙が王子板紙として統合された。さらに2005年には森紙業を買収した後に，王子製紙はグループ関連の王子板紙を統合再編し，2012年10月には持株会社である王子ホールディングスを編成した。

十條製紙も幾度か小規模の合併を経験した後，1993年４月には山陽国策パルプと合併を行い日本製紙と改名した。さらに日本製紙は2001年４月，業界大手の大昭和製紙と統合して日本ユニパックホールディングスという持株会社を設立した。十條製紙の板紙企業として独立していた十條板紙は，1997年に日本紙業を買収し，日本板紙と名乗った。その後，2001年４月の大昭和製紙との統合を機に，大昭和製紙の板紙部門を統合した。さらに2003年には東北製紙を完全子会社化し，2008年には日本大昭和板紙の整理統合が実現された。さらに2012年10月には板紙部門と加工紙・化学製品分野を合併して再編成し，2004年10月の日本製紙グループ本社という持株会社の形を経て，2013年４月にはグループ全体を日本製紙が吸収している。

2000年代には中堅企業の合従連衡も盛んになり，2007年４月には東海パルプと特種製紙が持株会社方式で経営統合の後，2010年４月に両社は正式合併し特種東海製紙が発足した。北越製紙[(10)]は2009年に紀州製紙を完全子会社化し，2011年４月には吸収合併している。さらに2012年には北越製紙が大王製紙の株式を取得し，大王製紙を関連会社化した。また，王子ホールディングスは中堅企業である三菱製紙，中越パルプ工業，特種東海製紙の大株主となっている。三菱

⑽　北越製紙は2009年10月に紀州製紙と合併し北越紀州製紙となり，2018年７月には北越コーポレーションと社名を変更しているが，本書では北越紀州製紙として記述している。王子ホールディングスもこれと同様に王子製紙と記述している。

図1－16　王子製紙グループの再編

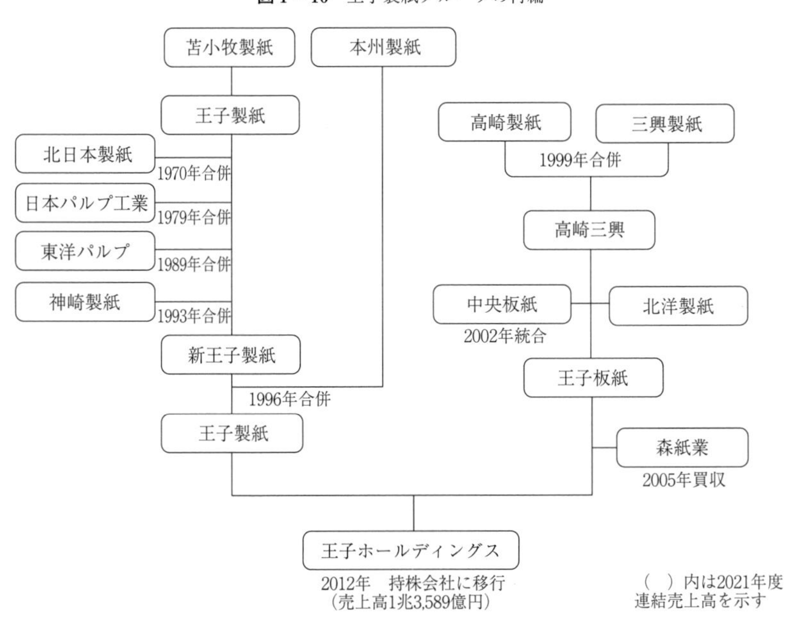

出所：王子製紙のホームページの「沿革」を参考に筆者作成。

製紙による「第三極」形成の機運は常にくすぶっていたが，各社の主導権争いによってその動きは阻まれていた。しかし，2018年2月，王子ホールディングスが，三菱製紙と資本・業務提携を結ぶと発表した。両社の生産拠点の統廃合と紙の原料を運ぶチップ船の共同運航などによるコスト削減を狙った戦略である。

図1－16，図1－17，図1－18に示した各社生産量を見ると，2021年時点での各社における生産規模を確認することができる。製紙業界の上位企業6社の規模を2021年度連結売上高で見ると，王子ホールディングスは1兆3,589億円であり業界1位である。業界2位の日本製紙は売上高が1兆73億円，3位のレンゴーは板紙専業企業であり，売上高は6,807億円である。業界4位の大王製紙の連結売上高は5,429億円，5位の北越コーポレーションの売上高は2,224億円であり，これに並ぶ三菱製紙の売上高は1,623億円となっている。これに続

図1－17　日本製紙グループの再編

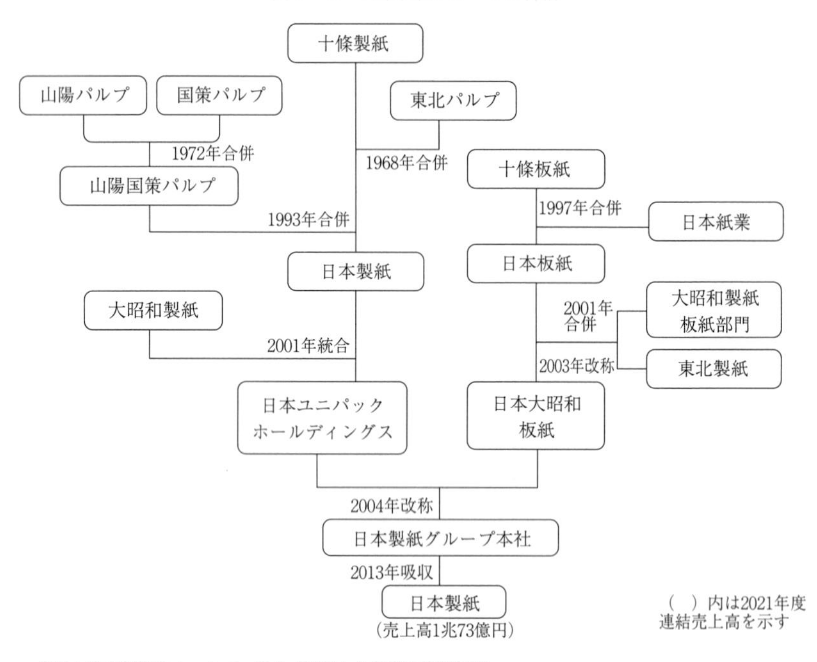

出所：日本製紙のホームページの「沿革」を参考に筆者作成。

く中越パルプ工業の連結売上高は819億円，特種東海製紙は764億円である。[11]

このように日本の製紙業界は，1990年代以降，同業他社との合併・統合を繰り返し，規模の経済性を追求する一方で過剰設備を廃棄してきた。しかし，少子化や電子媒体の拡大の影響で国内需要は低迷しており，生産設備にはなお余剰感がある。さらなる業界再編が予想されるが，今後は単純な合併や経営統合による効率性の向上は困難であり，製紙大手各社は化学分野や電力事業などへの多角化を展開し，海外事業を強化しているのが現状である。

(11)　ここにあげた連結売上高のデータは，『日経NEEDS企業・財務データ』における有価証券報告書のデータから得られた値である。

図1－18　中堅企業の再編

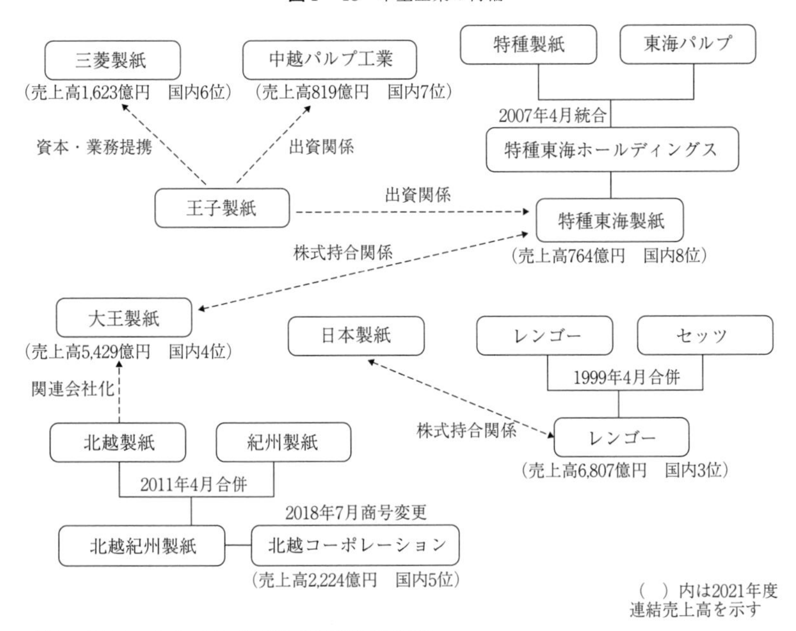

出所：各社ホームページの「沿革」を参考に筆者作成。

4　製紙業界における市場構造の変化

これまで見た合併の変遷により，日本の製紙業界の市場構造がどのように変化したのか確認しておく必要がある。図1－19には1975年から2020年にわたる洋紙市場の寡占度の推移を観察するために，各企業のシェア（s_i）の2乗和で市場の寡占度を示す指標であるハーフィンダール指数($\sum_{i=1}^{n} s_i^2$)を算出して示している[(12)]。これを見ると，1970年代から1990年代までは700程度で推移していたが，1993年の王子製紙／神崎製紙＝新王子製紙，十條製紙／山陽国策パルプ＝日本製紙の大型合併時には，ハーフィンダール指数は1,000程度に急上昇する[(13)]。

---

(12)　図1－19で示されたハーフィンダール指数については，日本製紙連合会編『紙・板紙統計年報』に掲載された企業別洋紙・板紙生産量をもとに，上位25社のデータを用いて産出している。しかし経年的に寡占化が進む中で，下位企業のシェアはハーフィンダール指数に影響を与えなくなっている。

図1－19　洋紙市場のハーフィンダール指数

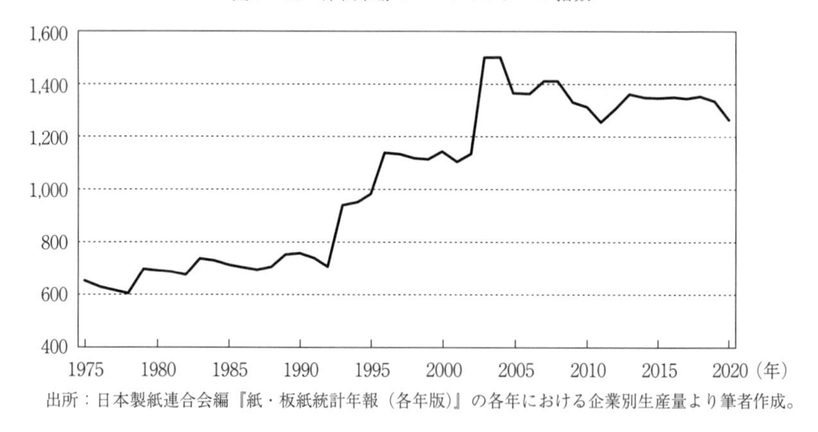

出所：日本製紙連合会編『紙・板紙統計年報（各年版）』の各年における企業別生産量より筆者作成。

その後，1996年の新王子製紙／本州製紙＝王子製紙の大型合併時にはハーフィンダール指数が1,200程度に上昇する。さらに2001年の日本製紙／大昭和製紙＝日本ユニパックの設立時にはさらにハーフィンダール指数がさらに上昇して1,500程度になる。その後は王子製紙，日本製紙の２強がグループを整理統合している影響で，ハーフィンダール指数は1,400程度で推移しており，市場が寡占化していることがわかる。(14)

洋紙市場のシェアは，王子製紙グループと日本製紙グループの系列企業でそれぞれ20％強を占め，それに続く大王製紙がおよそ12％のシェア，北越紀州製紙10％，中越パルプが５％，三菱製紙が３％程度のシェアとなっている。つまり，主要な分析対象企業としてあげられるのは，大手企業として王子製紙，日本製紙，合併前の大昭和製紙と本州製紙，山陽国策パルプ，そして中堅企業では大王製紙，北越紀州製紙，三菱製紙，合併前の神崎製紙，中越パルプ，特種東海製紙である。このほかに丸住製紙があるが，未上場企業であるため他企業と同様の財務データを得ることができない。したがって財務データが必要にな

(13)　ここでは企業Ａと企業Ｂが合併して企業Ｃとなるケースを，企業Ａ／企業Ｂ＝企業Ｃという表記で示している。

(14)　ハーフィンダール指数の逆数は，等規模企業数を意味するため，700であれば市場に等規模企業が14社存在すると解釈できる。これが1,400になれば，等規模企業数は７社になり，この数値からも1990年代以降，寡占化が進行したことが推察できる。

る分析では丸住製紙を省いている。製紙業界は1990年代以降，大型合併による業界の再編が盛んであり，分析対象となっている企業（グループ企業を含む）の洋紙・板紙市場における占有率は80％以上になる。

5　製紙業界の分析に向けた課題

これまで概観したように，日本の製紙業界は1990年代以降，合従連衡が相次ぎ，市場構造は激変している。長期化する不況の影響で洋紙および板紙製品の国内需要は低迷し，製紙企業にとってはいかにして利益を獲得するかが重要な課題となっている。

製紙業は輸出入の割合も小さい典型的な内需型産業であり，貿易の影響を大きく考慮することなく市場構造の変化を市場成果と結びつけて考察できる。また理論的には同質的な財を生産する企業がシェアを争う生産量競争があてはまる寡占市場である。そのため，生産量競争の理論的枠組みを適用してさまざまな企業戦略の効果を分析し，競争政策のあり方を考えるのに適した市場である。

このような理由から，次章以降では寡占市場の理論分析を展開し，日本の製紙業界再編が理論モデルで説明される帰結を反映しているのか，需要動向と価格水準の変化を統計的に把握するとともに，生産性と費用効率性の側面から実証分析を試み，合併の経済厚生における影響を探る。

第2章
状態空間モデルを用いた価格弾力性の推定

1　洋紙市場における需要の価格弾力性

市場の需要構造を定量的に知る手段として，需要関数の推計があげられる。これは価格弾力性と所得弾力性を測ることに等しい。しかし，一般的な計測モデルを用いる場合には，これらの弾力性は一定期間におけるパラメータとして得ることになるため，毎期の動向を推定値によって把握することができない。ここでは洋紙市場における需要構造の変化を価格弾力性で捉えるために，状態空間モデルによって弾力性値を計測する手法を提示する。状態空間モデルを用いて状態変数を推計することができれば，特定の定式化によって毎期の価格弾力性値を得ることができる。

こうした状態空間モデルの特性を利用して，洋紙の品種ごとに価格弾力性の値を求め，景気の局面にしたがって需要動向がどのように変化したのかを確かめる必要がある。さらに，得られた価格弾力性のデータを従来から研究されている寡占市場のモデルに適用し，産業利潤率の決定因として需要の価格弾力性が有意義な変数となり得るか適用可能性を検証する。

需要関数の推定は従来，価格と所得を説明変数として，これにいくつかの外生変数を加えることで需要量の変動を捉え，経済理論から導き出された定式化によるパラメータの推計が行われてきた。なかでも価格弾力性を用いて市場の競争度を測る試みは古くから行われており，Iwata（1974）が先導した推測的変動の推計は，1980年代に登場する新しい実証的産業組織論（New Empirical Industrial Organization : *NEIO*）と呼ばれる分野に大きな影響を与えた。*NEIO* は直接観察不可能な限界費用などの変数を構造的なモデルによって捉える手法で，Appelbaum（1982）やBresnahan（1982），またLau（1982）などがその嚆矢となっている。

これら*NEIO*の分析手法に依拠しつつ，日本の製紙業における市場構造の変化と価格変動について計測した先行研究に加藤（2008）がある。そこでは主として寡占市場の理論であるクールノー・モデルを用いて，推測的変動を推定し競争度を算出することを目的にしている。その過程で新聞用紙と印刷・情報用紙の需要関数を，費用関数，価格関数とともに同時推定している。加藤（2008）の計測では，1975年から2004年までの期間で，新聞用紙が－0.582，印刷・情報用紙で－0.506の自己価格弾力性値を得ている。

この数値を念頭に置きつつ，以下では従来の単純な回帰分析によって，需要の価格弾力性を推計する。ここで国内販売量（D）と実質単価（実質価格：P）を因果関係で捉え，価格のみを変数とした需要関数で捉えて$D=f(P)$とし，需要の価格弾力性を推計する。この一般的な需要関数を$D=A \cdot P^{\eta}$で特定化し，さらにこの両辺に対数（自然対数）をとって，次の回帰式を計測する。

$$lnD=\alpha+\eta lnP \quad (2.1)$$

データを対数化して回帰分析で係数値を求めることは，価格弾力性（η）を求めることと同義である[(1)]。以下では各種の紙について，実質単価の散布図のみを提示し，価格の変化に対する需要量の変化を，需要の価格弾力性を用いて観察する。ここで実質単価は，各洋紙の販売金額を国内販売量（経済産業省『生産動態統計年報（各年版)』）で割った値を名目単価として算出し，これを紙パルプの企業物価指数（日本銀行『物価指数年報（各年版)』）でデフレートした値を用いる（以下すべての品種についてデータの出所は同様)。

図２－１には月次の洋紙の実質単価を横軸，国内販売量を縦軸にとった散布

(1)　変数に対数をとって微分すると，パラメータを弾力性で得ることができる。これを利用すれば，例えば，$\eta=d\,ln D/d\,ln P=(dD/D)/(dP/P)$と価格弾力性の定義そのものとなり，回帰分析の係数値を％表示で解釈することができる。

図２－１　国内販売量と単価の散布図（洋紙合計）

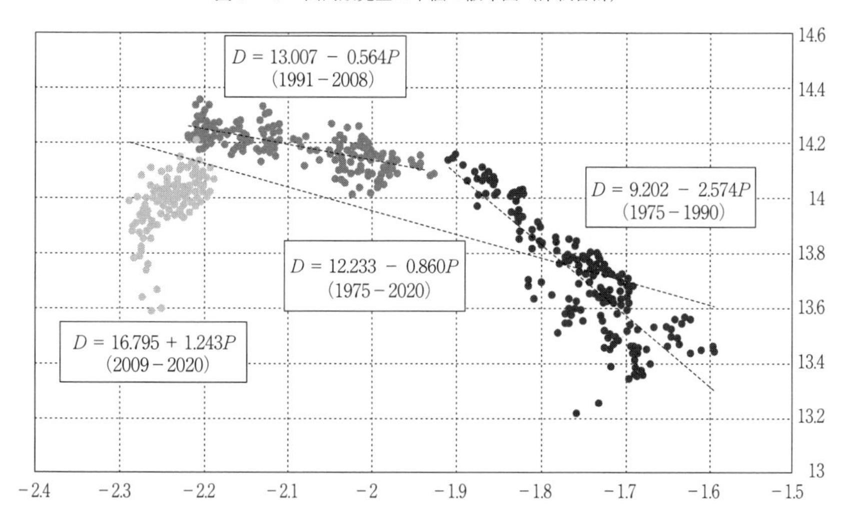

図を描き回帰直線の近似式を提示している。これを見るとわかるように，洋紙合計で見れば，1975年から2020年までの全期間では，価格弾力性の値は－0.860（１％有意）である。散布図がクラスターになっている期間別に弾力性値を見ると，1975年から1990年までは，価格弾力性の値は－2.574（１％有意）であり，弾力性の値が１以上となるため，紙全体としては価格弾力的であると解釈できる。バブル崩壊後の1991年から2008年までは，価格弾力性の値は－0.564（１％有意）となり，この期間では弾力性の値が１以下となるため，洋紙全体の需要量は価格に対して非弾力的となる。実際に散布図を確認しても，それ以前と比べて傾きがフラットになっていることがわかる。さらにリーマン・ショック後の2009年から2020年までの価格弾力性の値は1.243（１％有意）と正の値で得られてしまい，需要関数に所得の項を含まず推計を行った場合には，需要曲線の理論的前提が崩れてしまう結果となる。散布図を見ても右上がりの局面となっており，この計測結果が反映されている。

図２－２には新聞巻取紙について，実質単価と需要量の散布図を提示している。これを観察すると，やはり年代別にまとめた需要曲線の計測が適当であると推察される。そこで，1970年代から順に計測を試みた。まず1975年から1979

図２－２　国内販売量と単価の散布図（新聞巻取紙）

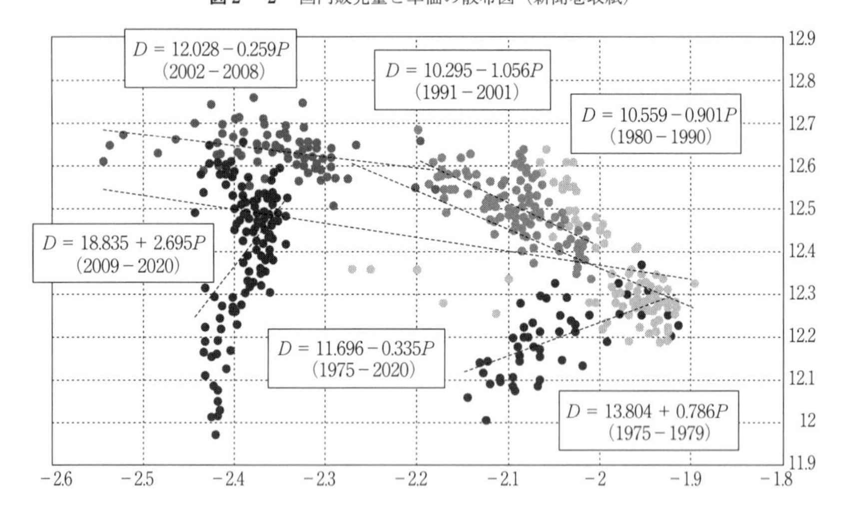

年では弾力性が0.786（１％有意）と正の値となっており，理論的な整合性を失っているが，1980年代を対象とした計測では，弾力性値は－0.901（１％有意）で価格非弾力的であると判断できる値を得ている。不況期となる1991年以降は，－1.056（１％有意）と係数値は負であるものの，やや弾力性的な傾向に変化する。さらに2002年からリーマン・ショックが発生した2008年の期間では，弾力性が－0.259（１％有意）とかなり弾力的になり，この時期に新聞用紙の国内需要が大きく低下傾向となったことを反映している。以後はこの傾向に拍車がかかり，2009年から2020年の計測では，弾力性の推計値は2.695（１％有意）と正になってしまう。

同様に，図２－３で確認できるように，非塗工印刷用紙の需要曲線についても，実質単価のみを変数にすると，年代別の計測が弾力性の変化を捉えやすいことがわかる。非塗工印刷用紙の価格弾力性は，1975年から1979年では弾力性が－1.184（１％有意）と負で有意に弾力的な値が得られている。1980年代の弾力性値は－1.837（１％有意）とさらに弾力的になる。しかし1990年代になると0.560（１％有意）と係数値は正になり，以後は2000年から2008年で0.783（１％有意），2009年から2020年の計測では2.654（１％有意）となる。この背景には非

図2－3　国内販売量と単価の散布図（非塗工印刷用紙）

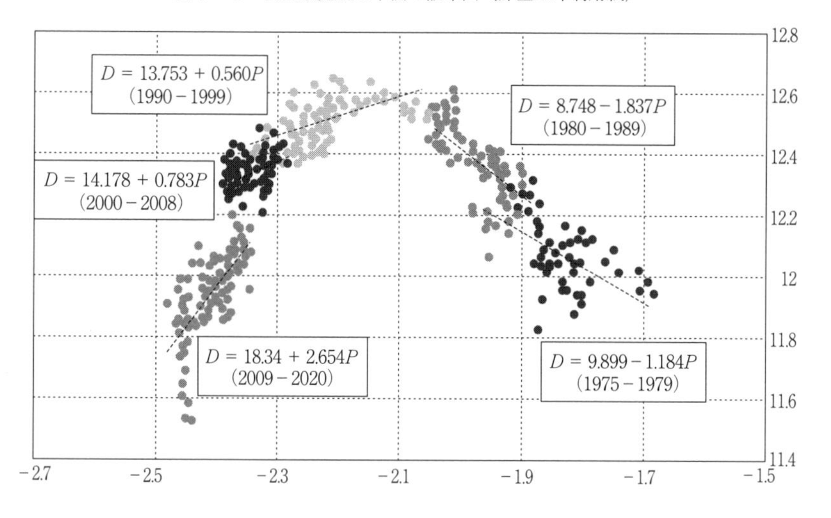

塗工印刷用紙が1990年代以降，実質単価の低下にもかかわらず，国内需要量も減少していることが反映されている。こうしたケースでは，たとえ説明変数に所得の項を追加して重回帰を行っても，価格の係数値を需要関数の理論モデルが要請するようなマイナス値では得ることができないだろう。このことは散布図で確認しても明らかである。

また，図2－4には塗工印刷用紙の国内販売量と実質単価の散布図を掲載している。これを見てもわかるように，塗工印刷用紙については比較的長期にわたって負の相関関係が観察される。それぞれの年代で塗工印刷用紙の価格弾力性を確認すると，1975年から1979年では弾力性が－0.795（1％有意）と負で有意に弾力的な値が得られている。1980年代の弾力性値は－2.055（1％有意）とさらに弾力的になる。しかし1990年代になると－0.949（1％有意）と非弾力的に推計され，以後は2000年から2008年で－0.612（有意性なし），2009年から2020年の計測では1.330（1％有意）となる。塗工印刷用紙の場合には，リーマン・ショック以前までは実質単価のみで需要関数を計測した場合でも安定的に負の値が得られ，需要構造の変化は2009年以後に顕著となることがわかる。

さらに包装用紙の国内販売量と実質単価の散布図を図2－5に示している。

図２－４　国内販売量と単価の散布図（塗工印刷用紙）

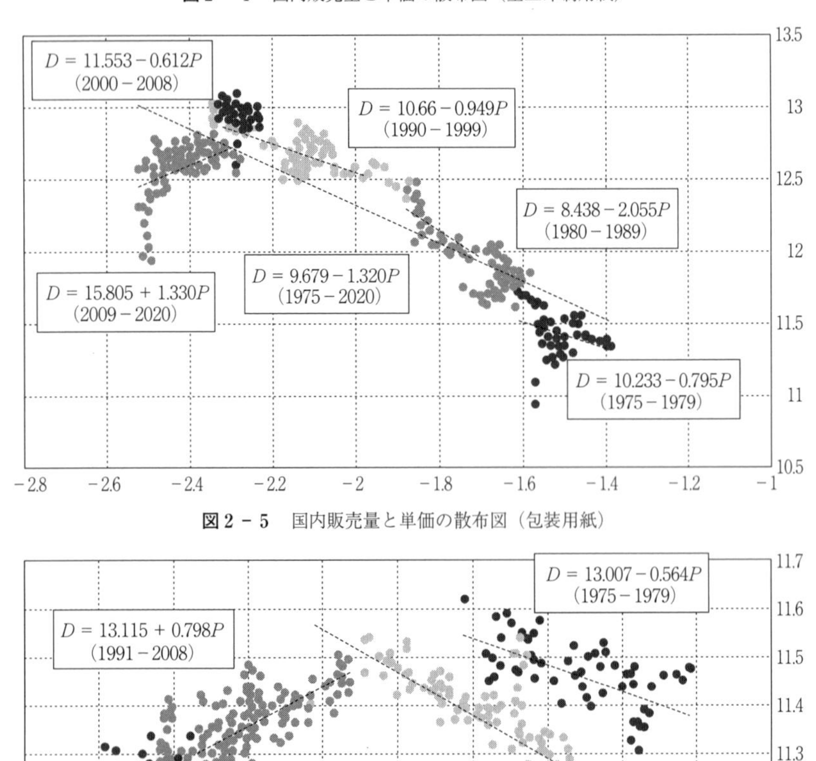

図２－５　国内販売量と単価の散布図（包装用紙）

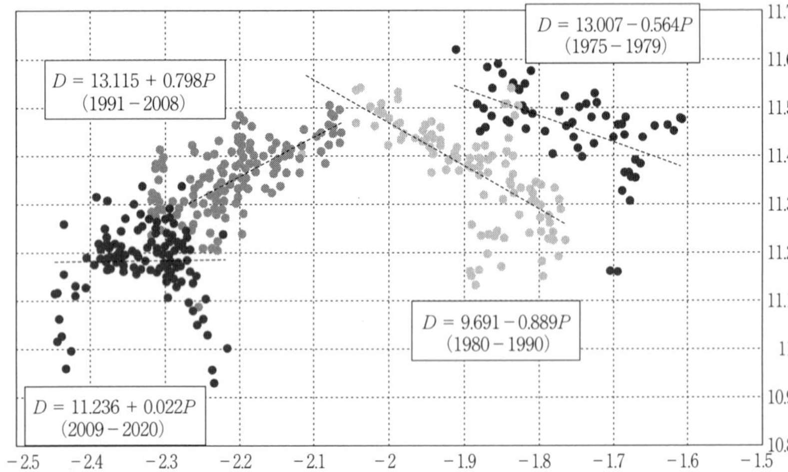

包装用紙も1980年代までは，国内販売量と実質単価の間に右下がりの関係が得られるが，1990年代からはこれが消失する。それぞれの年代で包装用紙の価格弾力性を確認すると，1975年から1979年では弾力性が－0.564（１％有意）と負の係数値が得られている。また1980年代においても弾力性の推計値は－0.889

図2－6　国内販売量と単価の散布図（衛生用紙）

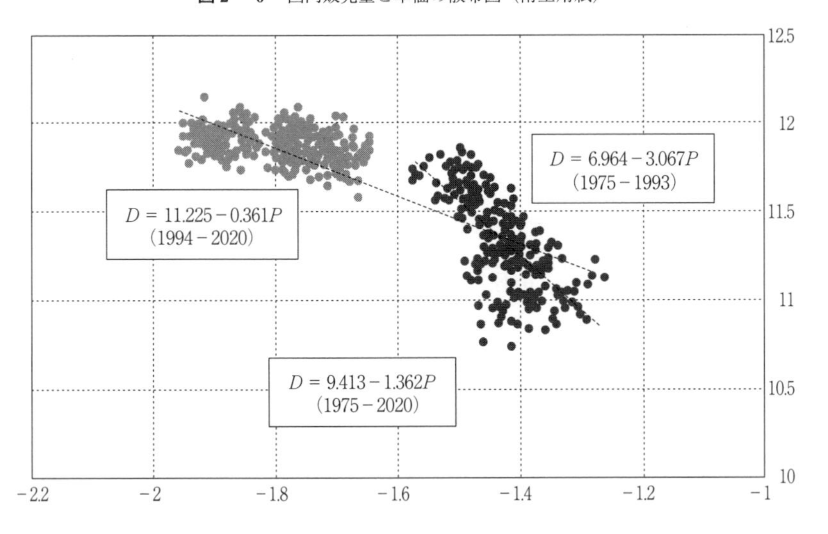

（1％有意）であるが，1990年代以降は価格弾力性の係数値は正となってしまい，1991年から2008年では0.798，2009年から2020年では0.022で価格と需要量に因果関係が見出せない。

最後に図2－6で衛生用紙の国内販売量と実質単価の関係を散布図にしている。散布図に示したように，衛生用紙は価格のみの説明変数で回帰分析を行うと，全期間にわたって係数値は負の値が得られる。しかし，1993年以前と以後では需要曲線の形状が異なっており，1975年から1993年では−3.067（1％有意）と弾力性は大きく，1994年以後では−0.361（1％有意）と相対的に非弾力的になっている。

さらに各種洋紙の需要（D）の変動を，実質単価（P）の動きと所得（Y）の変化で説明する一般的なモデル$D=f(P,Y)$で想定する。財の需要量（D）は実質単価（P）の減少関数で，正常財（上級財）の場合は所得（Y）の増加関数であると解釈される。この一般的な需要関数を$D=A \cdot P^{\eta} Y^{\gamma}$で特定化し，さらにこの両辺に対数（自然対数）を取れば，次のような回帰式を得る。

$$lnD = \alpha + \eta lnP + \gamma lnY \qquad (2.2)$$

表２－１　重回帰分析の結果

紙の品種	分析期間	η	*P-value*	γ	*P-value*	α	*P-value*
洋紙合計	1978-1990	−0.595	(0.000)	0.899	(0.000)	12.859	(0.000)
	1991-2008	−0.352	(0.000)	0.429	(0.000)	13.404	(0.000)
	2009-2020	2.376	(0.000)	0.640	(0.000)	19.272	(0.000)
新聞巻取紙	1978-1990	−0.420	(0.000)	0.550	(0.000)	11.590	(0.000)
	1991-2008	−0.405	(0.000)	0.340	(0.000)	11.629	(0.000)
	2009-2020	2.119	(0.000)	0.360	(0.000)	17.439	(0.000)
非塗工印刷用紙	1978-1990	−0.342	(0.002)	0.716	(0.000)	11.795	(0.000)
	1991-2008	1.462	(0.000)	0.241	(0.000)	15.748	(0.000)
	2009-2020	2.599	(0.000)	0.499	(0.000)	18.178	(0.000)
塗工印刷用紙	1978-1990	−0.907	(0.000)	1.185	(0.000)	10.596	(0.000)
	1991-2008	−1.227	(0.000)	0.631	(0.000)	10.034	(0.000)
	2009-2020	1.334	(0.000)	0.998	(0.000)	15.756	(0.000)
包装用紙	1978-1990	−0.667	(0.000)	−0.015	(0.855)	10.136	(0.000)
	1991-2008	1.051	(0.000)	0.408	(0.000)	13.630	(0.000)
	2009-2020	−5.995	(0.269)	10.031	0.003	−8.028	(0.525)
衛生用紙	1978-1990	−0.038	(0.758)	1.194	(0.000)	11.520	(0.000)
	1991-2008	−0.481	(0.000)	0.591	(0.000)	10.945	(0.000)
	2009-2020	−0.144	(0.400)	0.351	(0.000)	11.612	(0.000)

(2.2) 式は，それぞれの変数に関するα，η，γのパラメータを求める回帰式として定義される。データに対数をとった回帰分析によってこの係数値を求めることは，単回帰と同様に，価格弾力性（η）と所得弾力性（γ）を求めることと同義である。ここで所得の変数（Y）には景気の指標を代用するため鉱工業出荷指数（経済産業省）を用いている（指数は2015年指数を2000年基準に加工）。この重回帰式をそれぞれの品種について行った結果を表２－１に示している。ここでは1978年から1990年までの期間と，バブル崩壊によって不況期が始まる1991年からリーマン・ショックまでの2008年，それ以後の2009年から2020年までとして，先に見た散布図で確認した構造変化を考慮して分析期間を区切っている。

表２－１で重回帰分析の結果を確認すると，所得弾力性（γ）の値は，ほぼすべての紙の品種で，分析期間を通じて有意に正の係数値を得ている。価格弾

力性（η）の計測値を確認すると，洋紙合計では1978年から1990年までの期間では−0.595で，1991年から2008年までの弾力性値−0.352と比べ負で大きい値になっており，経年的に価格の変化に対する需要量の変化は小さくなり非弾力となることがわかる。2009年以降は需要構造の変化から正の値になってしまう。同様の傾向が新聞巻取紙と塗工印刷用紙で確認される。非塗工印刷用紙の価格弾力性は1990年代以降で正になってしまい，この時期から既にペーパーレス化などの要因から，そもそも需要構造が変化していると推察される。包装用紙も1990年代以降は弾力性値が正となり，統計的な有意性も消失しているため同様の傾向にある。衛生用紙の価格弾力性値は負の値で得られるものの，1991年から2008年までの期間以外は統計的有意性がなく，不安定な結果である。

このように，長期にわたる価格弾力性の計測には，月次のデータでサンプルを増やして分析期間を区切っても，その変化を捉えることは極めて難しく，理論モデルが要請する条件を満たすことができない。これを解決する計測手法として，以下では状態空間モデルによる価格弾力性の計測を提示する。

2　状態空間モデルと需要の価格弾力性の推計

各種洋紙に関する需要の価格弾力性を推計するために，それぞれの品種における市場動向を時系列で観察したが，従来の需要曲線の計測手法では捉えにくい局面があることを確認した。基本的な回帰モデルでは，需要の価格弾力性は分析期間にひとつの値しか得ることができない。伝統的な計測手法では，価格弾力性を毎期変化するデータとして用いることはできないことは明らかである。

しかし，状態空間モデルを使えば，時系列で各期の弾力性値を得ることができるため，毎期の価格弾力性をデータとして分析に使用できる。これが状態空間モデルを用いて需要の価格弾力性を計測する大きなメリットである。

状態空間モデルとは，時系列データにおいて，実際に観測されない状態方程式のパラメータを推定し，その推定した状態から観測方程式の係数値を求める手法である[(2)]。もともと Kalman（1960）や Kalman and Bucy（1961）を嚆矢として制御工学の分野で研究が進み，1970年代に統計学や経済学に応用されてきたモデルである。

例えば，需要関数を例に説明すると，状態変数としての需要量は実現しうる可能性のある需要であり，潜在的な確率変数であるが，観測変数は実際に実現した需要量となる。基本的な状態空間モデルでは，需要量の変動要因を，需要水準の変化と誤差の二つに分けて定式化される。需要量そのものは毎期変化するが，それは本当に需要水準が何らかの影響で変化したものなのか，それとも求められる需要水準そのものに変化はないが，毎期のノイズ（誤差）によるものなのか，ということである。状態空間モデルでは目に見えない需要量の状態（実現可能性）を想定し，その「状態」は前期の値と関係しているという予測を行うことで，今期の「状態」を作り出すことになる。このような基本的な状態空間モデル（ローカルレベル・モデル）を定式化すると次のようになる。

$$D_t = \delta_t + \mu_t \qquad \mu_t \sim N(0, \sigma_\mu^2) \qquad \text{観測方程式}$$
$$\delta_t = \delta_{t-1} + \nu_t \qquad \nu_t \sim N(0, \sigma_\nu^2) \qquad \text{状態方程式}$$

このモデルにおいて，今期の観測値D_tは今期の観測値を生み出す可能性の集合である状態δ_tから発生するが，正規分布$N(0,\sigma_\mu^2)$に従う誤差μ_tを伴う。さらに今期の状態δ_tは，前期の状態δ_{t-1}と正規分布$N(0,\sigma_\nu^2)$に従う状態誤差ν_tに依存している。

ここでは状態空間モデルのなかでも，「時変係数モデル」を採用する。時変係数モデルとは，基本の状態空間モデルに外生変数を取り込み，外生変数が観測値に与える影響を考慮することができる。状態空間モデルを用いた実際の需要関数の計測では，実質単価を外生変数とした次のような時変係数モデルを採用している。

$$D_t = \alpha + \beta_t P_t + \gamma_t Y_t + \mu_t \qquad \mu_t \sim N(0, \sigma_\mu^2) \tag{2.3}$$
$$\beta_t = \beta_{t-1} + \varepsilon_t \qquad \varepsilon_t \sim N(0, \sigma_\varepsilon^2) \tag{2.4}$$

(2)　状態空間モデルの理論的な把握については，Aoki（1990）や北川（2019）が有用である。また，経済学分野への適用については谷崎（1993）が詳しい。

$$\gamma_t = \gamma_{t-1} + \omega_t \qquad \omega_t \sim N(0,\sigma_\omega^2) \qquad (2.5)$$

（2.3）式は観測方程式であり，（2.4）式と（2.5）式が状態方程式となる。この定式化によれば，時変係数β_tとγ_tの推定値によって，毎期の価格弾力性値と所得弾力性値を得ることができる。この状態空間モデルによって需要の価格弾力性と所得弾力性の推計を試みる。

想定する需要関数は，これまで通り$D=f(P,Y)$であり，財の需要量（D）と実質単価（P）および経済産業省公表の鉱工業出荷指数（Y）を変数とする。実質単価（P）は日本銀行が公表している紙パルプの企業物価指数（2015年接続指数を2000年＝1として加工）で実質化し，鉱工業出荷指数（Y）は総合企業物価指数（同加工）で実質化している。分析期間は実質化に用いる企業物価接続指数が公表されている1978年1月から2020年12月までとする。

状態空間モデルでの計測結果は以下の通りである[3]。図２－７は洋紙全体の需要関数を状態空間モデルで計測した結果である。この結果を見ると，需要の価格弾力性値（図中β_t）は－0.2から－0.4までの間で推移しているが，1980年代に比べて1990年から2008年までのリーマン・ショックの期間は，価格弾力性の値は若干ではあるが弾力性の程度が大きくなる。その後はやや非弾力的になる。つまり洋紙の国内需要量が拡大傾向にあった時期には洋紙の市場は全体として価格弾力的であり，その後の停滞期には弾力性が小さくなっているということがわかる。

他方，所得弾力性の値（図中γ_t）は1980年代後半までは0.6から0.4付近で推移するが，1990年前後で急に低下する時期がある。この時期以外にも2012年あたりで再び低下するが，2015年までは概ね0.5程度である。その後は上昇する傾向で推計値が得られている。

図２－８には新聞巻取紙の計測結果を提示した。これを見ると，需要の価格弾力性値（β_t）は1970年代から2010年代までは－0.3から－0.2までの間で推移し

(3)　ここでは考察で言及しないため掲載を割愛しているが，状態空間モデルの計測結果はすべての紙の品種について，係数値も状態変数も，また標準偏差の値も統計的に１％有意で得られている。なお状態空間モデルの計測にはEviews12を用いている。

図２－７　状態空間モデルの計測結果（洋紙合計）

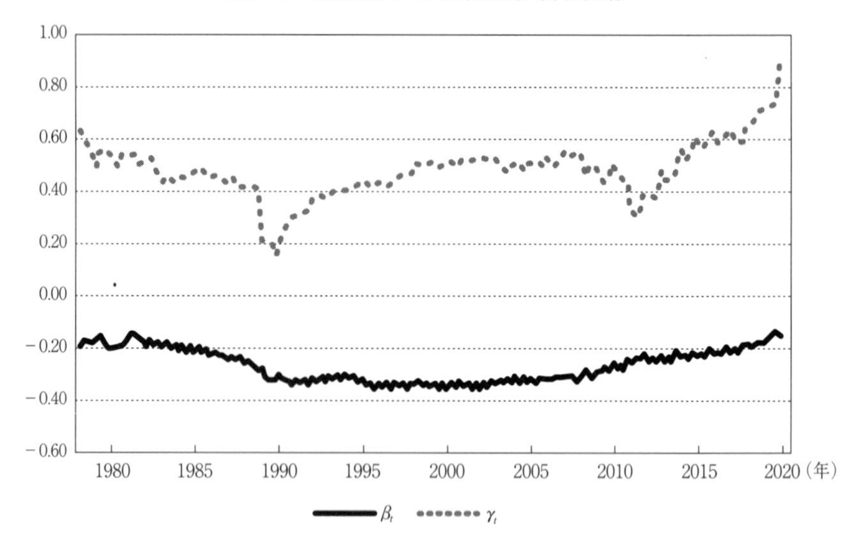

ているが，それ以後は－0.1に近づき弾力性値がやや硬化している。これも2008年からの不況の影響を色濃く反映している。新聞用紙の需要減退に拍車がかかり，価格の低下以上に国内需要が減退したことによる影響が推察される。

所得弾力性の値も2008年あたりまでは一貫して0.4程度で推移しているが，リーマン・ショックを境に一時低下し，その後は0.5を超えて上昇している。景気が良くなれば需要が伸びるというよりも，不況期においてマクロの景気後退以上に紙需要の減退が進んでいる証拠である。

図２－９には非塗工印刷用紙の価格弾力性と所得弾力性を示しているが，実質単価と鉱工業出荷指数の双方を状態変数としたモデルでは，価格弾力性が2008年あたりから正の値になってしまう。これも既に散布図で見たように，需要構造の変化を反映しているわけであるが，ここでは実質単価のみを状態変数にしたモデルの計測も試みた。動きは同じであるが，実質単価のみで計測した場合には，需要の価格弾力性値（β_t）は－0.6から－0.2までの間で大きく変動することがわかる。いずれのモデルでも価格弾力性は経年的に価格の変化に対する需要量の変化の程度が小さくなることがわかる。

図２－８　状態空間モデルの計測結果（新聞巻取紙）

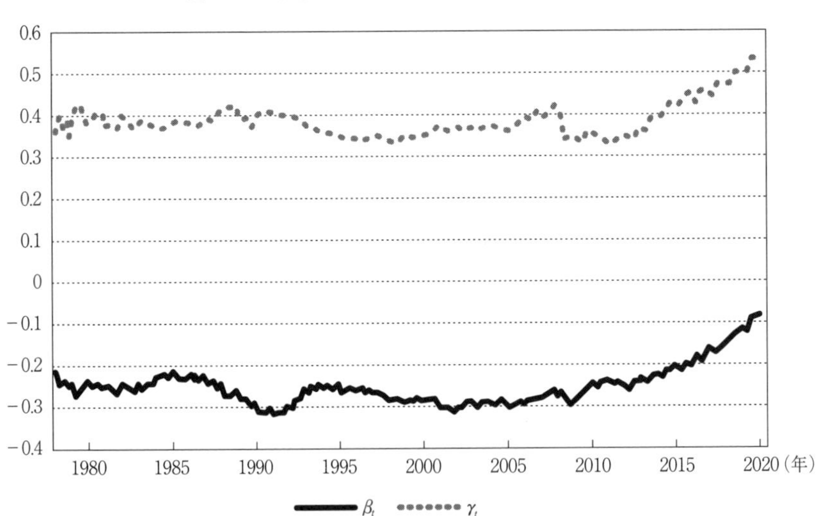

図２－９　状態空間モデルの計測結果（非塗工印刷用紙）

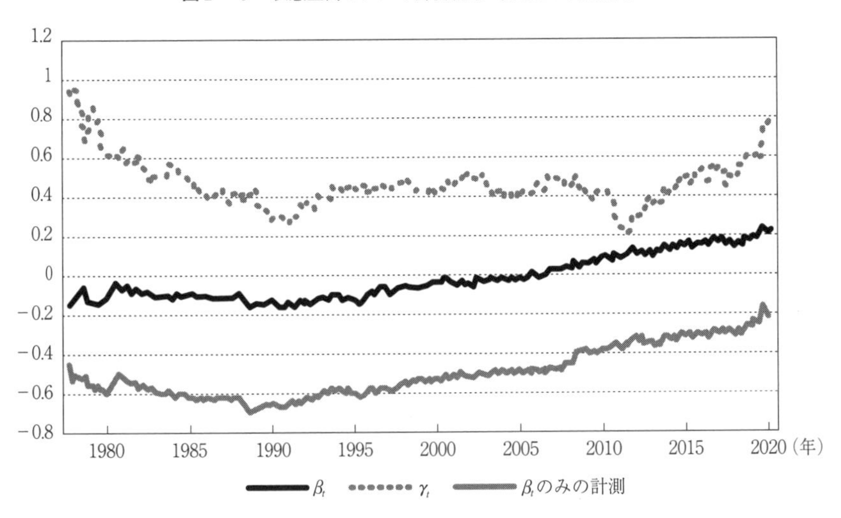

その一方で，所得弾力性の値(γ_t)は1970年代から1990年代までは低下し，2008年頃までは0.4あたりで推移している。その後は大きく変動し弾力性値は1970年代の水準まで大きくなる。1970年代から1980年代は，好景気とともに非塗工印刷用紙の需要も高まり，これが所得弾力性の程度に反映したのだろう。1990年代以降の所得弾力性の上昇は，景気の減退以上に非塗工印刷用紙の需要が減少している証拠であると考えられる。

塗工印刷用紙の状態空間モデルで計測した結果を図２－10に提示している。非塗工印刷用紙とは異なり，塗工印刷用紙の需要の価格弾力性値（β_t）は－0.8から－0.2までの間で推移している。1970年代後半から1990年までは価格の変化に対する需要量の変動は経年的に弾力的になるが，その後は－0.7前後で推移する。しかし2008年以降はしだいに弾力性値が－0.3程度まで小さくなる。他方，所得弾力性の値（γ_t）は2015年あたりまでは0.5前後を変動するかたちで得られているが，2015年以降では弾力性値は0.8程度まで大きくなり，景気の影響を受けやすくなる。

図２－11には包装用紙の需要関数を状態空間モデルで計測した結果を図示している。この結果では，2000年まで価格弾力性値（β_t）は－0.2程度で推移してきたが，その後はやや硬直化するのがわかる。しかしながら1980年代から2020年まで，他の製品ほど大きく変動していないことに特徴がある。これは包装用紙の用途における特質を反映している。包装用紙の所得弾力性は1990年までは低下傾向にあったが，その後は2008年の0.8程度まで上昇し，最終的には0.4から0.5で推移している。

最後に衛生用紙の計測結果を図２－12に示している。衛生用紙の価格弾力性はプラスで得られたため，理論モデルが要請する条件を満たしていない。所得弾力性は2008年のリーマン・ショックまでは0.8程度で変動していたが，それ以後はいったん大きく低下してから漸増している。衛生用紙はほかの製品とは異なり，ペーパーレス化の影響を受けにくい財であることにも注意しておく必要がある。

図2－10　状態空間モデルの計測結果（塗工印刷用紙）

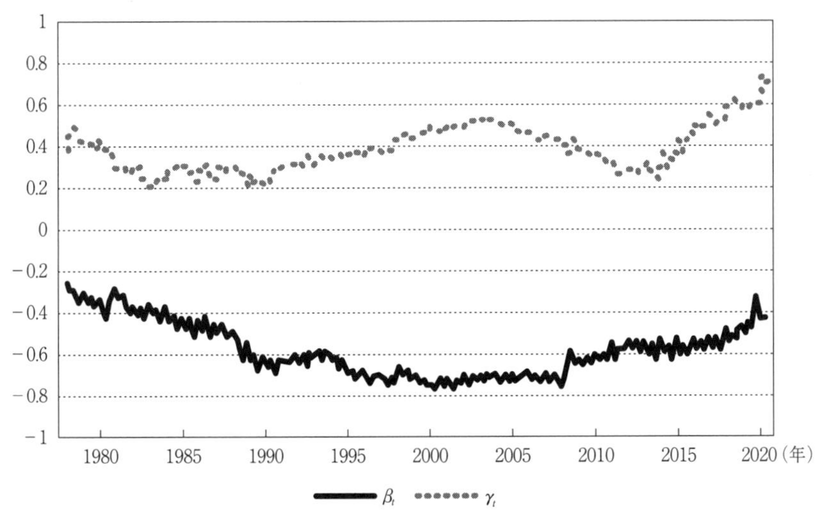

図2－11　状態空間モデルの計測結果（包装用紙）

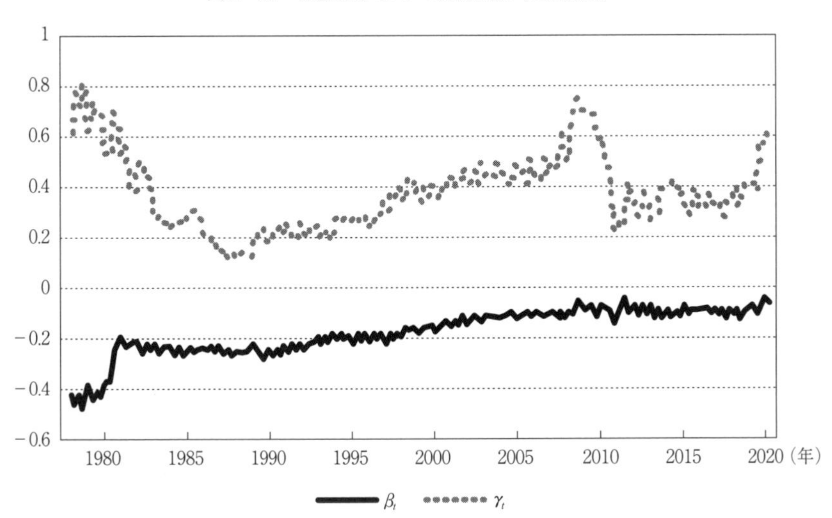

図2－12　状態空間モデルの計測結果（衛生用紙）

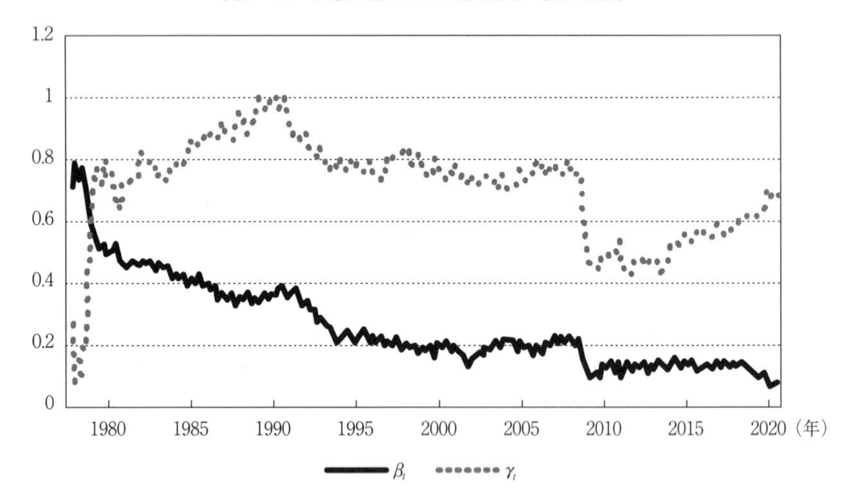

3　産業利潤率と集中度および価格弾力性の分析

需要の価格弾力性を回帰分析によって推計を試みた場合，先に述べたように計測期間にひとつのパラメータとして推計値を得ることしかできない。しかし，状態空間モデルを用いた計測によって毎期の推計値を得ることができれば，これを変数としてさまざまな計測に用いることができる。

例えばクールノー市場を前提とした寡占モデルで産業利潤率の決定因を分析する場合，Cowling and Waterson（1976）で展開された理論モデルが引用される。このモデルの内容をまとめて説明すると，以下のように集中度と価格弾力性が説明変数として理論的に整合性をもって導出される。

いま n 社が存在する市場（産業）を想定し，市場全体の生産量を Q，市場価格を p とする。また各企業の生産量を q_i，限界費用を c_i とする。クールノー・モデルにおいて，各企業は他企業の生産量が一定の下で最適な生産量を決定するので，限界収入（MR）は次のように導出できる。

$$MR_i = p + \frac{dp}{dQ} q_i \qquad (2.6)$$

企業の利潤最大化は限界収入＝限界費用だから，これを表せば，

$$p + \frac{dp}{dQ} q_i = c_i \qquad (2.7)$$

となる。いま需要の価格弾力性 $\left(\eta = -\frac{dQ/_Q}{dp/_p} = -\frac{dQ}{dp}\frac{p}{Q}\right)$ と各企業のマーケット・シェア $\left(s_i = \frac{q_i}{Q}\right)$ を用いて，上式をマーク・アップ（ラーナー指標）の形に書き換えると，

$$\frac{p - c_i}{p} = \frac{s_i}{\eta} \qquad (2.8)$$

となる。さらに左辺の分子分母に各企業の生産量を掛けると，次のようになる。

$$\frac{pq_i - c_i q_i}{pq_i} = \frac{s_i}{\eta} \qquad (2.9)$$

この式の右辺は売上高利潤率，左辺の分子は各企業の市場シェア (s_i)，分母は需要の価格弾力性 (η) である。この式からわかることは，企業の利潤率はシェアが大きいほど高くなり，市場の需要の価格弾力性が大きいほど低くなるということである。ここで個別企業の利潤を足し合わせた産業全体の利潤を Π とすると，産業全体の利潤率を次のように表すことができる。

$$\frac{\Pi}{pQ} = \frac{pQ - cQ}{pQ} = \sum_{i=1}^{n}\left(\frac{p - c_i}{p}\right)\left(\frac{q_i}{Q}\right) = \sum_{i=1}^{n}\left(\frac{s_i}{\eta}\right)s_i = \frac{\sum_{i=1}^{n} s_i^2}{\eta} = \frac{H}{\eta} \qquad (2.10)$$

ハーフィンダール指数（*H*）は，各企業のシェアを２乗して足し合わせることで算出される市場の集中度を表す指標である。産業全体の利潤率は産業レベルの売上高利潤率（Price-Cost Margin：*PCM*）で捉えられているため，*PCM* はハーフィンダール指数（*H*）で表された市場の集中度とは正に相関し，需要の価格弾力性ηとは負に相関することが理論的に導かれる。

しかし，価格弾力性の値は毎期得ることができないために，従来の研究では価格弾力性は一定として想定され，集中度と利潤率の関係を主として分析することに精力がつぎ込まれてきた。集中度の利潤率に対する影響を分析するのが目的であるため，それ自体を否定する必要はないが，理論的に導出された価格弾力性の影響を無視することは望ましい計測ではない。この問題を解決するために，ここでは価格弾力性のデータとして，状態空間モデルによって計測された状態変数の推計値を用いる。

まず産業利潤率（*PCM*）は，経済産業省が公表している『工業統計表（産業編）』の各年版にある「紙製造業」という産業分類を対象に，付加価値額を製造品出荷額で割った値で定義している。図２－13を見ると，*PCM* の動き（右軸）は1980年にかけて低下しているが，その後は1990年までは景気の拡大に伴って上昇する。いわゆるバブル崩壊後は景気の低迷と同調して *PCM* も低下するが，2004年あたりまでは0.4程度で高止まりしている。ところが2008年のリーマン・ショック以後では *PCM* は0.3まで低下し，それ以降は産業利潤率が低調となることが確認できる。

また図２－13で洋紙市場におけるハーフィンダール指数の動き（左軸）を確認すると，1990年代までは700程度で推移していたが，1993年の王子製紙／神崎製紙＝新王子製紙，十條製紙／山陽国策パルプ＝日本製紙の大型合併時には，ハーフィンダール指数は1,000程度に急上昇する。その後，1996年の新王子製紙／本州製紙＝王子製紙の大型合併の名称復活時には1,200弱までハーフィンダール指数が上昇する。さらに2001年の日本製紙／大昭和製紙＝日本ユニパックの設立時にはさらにハーフィンダール指数の上昇が見られ1,500程度になる。その後は王子製紙，日本製紙の２強がグループを整理統合している影響で，ハーフィンダール指数は1, 400程度で推移していることがわかる。

図２－13　洋紙の *PCM* とハーフィンダール指数および状態空間モデルによる価格弾力

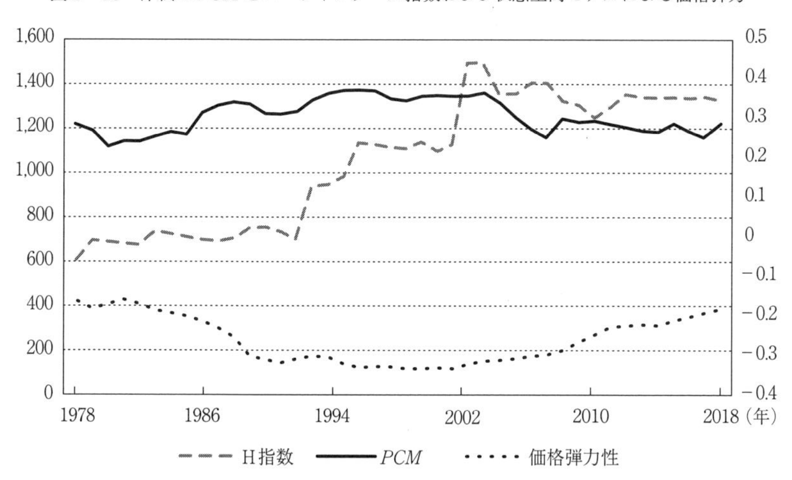

さらに図２－13には，状態空間モデルを用いて計測した洋紙合計の価格弾力性（右軸）を掲載している。時系列で見ると *PCM* と逆相関の関係にあるように見えるが，ここで（2.10）式の定式化にしたがって，ハーフィンダール指数（*H*）と価格弾力性（η）を用いた推計を試みる。計測の結果は次の通りである（括弧内はＰ値）。

$$PCM=0.159-0.207\,H-0.622\,\eta \qquad \overline{R^2}=0.69 \qquad (2.11)$$
$$(0.000)\ (0.142)\ (0.000)$$

（2.11）式に示した計測結果を確かめると，ハーフィンダール指数（*H*）の係数値は－0.207となり，マイナスであるうえに統計的有意性はもたない。したがって，市場の集中度と産業利潤率との相関を認めることはできない。他方，需要の価格弾力性の推計値は－0.622であり，統計的有意性も１％水準で負の相関が確かめられる。理論モデルで規定したのは産業利潤率との因果関係であるが，洋紙市場の産業利潤率には集中度の影響は観察されず，むしろ産業利潤率の変動は需要構造の変化に起因している。このように，状態空間モデルによる計測値を用いることによって，概して洋紙の市場においては，需要の価格弾力性が大きくなれば（弾力的になれば）利潤率は低下するという，理論モデルに整合的な逆相関の関係が検証された。

4　価格弾力性値の適用可能性

ここでは洋紙市場を例として，1975年から2020年までにおける長期の国内販売量と価格の動きを概観し，まず単純な回帰分析による需要の価格弾力性の推計を行った。需要の価格弾力性に関する従来の計測手法では，パラメータは分析期間ごとにしか推計できないため，需要の価格弾力性の値はひとつしか得ることができない。しかし，状態空間モデルを用いれば，状態変数の推計によって毎期の価格弾力性の値を得ることができる。それらの値を変数としてさまざまな実証分析に適用可能であるということを明示した。

具体的には産業利潤率を集中度および価格弾力性に回帰する分析において，状態空間モデルの推計から得られた価格弾力性値を用いると，寡占市場のモデルから導出される利潤率と価格弾力性の関係を，理論と整合的に検証できる。

ただ，状態空間モデルで計測された推計値は，必ずしもすべての期間において理論モデルの要請する符号と一致しているわけではない。また，変数を追加すると推計値の動きは同じでも値が異なる場合が多いことは否めない。さらには，実際の推計プロセスでは，計測式がうまく収束しないケースも多かったことにも注意する必要がある。

需要の価格弾力性の分析から，概して洋紙の市場においては，需要のピークとなる2008年前後までは典型的な価格と需要量の関係が成り立つことがわかるが，それ以降は需要の激減と価格水準の低下が進行している。状態空間モデルは各期の弾力性を予測する有用な手法であるが，この推計値における価格弾力性の時系列の動きも，2008年以降はプラスの方向に転じている。不況とペーパーレス化による紙需要の構造変化は，業界に大きな変革を求める状況にある。

第3章
寡占市場における企業合併の理論と実証分析

1　寡占市場における合併動機と企業合併の理論

1990年代以降，製紙業界では紙需要の増大を背景に供給設備の合理化を進めるかたちで大型合併が相次いだが，収益性の面で合併の効果が存在したかどうかを検証することは重要な課題である。以下ではその分析の根拠となる理論モデルを提示した後に，業界大手企業である王子製紙と日本製紙の合併事例について，合併後の利益率が上昇しているかどうか，差分の差分法(Difference in difference) を用いて検証を試み，理論モデルの現実妥当性を検討する。

企業合併は産業組織論の伝統的な研究テーマであり，これまで寡占市場を想定した理論モデルの展開と多くの実証的検証の蓄積がなされている[(1)]。合併のインセンティブを収益性の面から理論的に検討した時，後に示すように生産量競争を前提とした単純なクールノー・モデルでは，合併当事者となった企業は収益を増大できず，いわゆる「合併のパラドクス」が生じる。しかし，費用効率の大幅な改善を伴う合併であれば，収益性向上を合理的に説明する余地がある。確かに過去の実証研究では，合併による利潤率や成長率の単純な改善を見出したものは少なく，規模と範囲の経済性を含めた長期的な生産性の向上に合併の

---

(1)　企業合併に関して，過去の実証研究を総括的に検討した Mueller (1997) では，主に1950年代から1970年代を分析期間とし10カ国をカバーした20の分析を取り上げている。これによれば合併によって収益力や成長性が増加したケースはほとんど見られない。また生産物が多様化するほど設備の生産性が低下していること，さらには合併10年以上経過した後には合併企業のシェアが低下していると報告している。さらに Gugler et al. (2003) による研究では，1980年代から1990年代における欧米諸国と，日本や豪州などの国々についての合併事例を取り上げているが，欧米諸国では合併後利益は増加傾向，売上は減少傾向にあり，日本や豪州では双方とも減少傾向にある。

効果を認めたものが多い。

合併による事業の再編成について，実際に企業はどんな目的を掲げているのであろうか。1993年度までの『公正取引委員会年次報告書（各年版）』には，目的別合併件数のデータが示されている。この資料によって水平合併の目的に関連するものを回答の比率の高いものから順にあげると，①管理費用の節減，②総合化・生産・販売の一貫化，③販売力・資本調達力の強化，④人材の確保・活用，⑤技術力の強化となる。言い換えれば，①はシナジー効果や学習などによる企業の経営効率向上であり，②と③は規模の経済性の発揮，④と⑤は労働・資本の生産性向上と考えることができる。合併がこうした経営管理・生産・販売・流通・研究開発などの分野で効率性を高め，限界費用を低くする可能性があるとすれば，合併は企業の生産効率を向上させる機能（合併のメリット）をもつ。

企業合併による効率性の向上は，資源の補完性に伴うシナジー効果や，規模の経済性の発揮による費用削減と解釈できる。またそこから派生した市場成果は，利潤の増加というかたちで実現する。しかし一般的には，合併による企業規模の拡大によって企業内部でさまざまな非効率性が発生する側面（合併のデメリット）もある。

例えば大規模組織になるほど各部門で管理者が監視しなければならない部下の数も増え，「モニタリング・コスト」が増大する可能性もある。また，現場の情報が管理者に行き着くまでに時間がかかり，正確に伝わりにくくなるケースも生じるであろう。こうした情報のロスは「インフォメーション・コスト」と分類される。他方，組織内の従業員に対する管理職ポストの比率も低下することから，上司に対して自分の評価をよくするために非経済的な活動を行う可能性も増大する。こうした活動は「インフルエンス・コスト」を引き起こす。さらに組織では上司から部下にある程度の裁量権が与えられているが，上司からの監視が完全でない限り，組織の利益よりも自らの利益を追求し，「エージェンシー・コスト」を高める可能性がある。また合併によって市場シェアが上昇し，競争圧力が低下すれば，品質向上やコスト削減へのインセンティブが低下する可能性がある。つまり「インセンティブ・コスト」が発生することになる。[2]

こうした合併のメリット・デメリットを考慮しながら，企業合併の動機を寡占理論の枠組みで捉えた研究では，合併による収益力向上仮説のほか，市場支配力増大仮説や経営効率化仮説など，従来から多角的な視点で分析が行われてきた。[3] 合併に関する初期の理論的なアプローチは，代表的な寡占市場モデルであるクールノー・ゲームの枠組みで，興味深い結論が導かれている。Salant et al.（1983）は，合併による費用削減効果が大幅なものでない限り合併企業の成果が改善されず，社会的厚生の増大につながらないことを示した。Farrell and Shapiro（1990）は，これがより一般的な状況下においても成立することを証明している。またDavidson and Deneckere（1984）は，合併後カルテルが崩壊した時の利潤が合併前よりも増加する可能性を提示し，合併によってカルテルの安定性が低くなる可能性を示唆した。さらにLevin（1990）では，合併前の企業のシェアが50%以下であれば，合併企業の利潤増大を通じて合併後の社会的厚生が増大する余地を理論的に導出している。

一方，市場の競争形態が異なれば，合併の効果も変化するはずである。Daughety（1990）は市場にリーダー企業とフォロワー企業が存在するようなシュタッケルベルク・モデルでの合併効果を分析している。合併によってシェアを拡大させることで，企業はその市場でリーダーとなり得る。ひとたびリーダーとなった企業は戦略変数である生産量を先決するため，合併しないままの企業はフォロワーとしてリーダーの生産量を観察してから自らの生産量を決定する。このようなシュタッケルベルク競争では，合併後リーダーとなる企業の利潤が，合併しないフォロワー企業を上回り，「合併のパラドクス」が回避される可能性がある。このモデルは，ある市場でリーダーとなり得る企業を中心に大型合併が相次ぐドミノ現象を，収益性の向上の面から整合的に捉えることができる点で興味深い。

---

(2)　ここで提示している合併に伴うコストの分類については，小田切（2002）p.5を参照。

(3)　合併の動機については市場支配力説，効率説，経営者利益説など従来さまざまな議論がある。詳細は土井（2002）など参照。また産業組織論の専門雑誌である *International Journal of Industrial Organization* には1989年と2003年に合併分析に関する特集が組まれ，過去の合併研究の動向を知る上で重要な論文が掲載されている。

こうした理論研究のインプリケーションを実証的に確認するため，ここでは単なる利潤最大化を合併動機と考えた場合と，効率性を通じた成果の改善を合併動機とする理論研究に着目する。以下では先行研究にしたがって合併の動機を理論モデルによって整理する。

2　クールノー市場における利潤動機

まず，合併の利潤動機について，寡占市場における生産量競争を想定した，クールノー・モデルを用いて解明する[(4)]。いま同質財を生産する n 社（$n \geqq 0$）の企業がクールノー競争をしており，各企業の限界費用 c_i は一定で，各企業で共通となる対称均衡を考える（ここで $i=1,2,\cdots n$）。各企業の生産量を q_i とすれば，市場全体の生産量 Q は $Q=\sum_{i=1}^{n} q_i$ と表すことができる。また市場価格を p とし，簡単化のために需要曲線を線型とすれば，$p=a-bQ$ と表記できる。各企業の利潤 π_i は，$\pi_i=p(Q)q_i-cq_i$ となるので，企業 i が直面する利潤最大化問題は，

$$max \qquad \pi_i=(a-b\sum_{i=1}^{n} q_i)q_i-cq_i \qquad (3.1)$$

と表すことができる。利潤最大化の一階条件は $\partial\pi_i/\partial q_i=0$ であるため，この条件を用いて（3.1）式を計算すると，次のようになる。

$$q_i^*=\frac{(a-b\sum_{i=2}^{n} q_i-c)}{2b} \qquad (3.2)$$

ここで，$\sum_{i=2}^{n} q_i$ は，企業 i 以外の企業による生産量の総量を表している。これを企業 i の反応関数と呼んでいる。一般的にはそれぞれの企業の費用条件は異なるため限界費用も違った値をとるが，ここでは簡単化のため各企業の限界費用は同一の c と仮定し対称的な企業を想定しているため，均衡ではすべての

(4)　以下のクールノー・モデルに関する理論展開は，小田切（2001）pp.225-243を参照している。

企業が同じ生産量 $q_1 = q_2 = \cdots = q_n$ を産出していることになり，任意の企業の生産量を q と書くことができる。これらを考慮すれば，(3.2) 式によって表されたクールノー・モデルによる各企業の反応関数（均衡生産量 q^c）は，次のように企業数 n と市場規模 a，需要曲線の傾き（価格弾力性）b と限界費用 c の各種パラメータで説明できる。

$$q^c = \frac{a-c}{b(n+1)} \tag{3.3}$$

これを企業1から企業 n まで足し合わせると，クールノー市場における市場の総生産量（Q^c）を次のように表現できる。

$$Q^c = nq^c = \frac{n(a-c)}{b(n+1)} \tag{3.4}$$

さらにこれを需要関数に代入すると，クールノー・モデルにおける均衡価格は次のようになる。

$$p^c = \frac{a+nc}{n+1} \tag{3.5}$$

またこの時，利潤は次のように表現できる。

$$\pi^c = \frac{(a-c)^2}{(n+1)^2 b} = b(q^c)^2 \tag{3.6}$$

n 社のうち2社が合併したケースであれば，合併後は (3.6) 式の n を $n-1$ で置き換えたものが合併後の均衡となる。すると市場全体の生産量は減少し，価格水準は上昇することがわかる。Salant et al. (1983) では，これを n 社のうち m 社が合併したケースに一般化している。n 社のうち m 社が水平合併すると，企業数は n から $n-m+1$ へと減少して，合併後は $(n-m)$ 社の対称均衡となる。この時上記のクールノー・モデルを用いると，均衡における企業利潤 π^{cm} は次のように変化する。

$$\pi^{cm}=\frac{(a-c)^2}{(n-m+2)^2 b} \tag{3.7}$$

水平合併が企業にとって有利であるためには，合併後の利潤が合併前のm社の利潤の合計額を上回ることである。つまり，

$$\frac{(a-c)^2}{(n-m+2)^2 b}>\frac{m(a-c)^2}{(n+1)^2 b}$$

が利潤動機の条件となる。したがって，$(n+1)>m(n-m+2)$ が成立することが必要である。この条件を満たす合併企業数を検討してみると，

$$\begin{aligned} &2\leqq n\leqq 5 &&\rightarrow\quad m=n\\ &n=10 &&\rightarrow\quad m\geqq 9\\ &n=30 &&\rightarrow\quad m\geqq 26 \end{aligned}$$

となり，水平合併が企業に利益をもたらすのは，当該市場の大多数の企業が合併に参加する時のみということになる。したがって，水平合併により規模の経済や範囲の経済が働き，費用面でのよほどの節減効果がなければ，数社の間で行われる合併は企業に損失をもたらすだけであるということになり，いわゆる「合併のパラドクス」が生じてしまう。

したがって，企業合併の目的を短期的な利潤最大化に想定してしまうと，単純な理論では合併のインセンティブはないという結論になる。その意味では，

合併の目的は単なる利潤増大以外の動機に求められる。例えば，水平合併のメリットは，規模の経済性を生かした費用削減の機会を提供し，企業の経営効率を高めるという側面を考慮した効率性効果も考慮しなければならない。

そこで，利潤動機以外の効率性動機に焦点を当てる。いま市場に存在する n 社のうち2社のみが合併した状況を想定する。この時，合併当事者となる企業の限界費用がΔcだけ効率的になるとすれば，合併後の各企業の反応関数は次のように表現できる。

$$q_m^{post}=\frac{a-(c-\Delta c)-bQ_{-m}}{2b},\qquad q_i^{post}=\frac{a-c-bQ_{-i}}{2b}\quad i=3,\cdots,n \tag{3.8}$$

ここで，q_m^{post} は2つの企業が合併した企業 m の事後的生産量，Q_{-m}は合併した企業 m 以外の（$n-2$）社の事後的生産量の合計であり，$Q_{-m}=\sum_{i=3}^{n} q_i$である。また Q_{-i} は合併しないままでいる企業 i にとって，自企業に i を除く市場全体の生産量を表し，$Q_{-i}=q_m+\sum_{j=3,j\neq i}^{n} q_j$ である。合併後の均衡生産量を計算すると次のようになる。

$$q_m^{post}=\frac{1}{n}\left\{\frac{a-c}{b}+(n-1)\frac{\Delta c}{b}\right\},\quad q_i^{post}=\frac{1}{n}\left\{\frac{a-c}{b}+\frac{\Delta c}{b}\right\}\ i=3,\cdots,n \tag{3.9}$$

したがって，市場全体の生産量は，次のようになる。

$$Q^{post}=q_m^{post}+(n-2)q_i^{post}=\frac{1}{n}\left\{(n-1)\frac{a-c}{b}+\frac{\Delta c}{b}\right\} \tag{3.10}$$

また合併後の価格は，

$$p^{post}=a-bQ^{post}=c+\frac{1}{n}\{(a-c)-\Delta c\}$$

$$=c-\Delta c+\frac{1}{n}\{(a-c)+(n-1)\Delta c\} \tag{3.11}$$

となるので，合併による価格の変化は次のように表すことができる。

$$p^{post}-p^{pre}=\frac{1}{n}\{(a-c)-\Delta c\}-\frac{1}{n+1}(a-c)=\frac{1}{n}\left(\frac{a-c}{n+1}-\Delta c\right) \tag{3.12}$$

これより合併によって市場価格が低下するためには，上式がマイナスである必要がある。この条件を整理すると，次のようになる。

$$\Delta c>\frac{(a-c)}{n+1}\equiv p^{pre}-c \tag{3.13}$$

つまり，合併によって市場価格の低下がもたらされるためには，合併企業における限界費用の低下幅が合併前のマーク・アップ（価格－限界費用）を上回る必要があり，合併のもたらす効率性の向上がかなり大きなものでなければならないことがわかる。

また合併前企業数nが小さいほど合併による価格低下に必要な効率性の改善が大きいこともわかる。nの逆数はハーフィンダール指数に等しいので，集中度が高い産業では効率性を向上させる合併でも市場価格は高くなる可能性が大きいと考えられる。このケースで合併前後の利潤を比べてみよう。合併後の合併企業mの利潤π_m^{post}は，

$$\pi_m^{post}=\frac{\{(a-c)-(n-1)\Delta c\}^2}{bn^2} \tag{3.14}$$

となる。したがって合併前後の利潤の変化は次のように整理できる。

$$\pi_m^{post}-2\pi^{pre}=\frac{\{(a-c)-(n-1)\Delta c\}^2}{bn^2}-2\frac{(a-c)}{b(n-1)^2}$$
$$=\frac{2(a-c)^2}{b(n+1)^2}+\frac{(n-1)^2}{bn^2}\left(\Delta c-\frac{a-c}{n+1}\right)+\frac{a-c}{n+1}+\left\{\frac{4n(a-c)}{(n-1)(n+1)}\right\} \quad (3.15)$$

この式の第1項は正となり，第2項はもし合併企業の限界費用の低下幅が市場価格低下をもたらすに十分なほど大きければ，先の（3.13）式より正となる。この時，合併企業の利潤は増加する。逆に合併企業の限界費用の低下が小幅にとどまる時，右辺第2項が負であっても右辺全体としては正になるため，市場価格は上昇するが合併企業の利潤は増加する。(5)

3　シュタッケルベルク市場における合併効果

これまで取り上げた単純なクールノー・モデルの枠組みにおいては，収益の増大のみに合併のインセンティブを求めることは難しく，少なくとも費用効率の向上が伴う必要があることが確認された。しかし，市場の競争形態が異なれば，合併の効果も変化するはずである。Daughety（1990）はシュタッケルベルク・モデルを用いて，収益性の面から合併のインセンティブについて経済合理的な説明を試みた。

合併により大きなシェアを得ることで，合併した企業はその市場でリーダーとなり得る。ひとたびリーダーとなった企業は戦略変数である生産量を先決するため，合併しないままの企業はフォロワーとしてリーダーの生産量を観察してから自らの生産量を決定する。このようなシュタッケルベルク競争では，合

(5)　合併の効果を検証するためには，効率性の向上が社会的余剰に与える影響について検討することが重要である。Farrell and Shapiro（1990）はクールノー・モデルを用いて合併企業が限界費用の低下を実現する時，価格水準が上昇して消費者余剰が減少しても，社会的厚生が増大する可能性があることについて論証している。ここで展開したモデルのように単純化したケースでは，これらの定理は簡単に証明できる。また，Levin（1990）は各企業の限界費用が一定で合併前企業のシェアが50％以下である時，合併企業の限界費用がその他企業よりも下回り，かつ利潤も増加する合併が実現すれば，社会的余剰が増大することをモデルによって示している。詳細については小田切（2001）pp.234-237でまとめられている。

併後リーダーとなる企業の利潤が合併しないフォロワー企業を上回り，「合併のパラドクス」が回避される可能性がある。このモデルは，ある市場でリーダーとなる企業を中心に大型合併が相次ぐ「合併のドミノ現象」を，収益性向上の面から整合的に捉えることができる点で興味深い。

ここでDaughety（1990）モデルのエッセンスを確認する[(6)]。いま合併後リーダーとなったn_L社の対称的な企業と，合併を行わなかった対称的なフォロワー企業がn_F社だけ存在し，市場全体で$n=n_L+n_F$社が存在するシュタッケルベルク市場を想定する。これまで通り市場価格をpとして市場全体の生産量をQで表現すれば，需要関数は$p=a-bQ$である。また，各々の企業の費用関数は$C(q_i)=c_i$と仮定する。リーダー企業はそれぞれ独立に生産量q_lを決定し，その後，フォロワー企業が生産量q_fを決定するという2段階ゲームを考える。リーダー企業群の総生産量をQ_L，フォロワー企業群の総生産量をQ_Fとして，このゲームをバックワードに解いて均衡を求める。

ゲームの第1段階でリーダー企業群が決定した総生産量Q_Lにしたがって，第2段階でフォロワー企業群は総生産量Q_Fを決定する。あるフォロワー企業の生産量をq_fと表し，それ以外のフォロワー企業群の総生産量をQ_{F-f}で表すと，市場全体の総生産量は$Q=Q_L+Q_{F-f}+q_f$と表記することができる。これを用いれば，需要関数は次のようになる。

$$p=\{a-b(Q_L+Q_{F-f})\}-bq_f \qquad (3.16)$$

これより，フォロワー企業fの限界収入＝限界費用（$MR_f=c$）となる最適条件は$a-2bq_f-bQ_L-bQ_{F-f}=c$となるので，フォロワー企業fの反応関数は，

$$q_f^*=\frac{a-c}{2b}-\frac{Q_L}{2}-\frac{Q_{F-f}}{2} \qquad (3.17)$$

(6)　ここで展開したモデルはDaughety（1990）と，それを解説したPepall et al.（2001）pp.387-405を参考にしている。

となる。すべてのフォロワー企業は対称的であると仮定すると，あるフォロワー企業fを除いたフォロワー企業群の生産量は$Q^*_{F-f}=(n-n_L-1)q^*_f$と表されるので，(3.17) 式は次のように整理できる。

$$q^*_f=\frac{a-c}{b(n-n_L+1)}-\frac{Q_L}{(n-n_L+1)} \tag{3.18}$$

(3.18) 式をフォロワー企業の数だけ足し合わせると，フォロワー企業群全体の総生産量Q_Fを次のように求めることができる。

$$Q_F=(n-n_L)q^*_f=\frac{(n-n_L)(a-c)}{b(n-n_L+1)}-\frac{(n-n_L)Q_L}{(n-n_L+1)} \tag{3.19}$$

ここで，あるリーダー企業の生産量をq_lとし，それ以外のリーダー企業群の生産量Q_{L-l}と表記する。すると，ゲームの第1段階におけるリーダー企業lの残余需要関数は，

$$p=\{a-b(Q_F+Q_{L-l})\}-bq_l \tag{3.20}$$

と表すことができる。リーダー企業はフォロワー企業の反応関数を読み込むことができるため，リーダー企業が直面する残余需要関数$Q_L=Q_{L-l}+q_l$を考慮すると，典型的なリーダー企業の需要関数は次のようになる。

$$p=\frac{a+(n-n_L)c-bQ_{L-l}}{b(n-n_L+1)}-\frac{b}{(n-n_L+1)}\ q_l \tag{3.21}$$

次にリーダー企業の最適化条件（$MR_l=c$）を計算し，これを整理してほかのリーダー企業に対する反応関数を求めると，

$$MR_l = \frac{a+(n-n_L)c-bQ_{L-l}}{(n-n_L+1)} - \frac{2b}{(n-n_L+1)}q_l = c$$

となるので，典型的なリーダー企業のその他リーダー企業の生産量Q_{L-l}に対する最適反応となる生産量は，次のように表現できる。

$$q_l^* = \frac{a-c}{2b} - \frac{Q_{L-1}}{2} \tag{3.22}$$

ここで対称性の仮定より$Q_{L-l}^* = n_L - l = (n_L-1)q_l^*$であるから，(3.22) 式は次のように書き換えることができる。

$$q_l^* = \frac{a-c}{2b} - \frac{(n_L-1)}{2}q_l^* \quad \text{つまり} \quad q_l^* = \frac{a-c}{b(n_L+1)} \tag{3.23}$$

$Q_L = n_L q_l^* = n_L(a-c)/b(n_L+1)$であるから，これを (3.19) 式に代入すれば，フォロワー企業群の生産量Q_Fと各フォロワー企業の生産量$q_f^* = Q_F/(n-n_L)$を次のように求めることができる。

$$q_f^* = \frac{a-c}{b(n_L+1)(n-n_L+1)} \tag{3.24}$$

$$Q_F = \frac{(n-n_L)(a-c)}{b(n_L+1)(n-n_L+1)} \tag{3.25}$$

さらにリーダー企業群の生産量Q_Lとフォロワー企業群の生産量Q_Fを足し合わせることによって，産業全体の総生産量Qの値を次のように得ることができる。

$$Q = Q_L + Q_F = \frac{(n + n \cdot n_L - n_L^2)(a-c)}{b(n_L+1)(n-n_L+1)} \tag{3.26}$$

これを市場需要関数$p = a - bQ$に代入すると，市場価格は次のようになる。

$$p=\frac{a+(n+n\cdot n_L-n_L^2)c}{(n_L+1)(n-n_L+1)} \tag{3.27}$$

また，プライス－コストマージン（$p-c$）で表せば，

$$p-c=\frac{(a-c)}{(n_L+1)(n-n_L+1)} \tag{3.28}$$

となる。すると，典型的なリーダー企業の利潤は$(p-c)q_i^*$となり，典型的なフォロワー企業の利潤は$(p-c)q_j^*$となるので，リーダー企業の利潤π^Lとフォロワー企業の利潤π^Fを次のように求めることができる。

$$\pi^L(n,n_L)=\frac{(a-c)^2}{b(n_L+1)^2(n-n_L+1)} \tag{3.29}$$

$$\pi^F(n,n_L)=\frac{(a-c)^2}{b(n_L+1)^2(n-n_L+1)^2} \tag{3.30}$$

これらの式を見ると明らかなように，合併してリーダーとなった企業の利潤である（3.29）式は，合併を行わなかったフォロワー企業の利潤$\pi^F(n,n_L)$を上回る。この時，全体として企業数は少なくなる影響で利潤が増大するが，他方でリーダー企業数が増えることによって，リーダー企業の利潤が減る可能性もある。このように，合併によって企業数が少なくなる時，さらなる合併によってこの状況はどのように変化するかを確認しなければならない。

いまフォロワー企業2社がさらに合併し，1つのリーダー企業となったとすれば，産業全体の企業数は$n-1$，そのうちリーダー企業数はn_L+1となる。この時のリーダー企業の利潤を$\pi_1^L(n-1,n_L+1)$と表せば，この合併後のリーダー企業における利潤が2つのフォロワー企業の合併前結合利潤$2\pi_1^F(n,n_L)$より上回ること，つまり，$\pi_1^L(n-1,n_L+1)>2\pi_1^F(n,n_L)$が，フォロワー企業同士の合併を引き起こすインセンティブとなる。すなわち，フォロワー企業2社が合併を行い，リーダー企業となって収益性を改善するための条件は，

$$\frac{(a-c)^2}{b(n_L+1)^2(n-n_L+1)} > \frac{2(a-c)^2}{b(n_L+1)^2(n-n_L+1)^2} \qquad (3.31)$$

である。これをさらに書き直せば，

$$(n_L+1)^2(n-n_L+1)^2 - 2(n_L+1)^2(n-n_L+1) > 0 \qquad (3.32)$$

となる。この条件は，需要関数のパラメータであるa，bや限界費用の値cに依存していないことがわかる。つまり，市場の条件や企業の技術条件にかかわらず，リーダー企業数とフォロワー企業数にのみ影響を受けることになる。そしてこの条件に従えば，追加的な2つのフォロワー企業が合併してリーダー企業となった場合，「常に」収益性を上げることが簡単な数値シミュレーションからも明らかになる。このように，あるひとつの市場でシュタッケルベルク・リーダーを生み出すような合併が行われた場合には，「合併のドミノ現象」が起こる可能性があることをこの理論モデルは示唆している。

4　製紙業界における合併とDID分析による収益変化の検証

これまで展開した寡占市場モデルを理論的根拠にして，現実の合併における収益性の変化はどのように説明できるだろうか。ここでは1990年代に大型合併が相次いだ製紙市場の利益率を取り上げて検証を試みる。

合併の効果について因果推論する時，合併前後の利益率等の経営成果を単純比較することはできない。合併前後の企業は同質ではないうえに，利益率を算出している時期が異なるため，時間の経過による諸条件（状況）の変化も考慮されていないからである。

こうした異なる経済主体における時系列変化を考慮した指標の分析には，一般に差分の差分法（Difference in difference：以下 *DID*）が用いられる。*DID* によって企業の経営成果を捉える場合，同一企業の時系列指標の変化を「時点間の差（群内）」と考え，これに異なる企業における「企業間の差（群間）」を加味して，合併などのイベントによる因果効果を推定することになる。

ここでは1990年代の製紙業界の合併を事例に，理論モデルによって提示された合併前後の収益率における変化を確かめるため，成果指標としては粗利益としての売上総利益率（売上総利益／売上高）と，本業における利益率と解釈される営業利益率（営業利益／売上高）を用いる。(7)

いま合併の当事者となった企業（群）Aを「処置群」と呼び，合併に関わらなかった企業（群）Bを「対照群」と定義する。企業$i(i=A,B)$の合併前利益率を$PR_{i,before}$とし，合併後を$PR_{i,after}$と表記して，それぞれの「時点間の差(群内)」と「企業間の差（群間)」を計算する。両企業における「時点間の差」を求めると次のようになる。

$$\delta_{Dt}=(PR_{A,after}-PR_{A,before})-(PR_{B,after}-PR_{B,before})$$

また，「企業間の差（群間)」は次のように表記できる。

$$\delta_{Di}=(PR_{A,after}-PR_{B,after})-(PR_{A,before}-PR_{B,before})$$

この「時点間の差（群内）δ_{Dt}」と「企業間の差（群間）δ_{Di}」の差を計算するのが*DID*である。差分の差分法で因果推論を行う際には，平行トレンドの仮定が考慮される。これは，実際に合併した企業（企業A）が合併しなかった場合にはどうなっていたかを予測するために，同時期に合併を行わなかった企業（企業B）の成果について，経営成果の平行的な時間的変化を考慮したものである。(8)

ここで分析対象となる製紙企業の利益率のデータを用いて*DID*による分析を試みる。先に触れたように，製紙業界では1990年代に相次いで大型合併が実

(7)　売上総利益は売上高から製造原価を引いた値で定義されるため，ここでは粗利益を表す指標として用いたが，厳密には製造原価に労務費や製造経費のような固定費と考えられる費用も含まれていることに注意しなければならない。データの出所は『日経NEEDS企業・財務データ』の有価証券報告書の値を用いて計算している。

(8)　*DID*に関する重要な先行研究については補論に簡略化してまとめている。

図3－1　各社総利益率の推移

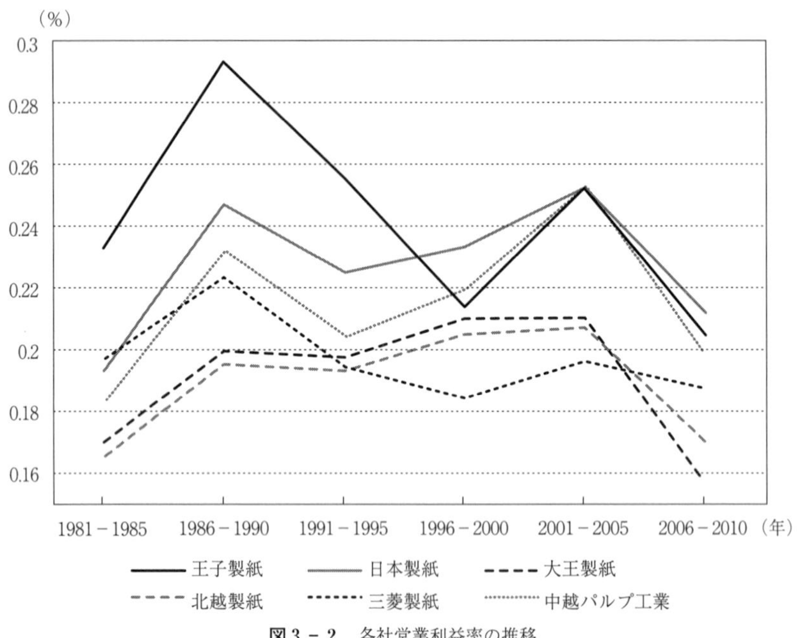

図3－2　各社営業利益率の推移

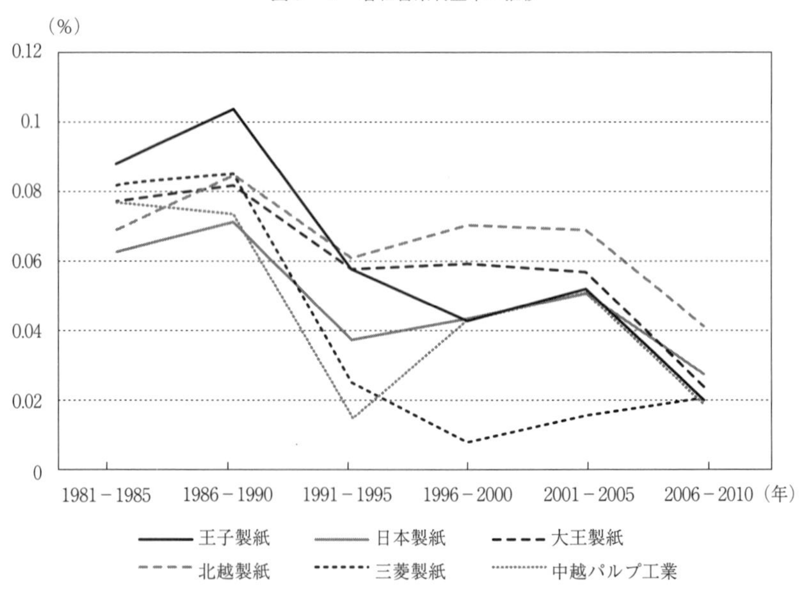

現しているが，ここでは大手２社に関わる合併事例を取り上げる。具体的には，1993年の王子製紙／神崎製紙＝新王子製紙，同年の十條製紙／山陽国策パルプ＝日本製紙，そして1996年の新王子製紙／本州製紙＝王子製紙の合併事例と，2001年の日本製紙／大昭和製紙＝日本ユニパックの統合が分析の焦点になる。そこで分析期間において合併事例となる王子製紙，日本製紙の大手２社と，この期間に大きな合併を行わなかった大手２社に次ぐ生産規模を有する大王製紙，北越製紙と，中越パルプ工業，三菱製紙の中堅企業について，総利益率と営業利益率の推移に注目する。

利益率の年次推移では合併の成果が観察しにくいため，図３－１には総利益率（売上総利益／売上高）の推移，図３－２には営業利益率（営業利益／売上高）の推移を1981年から2010年の期間を５年ごとに平均値を算出して推移を示している。これを見ると，王子製紙，日本製紙の上位２社は，他社に比べ総利益率の水準が営業利益率の水準よりも相対的に高い。この差はいわゆる人件費を含む一般管理費の大きさが反映されている。

また，上位２社以外の企業については，大王製紙と北越製紙の動きがほぼ同じであるが，中越パルプ工業と三菱製紙は独自の変化をしている。こうした事実から，*DID* で王子製紙と日本製紙の合併の成果を「処置群」として検証する場合，その「対照群」には大王製紙と北越製紙のデータを用いることが適切である。この分類によって総利益率と営業利益率の各期平均値を用いて *DID* を計算する。

表３－１と表３－２は「処置群」である王子製紙と日本製紙が，それぞれ「対照群」である大王製紙と北越製紙の利益率に比べてどれほど相対的に利益率が変動したか，*DID* によって各期各企業の差分の差分を計算した値を掲載している。実際に合併が行われた第Ⅲ期以降の比較値に着目すればよい。総利益率を見ると，Ⅳ期とⅤ期の差を計算した1996年以降で「処置群」と「対照群」の差がプラスになっている。最後のⅤ期とⅥ期の差を計算した場合には，王子製紙と日本製紙の「処置群」と大王製紙を比べた場合にはプラスの値が算出されるため合併の効果が見られるが，北越製紙を「対照群」にした場合はマイナス値となっている。つまり総利益率への合併効果は，1993年および1996年

表3－1　総利益率の平均値でみた *DID*

		大王製紙	北越製紙
Ⅰ期とⅡ期	王子製紙	0.0299	0.0300
	日本製紙	0.0239	0.0240
Ⅱ期とⅢ期	王子製紙	－0.0343	－0.0348
	日本製紙	－0.0197	－0.0203
Ⅲ期とⅣ期	王子製紙	－0.0552	－0.0548
	日本製紙	－0.0035	－0.0031
Ⅳ期とⅤ期	王子製紙	0.0379	0.0372
	日本製紙	0.0176	0.0169
Ⅴ期とⅥ期	王子製紙	0.0067	－0.0095
	日本製紙	0.0127	－0.0035

Ⅰ期	1981-1985
Ⅱ期	1986-1990
Ⅲ期	1991-1995
Ⅳ期	1996-2000
Ⅴ期	2001-2005
Ⅵ期	2006-2010

表3－2　営業利益率の平均値でみた *DID*

		大王製紙	北越製紙
Ⅰ期とⅡ期	王子製紙	0.0112	－0.0001
	日本製紙	0.0035	－0.0077
Ⅱ期とⅢ期	王子製紙	－0.0224	－0.0222
	日本製紙	－0.0095	－0.0094
Ⅲ期とⅣ期	王子製紙	－0.0164	－0.0246
	日本製紙	0.0045	－0.0037
Ⅳ期とⅤ期	王子製紙	0.0115	0.0105
	日本製紙	0.0096	0.0086
Ⅴ期とⅥ期	王子製紙	0.0012	－0.0042
	日本製紙	0.0101	0.0047

の合併効果が「処置群」の王子製紙と日本製紙にある程度のラグを伴って総利益率の上昇に影響していることがわかる。

また営業利益率の結果を見ると，日本製紙では既にⅢ期とⅣ期の差において，大王製紙と比較した場合に正の効果が確認できる。以降はⅤ期とⅥ期の差において王子製紙と北越製紙を比べた場合を除けば，すべて「処置群」の王子製紙と日本製紙が「対照群」の大王製紙と北越製紙の利益率を相対的に上回ることがわかる。

こうして平均値をDIDで比較すると，大手2社の合併は利益率を高める効果があったことが類推される。しかし，数値における表面上の差ではなく，この事実を統計的な検定によって判断することが必要である。そのため，以下では回帰分析によってDIDに統計的検定を裏付ける。

いま「処置群」となる企業群Aの利益率PR_Aと「対照群」の複数の企業群Bの利益率PR_Bについて，各企業の時系列データを集めたプールド・データとして説明変数に用いる。これに「企業間（群間）の差」を表すクロスセクション・ダミー変数としてD_iを，「時点間（群内）の差」を考慮するタイムシリーズ・ダミー変数D_tを回帰式に取り入れ，さらに「時点間（群内）の差」と「企業間（群間）の差（群間）」の両方に該当するプールド・ダミー変数をD_{it}として採用する。すると，これらダミー変数で説明される各企業における利益率の回帰式は次のようになる。

$$PR_{it}=\alpha+\delta_i D_i+\delta_t D_t+\delta_{it}(D_i \cdot D_t)+u_{it} \qquad (i=A,B)$$

ここで$D_i=1$となるのは，合併を行った企業であり，$D_t=1$となるのは合併が実現した時点以降となる。したがって，$D_i \cdot D_t=1$となるのは，合併した企業が合併を実現した後の状況を検出するダミー変数であり，δ_{it}はその推定値である。$\delta_{it}>0$であれば合併による利益率の上昇効果が認められる。また，DID回帰分析ではサンプルは多企業かつ多期間のダミーによる判断も可能である。注意すべき点は，統計的有意性を検定する際の標準誤差である。同一企業内あるいは景気の変動に応じて変数が強い系列相関をもつため，通常の標準誤差では過小となり，誤って統計的有意性を算出してしまう可能性がある。そこで，企業ごとあるいは景気変動時期をクラスタ化した標準誤差（Cluster Robust Standard Error）を使って標準誤差を計算するのが妥当である。

これらの条件を加味しながら，王子製紙と日本製紙の合併効果をDID回帰分析によって検証を試みる。分析手法はプールド・データのモデルをパネル形式で再定義し，個別の企業の特性をあらかじめ計測に加味するために，ハウス

表3－3　王子製紙と日本製紙におけるDID回帰分析の計測結果

王子製紙の総利益率				
Variable	Coefficient	Std. Error	t-Statistic	Prob.
C	0.209	0.008	26.012	(0.000)
D1993	0.022	0.016	1.352	(0.187)
D1996	0.003	0.020	0.162	(0.873)
D2001	－0.021	0.016	－1.298	(0.204)
OUJI1993	－0.026	0.009	－2.967	(0.006)
OUJI1996	－0.047	0.004	－11.906	(0.000)
OUJI2001	0.037	0.007	5.074	(0.000)
Adj.R-squared	0.492	F-statistic	11.788(0.000)	

日本製紙の総利益率				
Variable	Coefficient	Std. Error	t-Statistic	Prob.
C	0.195	0.008	25.936	(0.000)
D1993	0.022	0.016	1.352	(0.187)
D1996	0.003	0.020	0.162	(0.873)
D2001	－0.021	0.016	－1.298	(0.204)
NIPPON1993	－0.019	0.006	－3.006	(0.005)
NIPPON1996	0.006	0.006	1.135	(0.266)
NIPPON2001	0.020	0.008	2.538	(0.017)
Adj.R-squared	0.332	F-statistic	6.521(0.000)	

王子製紙の営業利益率				
Variable	Coefficient	Std. Error	t-Statistic	Prob.
C	0.078	0.007	11.905	(0.000)
D1993	－0.009	0.018	－0.500	(0.621)
D1996	－0.0004	0.022	－0.016	(0.987)
D2001	－0.017	0.017	－1.009	(0.321)
OUJI1993	－0.019	0.007	－2.893	(0.007)
OUJI1996	－0.019	0.005	－4.139	(0.000)
OUJI2001	0.010	0.006	1.700	(0.100)
Adj.R-squared	0.301	F-statistic	5.7900(0.000)	

日本製紙の営業利益率				
Variable	Coefficient	Std. Error	t-Statistic	Prob.
C	0.069	0.006	11.109	(0.000)
D1993	－0.009	0.018	－0.500	(0.621)
D1996	－0.0004	0.022	－0.016	(0.987)
D2001	－0.017	0.017	－1.009	(0.321)
NIPPON1993	－0.008	0.003	－2.512	(0.018)
NIPPON1996	0.0001	0.003	0.016	(0.988)
NIPPON2001	0.0129	0.006	2.099	(0.045)
Adj.R-squared	0.200	F-statistic	3.780(0.0001)	

マン検定による変量効果は採用せず，先に提示したモデルに準拠した固定効果モデルによる分析を行う。実際の計測では，王子製紙の合併効果を測る場合には王子製紙を「処置群企業」とし，日本製紙の計測では日本製紙を「処置群」としてそれぞれ個別に分析を行うが，ここでは回帰分析のメリットを生かし，「対照群」企業は大王製紙と北越製紙の両方を用いている。計測のための実証モデルは次のようになる。

$$PR_{Ouji} = \alpha + \delta_{t,1993}D_{1993} + \delta_{t,1996}D_{1996} + \delta_{t,2001}D_{2001} + \delta_{Ouji,1993}(D_{Ouji} \cdot D_{1993}) + \delta_{Ouji,1996}(D_{Ouji} \cdot D_{1996}) + \delta_{Ouji,2001}(D_{Ouji} \cdot D_{2001}) + u_{it}$$

$$PR_{Nippon} = \alpha + \delta_{t,1993}D_{1993} + \delta_{t,1996}D_{1996} + \delta_{t,2001}D_{2001} + \delta_{Nippon,1993}(D_{Nippon} \cdot D_{1993}) + \delta_{Nippon,1996}(D_{Nippon} \cdot D_{1996}) + \delta_{Nippon,2001}(D_{Nippon} \cdot D_{2001}) + u_{it}$$

このモデルによる計測結果を表3－3に示している。標準誤差はWhite period-cluster standard errorsによって算出している[(9)]。これを見ると，王子製紙の総利益率，営業利益率ともに，OUJI1993とOUJI1996のダミーの係数値は，ともに統計的に1％水準で有意に負の符号となっており，合併の収益率向上効果を見出すことができない。ところがOUJI2001の係数値の符号は，統計的に1％水準の正で有意な値が得られている。二度の大型合併が収益性に及ぼす影響は，ある程度調整期間を伴って後に向上していることが推察される。

また，日本製紙の計測結果では，総利益率，営業利益率ともにNippon1993のダミー変数の係数値は負で有意な値となっているが，Nippon1996の係数値は，有意性はないものの正となり，さらにNippon2001では統計的に5％水準で有意な正の係数値が得られている。こうした計測結果から，日本製紙でも長期的には合併後の利益率の上昇が見出される。

このように製紙業界は，リーダー企業の大型合併によってシュタッケルベルク市場の様相を呈しており，理論分析によって明らかにされるように，長期的視点で観察すれば，収益力向上の側面からも合併の効果を支持できる計測結果が得られている。

5　DIDによる合併効果の含意

ここでは1990年代に大型合併を繰り返し，シュタッケルベルク市場の競争形態を呈している日本の製紙業に着目し，合併の収益性向上に関する効果について，寡占市場の理論であるクールノー・モデルとシュタッケルベルク・モデルを展開した。企業が合併してシュタッケルベルク・リーダーとなる場合には，合併後の利益率が以前よりも上回る可能性が提示される。そこで業界大手2社である王子製紙と日本製紙の合併事例について，収益性向上の面から差分の差分法（*DID*）回帰分析を用いて合併の成否を収益性の面から検証した。製紙業界の平均的な動向を示すために，中堅企業でありこの時期合併を行っていな

(9)　この*DID*回帰分析の計測には，Eviews12を用いている。クラスタに関わる標準誤差の計算にはさまざまな議論があるため，補論に参考文献をあげ概要を記載している。

かった大王製紙，北越製紙を，業界の動向を表す参照企業として分析を進めた。

計測の結果，王子製紙は1993年と1996年に二度の合併を行っていたため，やや利益率の上昇降下は遅れたものの，1993年に合併を行っていた日本製紙では，既に1990年代後半には相対的に利益率の上昇傾向が見られ，2000年代になると，王子製紙，日本製紙ともに，利益率の相対的な改善が認められる。つまり合併は短期的にはさまざまな調整コストがかかるが，長期的には収益性の向上を実現できるという証拠であるとともに，製紙業界が1990年代の合併を通じて，シュタッケルベルク市場の特性をもつようになった暗示でもある。

この分析を通じて，日本の製紙業界においては，合併の収益性向上における効果は，理論モデルの含意を示唆するものであり，とりわけ合併後に市場のリーダーとなる企業では，長期的に見た場合，収益率の上昇が観察されることが統計的にも明らかとなった。

補論　DIDに関する諸注意

*DID*の最も有名な研究はCard and Krueger（1994）であり，ニュージャージーとペンシルベニアのファストフード産業における最低賃金上昇の雇用に及ぼす効果を比較している。その結果，ニュージャージーにおける最低賃金の上昇は，雇用の縮小をもたらさず，失業の増加は観察されなかった。その後，*DID*を用いた多くの研究が公表されたが，Bertrand et al.（2004）はこれら*DID*を採用したほとんどの論文では標準誤差を過小推定していることを無視していると指摘する。これらの問題は系列相関に端を発している。従来の*DID*の推定値において統計的有意性を測る際には，系列相関から生じる標準誤差バイアスを考慮した推定に注意しなければならないことを警告している。

さらに，Abadie（2005）では，従来の*DID*推定量が，「処置群」と「対照群」との平均的な結果は平行な経路をたどるという，強い仮定に基づいている点を批判している。この仮定は，「処置群」における変数の処置前における動態的な特性が，「対照群」との間でアンバランスである場合には，成り立たないことを指摘している。また，共変数を用いることで，「処置」の平均効果がこれら独自の特性を捉えることが可能であるとしている。

Athey and Imbens（2006）では，非線形モデルへの拡張によって，分布関数全体の時間的変化の役割を強調する差分モデルを開発している。またPetersen（2009）では，パネルデータを分析する際に残差が企業間と異なる時間で相関している可能性があり，*OLS* 標準誤差にバイアスがかかる可能性を取り上げ，統計的有意性を過大または過小評価する可能性があることを指摘している。さらにPuhani（2012）では，非線形差分モデルの推定における理論的展開があり，さらにArkhangelsky et al.（2021）ではパネルデータにおける固定効果に関する「合成差分法」という新たな推定法が提示されている。

第4章
洋紙市場における競争形態の検証

1 クールノー市場における競争形態の推定

これまで展開したように，寡占市場における企業の競争形態に関する典型的な理論としては，クールノー競争やシュタッケルベルク競争といったモデルが存在する。これらの理論的展開はゲーム理論の手法を使って発展しているが，こうした理論で説明される寡占市場の競争形態をモデルに忠実に実証分析する方法は限られている。(1)

大川・上田（1999）では，クールノー・モデルとシュタッケルベルク・モデルを展開し，それぞれの競争形態における価格の理論値を求める定式化を行っている。理論値と現実の価格水準を比較することで，日本の磨き板ガラス市場について競争形態の検定を行ったが，両モデルともに磨き板ガラスの市場にはあてはまらなかった。上田（2015b）では，このモデルを新聞巻取紙市場に適用し競争構造の検証を試みた。その結果，新聞巻取紙市場は２社のリーダー企業と複数のフォロワー企業からなるシュタッケルベルク市場の理論価格と現実価格が一致していることを確認している。

日本の洋紙市場は1990年代の大型合併を経て，王子製紙と日本製紙の大手２強と中堅企業が存在するシュタッケルベルク市場の様相を呈している。日本の製紙市場の構造に関する実証研究としては加藤（2008）があげられるが，分析手法は推測的変動を検出して市場構造を判定するIwata（1974）の手法を踏襲

(1) 市場の競争形態に関する先行研究については，一連の流れとともに補論にまとめている。

しており，競争形態を特定するところまでは至っていない。

ここでは洋紙市場の競争形態がシュタッケルベルク市場であることを検証するために，大川・上田（1999）で展開した寡占市場の競争形態に関する分析手法にしたがって，クールノー市場とシュタッケルベルク市場の検証方法を理論的に展開し，これらを実証するための統計的な手法を導出する。

いま n 社の企業が存在する寡占市場において，同質財が生産されているクールノー市場を想定する。pを市場価格，Qを市場全体の総生産量として，各企業が直面する需要関数を$Q=f(p)$と想定し，価格のみの関数に単純化する。さらに，Aは市場規模を示すパラメータ，ηを需要の価格弾力性として，次のような逆需要関数に特定化する。

$$p=AQ^{-1/\eta} \qquad \eta=-\frac{\partial Q/Q}{\partial p/p} \tag{4.1}$$

各企業の技術は規模に関して収穫一定を仮定する。C_iを各企業の総費用，q_iを企業 i の生産量，c_iは限界費用（単位費用）とすれば，企業 i の費用関数を次のように定式化できる。

$$C_i=c_i q_i \tag{4.2}$$

また，企業の利潤最大化条件は，限界収入（MR）＝限界費用（MC）より，次のように表現できる。

$$p+\frac{\partial p}{\partial Q}\frac{\partial Q}{\partial q_i}q_i=c_i \tag{4.3}$$

各企業の生産量の増加は市場の総生産量の増大そのものとなるため，$\partial Q/\partial q_i=1$として（4.3）式を展開し，価格弾力性$\eta$と各企業の市場の総生産量におけるシェア（$s_i=q_i/Q$）を用いると，

$$\frac{p-c_i}{p}=-\frac{\partial p/_p}{\partial Q/_Q}\frac{q_i}{Q}=\frac{s_i}{\eta} \tag{4.4}$$

となる。この左辺は各企業のマーク・アップ率であり，シェアが大きくなるほど，また価格弾力性が小さくなるほど，利潤率が高くなることを意味している。(4.4) 式をさらに展開すると，次のようなかたちに整理することができる。

$$p\left[1-\left(\frac{s_i}{\eta}\right)\right]=c_i \tag{4.5}$$

このように (4.5) 式によって定式化された各企業における利潤最大化の一階条件を，市場全体の企業について足し合わせて価格pについて解くと，次のようなクールノー市場における価格水準の理論値p^cを導出することができる。

$$p^c=\frac{\sum_{i=1}^{n} c_i}{n-(1/_\eta)} \tag{4.6}$$

こうして，観察可能なデータである企業数n，および単位費用c_iと，需要の価格弾力性値ηを推計することから，クールノー競争を検証する価格の理論値を求めることができる。

2　シュタッケルベルク市場の推定方法

次に，寡占市場における逐次手番ゲームの典型的な例にあげられる，シュタッケルベルク市場を検証するモデルについて，シェアと価格の理論値を求める方法を提示する。ここではリーダーは1社でフォロワーが$n-1$社の二階層のシュタッケルベルク市場を想定するが，上田 (2004) や上田 (2015b) で展開したように，実証レベルではリーダー企業を複数想定する。

まず，シュタッケルベルク市場では，リーダー企業が生産量を先決し，フォロワー企業がその残余需要をもとに利潤最大化を行う。このゲームを解く際には，バックワード・インダクションが採用されるため，まずフォロワー企業の利潤最大化から解くことになる。フォロワー企業の一階条件は，クールノー市場と同様になるので，

$$p\left[1-\left(\frac{s_i^F}{\eta}\right)\right]=c_i \tag{4.7}$$

である。ここでs_i^Fはフォロワー企業iの市場シェアを意味する。Q^Fをフォロワー企業全体の生産量とし，市場全体におけるフォロワーの生産量のシェア（Q^F/Q）をフォロワーの数（$n-1$）で割ったものをフォロワー企業の市場シェアの平均値$s^F=\dfrac{1}{n-1}\dfrac{Q^F}{Q}$と定義する。これを用いて（4.7）式の辺々を足し合わせると，次式のように整理できる。

$$p\left[(n-1)-\left(\frac{(n-1)s_i^F}{\eta}\right)\right]=\textstyle\sum_{i=1}^{n-1}c_i$$

$$p\left[1-\left(\frac{s^F}{\eta}\right)\right]=c^F \qquad c^F=\frac{\sum_{i=1}^{n-1}c_i}{n-1} \tag{4.8}$$

（4.8）式では，フォロワー企業における限界費用の平均値をc^Fで表している。

次にフォロワーの一階条件から，リーダー企業を含めた市場全体の企業に関する一階条件を求めるために，まずフォロワー企業の総生産量における反応関数の傾きdQ^F/dq_iを求める。フォロワー企業の利潤最大化条件は，クールノー市場における（4.3）式の条件と同じである。ここで数式表現を単純化するため，（4.3）式を$p(Q)+p'(Q)q_i=c_i$と書き換える。ここでフォロワー企業を明示して，フォロワー企業の一階条件を求めるため，この両辺を足し合わせると，

$$p'(q_L+Q^F)Q^F+(n-1)p(q_L+Q^F)=\textstyle\sum_{i=1}^{n-1}c_i \tag{4.9}$$

となる。さらにこの式を全微分してゼロと置くと，

$$[p''Q^F+(n-1)p']dq_L+[p''Q^F+p'+(n-1)p']dQ^F=0$$

となるので，これをまとめると次のようになる。

$$\frac{dQ^F}{dq_L}=-\frac{p''Q^F+(n-1)p'}{p''Q^F+np'} \tag{4.10}$$

さらに$\varepsilon=\dfrac{p''Q}{p'}$，$s^F=\dfrac{1}{n-1}\dfrac{Q^F}{Q}$，$\dfrac{Q^F}{Q}=(n-1)s^F$を用いて上式を書き換えると，

$$\frac{dQ^F}{dq_L}=-\frac{\varepsilon(n-1)s^F+(n-1)}{\varepsilon(n-1)s^F+n}=-\frac{(n-1)(\varepsilon s^F+1)}{(n-1)\varepsilon s^F+n} \tag{4.11}$$

となる。いま逆需要関数は　$p=AQ^{-\frac{1}{\eta}}$と仮定されているので，εを整理すると，

$$\varepsilon=\frac{p''Q}{p'}=\frac{-\dfrac{A}{\eta}\left(-\dfrac{1}{\eta}-1\right)Q^{-\frac{1}{\eta}-2}Q}{-\dfrac{A}{\eta}Q^{-\frac{1}{\eta}-1}}=-\left(\frac{1+\eta}{\eta}\right) \tag{4.12}$$

と簡単に表現できる。さらにこれを（4.11）式に代入すると，次のように表現できる。

$$\frac{dQ^F}{dq_L}=-\frac{(n-1)\left\{1-\left(\dfrac{1+\eta}{\eta}\right)s^F\right\}}{n-(n-1)\left(\dfrac{1+\eta}{\eta}\right)s^F} \tag{4.13}$$

ここで，リーダー企業の一階条件は，リーダー企業の市場シェアをs^Lと表せば，次のようになる。

$$p\left[1-\left\{1+\frac{dQ^F}{dq_L}\right\}\left(\frac{s^L}{\eta}\right)\right]=c_L \tag{4.14}$$

(4.13) 式を (4.14) 式に代入すると,

$$\frac{c_L}{p}=1-\left(\frac{s^L}{\eta}\right)-\left[-\frac{(n-1)\left\{1-\left(\frac{1+\eta}{\eta}\right)s^F\right\}}{n-(n-1)\left(\frac{1+\eta}{\eta}\right)s^F}\right]\left(\frac{s^L}{\eta}\right) \tag{4.15}$$

と展開できる。ここで (4.8) 式は

$$p=\frac{\eta\sum_{i=1}^{n-1}c_i}{(n-1)(\eta-s^F)}$$

と変形できるため，これを用いると (4.15) 式の左辺は,

$$\frac{c_L}{p}=\frac{c_L(n-1)(\eta-s^F)}{\eta\sum_{i=1}^{n-1}c_i}$$

となる。さらに$h=\frac{c_L}{\sum_{i=1}^{n-1}c_i}$とおいて整理すると,

$$\frac{c_L}{p}=\frac{h(n-1)(\eta-s^F)}{\eta}=\frac{h\{\eta(n-1)-(1-s^L)\}}{\eta}$$

と表すことができる。ここであらためて (4.15) 式をすべて表示すると,

$$\frac{h\{\eta(n-1)-(1-s^L)\}}{\eta}=1-\left(\frac{s^L}{\eta}\right)+\left[\frac{(n-1)-\left\{\frac{(n-1)(1+\eta)}{\eta}\right\}\left\{\frac{(1-s^L)}{(n-1)}\right\}}{n-(n-1)\left(\frac{1+\eta}{\eta}\right)\left\{\frac{(1-s^L)}{(n-1)}\right\}}\right]\left(\frac{s^L}{\eta}\right)$$

$$=1-\left(\frac{s^L}{\eta}\right)+\left[\frac{\left\{\dfrac{\eta(n-1)-(1+\eta)(1-s^L)}{\eta}\right\}}{\left\{\dfrac{n\eta-(1+\eta)(1-s^L)}{\eta}\right\}}\right]\left(\frac{s^L}{\eta}\right)$$

となるので，この両辺を次のように展開する。

$$h\{\eta(n-1)-(1-s^L)\}\{\eta(n-1)-(1+\eta)(1-s^L)\}$$
$$=\eta\{n\eta-(1+\eta)(1-s^L)\}-s^L\{n\eta-(1+\eta)(1-s^L)\}+s^L\{\eta(n-1)-(1+\eta)(1-s^L)\}$$

いま$s^L+(n-1)s^F=1$を考慮しつつ上式を整理すると，次のようなs^Lに関する２次式にまとめることができる。

$$h(\eta+1)(s^L)^2+\{(\eta+2)ha-\eta^2\}(s^L)+a(ah-\eta)=0 \tag{4.16}$$

ここで$a=(n-1)\eta-1$である。(4.16) 式を解くとシュタッケルベルク・モデルにおけるリーダーの市場シェアの理論値s^{Ls}を求めることができる。さらに，s^{Ls}がわかればフォロワー企業のシェアの理論値s^{Fs}を求めることができる。後の計測のためにこれを各フォロワー企業の平均シェアs_i^{Fs}に書き直し，(4.9) 式に代入して表現すると次のようになる。

$$p^s=\frac{\dfrac{\sum_{i=1}^{n-1}c_i}{n-1}}{1-\{s^{Fs}/\eta\}} \tag{4.17}$$

(4.17) 式はシュタッケルベルク競争における価格の理論値である。以下では，クールノー市場とシュタッケルベルク市場の価格の理論値を用いて，日本の洋紙市場における競争形態を推定する。

3　状態空間モデルを用いた価格弾力性の推定と単位費用の算出

先に提示した競争形態の推定するためのモデルでは，価格弾力性と単位費用の値が必要となる。ここでは状態空間モデルを用いて洋紙市場の価格弾力性を計測するとともに，各社の売上原価と洋紙生産比率を用いて単位費用を算出する。

まず需要の価格弾力性値を推定するために，洋紙の需要関数を散布図によって提示し，時系列の推移を確認する。需要関数の計測に用いた需要量のデータは，経済産業省の『生産動態統計（各年版)』に掲載された紙合計（洋紙）の国内販売量を用いている。また，価格のデータは上述の定義と同様で，販売金額を国内販売量で割った値を名目単価として算出し，これを紙パルプの企業物価指数（日本銀行）でデフレートした値を実質価格として用いる。ここでは国内販売量Qは実質単価Pと市場規模の変数Aから影響を受けると考え，価格のみを変数とした需要関数，$Q=f(P)$として需要の価格弾力性を推計する。計測のために，この一般的な需要関数を$Q=A \cdot P^{\eta}$で特定化し，さらにこの両辺に対数（自然対数）を取って，次の回帰式を計測する。

$$lnQ=\alpha+\eta lnP \tag{4.18}$$

図４－１には洋紙の国内販売量と実質単価について，実質単価を横軸，国内販売量を縦軸にとった散布図を描き回帰直線の近似式を提示している。従来の方法で価格弾力性を求めた場合，分析期間を通じて価格弾力性の値は一定となる。散布図を見ると，1980年代の価格弾力性は２を超える値となっており，かなり大きく計測されている。1990年代に入ると0.5程度になるが，2000年代には0.2ほどの値にさらに弾力性が小さくなる。2010年代になると洋紙需要の停滞のため，価格が低下しても需要量が回復せず，価格弾力性はプラスに計測されてしまう。そのため，理論的な整合性を考慮するならば，適切な分析期間は1980年からリーマン・ショックのあった2008年頃までが妥当であろう。この期

図 4 － 1　洋紙市場の需要関数

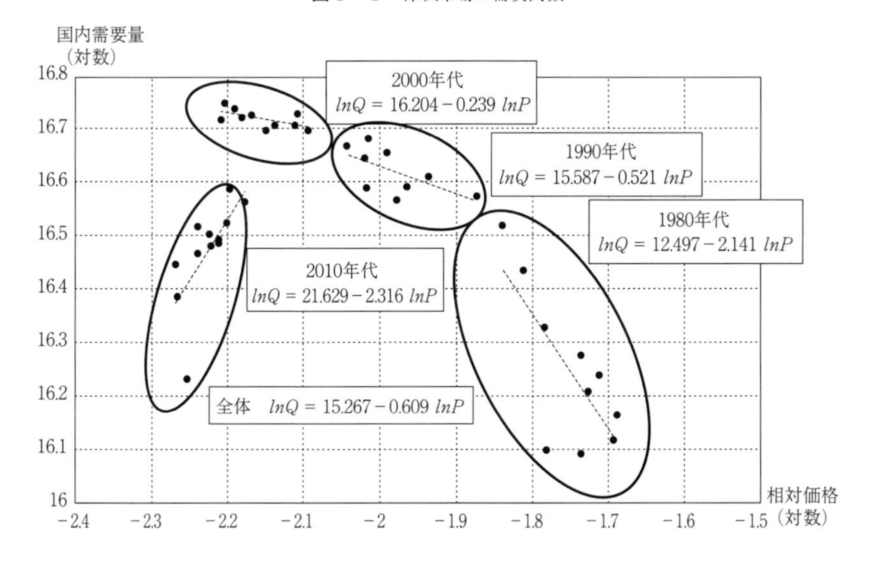

間について OLS で単回帰分析を行うと，次のような結果を得た(括弧内は p 値)。

$$lnQ = 14.211 - 1.180\, lnP \qquad (4.19)$$
$$(0.000) \quad (0.000)$$

この計測によれば，価格弾力性 η の値は1.18と解釈できる。しかし，図 4 － 1 を見てもわかるように，需要関数の形状は景気の局面によって変化があり，四半世紀に及ぶ期間の価格弾力性を一定とすることはできない。ある程度の期間によって分割することが妥当であるが，分割時点の根拠を明確にする必要がある。

そこで，状態空間モデルを価格弾力性の推計に採用する。状態空間モデルは第 2 章で展開したように，時系列データにおいて，実際に観測されない状態方程式のパラメータを推定し，その推計値から観測方程式の係数値を求める手法である。ここでは状態空間モデルによる計測を試みるため，実質単価をあえて外生変数とした「時変係数モデル」を採用し，次のような時変係数モデルを用いている。

$$Q_t = \alpha + \eta_t P + \mu_t \qquad \mu_t \sim N(0, \sigma_\mu^2) \tag{4.20}$$

$$\eta_t = \eta_{t-1} + \varepsilon_t \qquad \varepsilon_t \sim N(0, \sigma_\varepsilon^2) \tag{4.21}$$

(4.20) 式は観測方程式であり，(4.21) 式が状態方程式となる。この定式化によれば，時変係数β_tの推定値によって，毎期の価格弾力性値を得ることができる。この状態空間モデルによって需要の価格弾力性の計測を試みる。

需要関数は，理論モデルで展開した通り$Q = f(P)$を想定し，財の需要量Qを実質単価Pで説明する。実質単価Pはこれまでと同様に，経済産業省の『生産動態統計年報（各年版）』から得た国内販売額（暦年計）を国内販売量で割った名目単価を，日本銀行が公表している紙パルプ企業物価指数（2015年接続指数を2000年＝1として加工）で実質化している。価格弾力性の計測期間は1980年から2020年までとする。

図4－2には洋紙の需要関数を状態空間モデルで計測した結果を掲載している[(2)]。この結果を見ると，毎期の需要の価格弾力性値η_tはマイナス0.8から0.5までの間で推移しているが，1980年代に比べて1990年から2008年までのリーマン・ショックの期間は弾力性の絶対値が大きく価格弾力的になる。その後は弾力性の絶対値は小さくなる。つまり洋紙の国内需要量が拡大傾向にあった時期には洋紙の市場は全体として価格弾力的であり，その後の停滞期には弾力性値が小さくなっているということがわかる。

このように状態空間モデルを使えば，時系列で各期の弾力性値を得ることができるため，毎期の価格弾力性をデータとして分析に使用できる。この点が状態空間モデルを用いて需要の価格弾力性を計測する大きなメリットとなる。

需要の価格弾力性ηが得られたところで，次に各企業の限界費用（単位費用）c_iの作成方法を説明する。企業iの洋紙の限界費用（単位費用）c_iは次のよ

(2)　ここでは考察で言及しないため掲載を割愛しているが，状態空間モデルの計測結果は係数値も状態変数も，また分布の標準偏差の値も統計的に1％有意で得られている。なお状態空間モデルの計測にはEviews12を用いている。

図4－2　状態空間モデルによる価格弾力性の推移

うに作成した。[(3)]

$$c_i = \frac{\text{売上原価} \times \text{洋紙の生産構成比}}{\text{洋紙の生産量}} \tag{4.22}$$

(4.22) 式ではc_iの分子を可変費用で定義するため，企業の財務諸表に計上された売上原価に各企業の売上高に対する洋紙生産構成比を乗じることで，洋紙の生産に費やした可変費用とみなしている。ここで洋紙の生産構成比は，洋紙の名目価格を生産量（トン）に乗じて，これを売上高で除することによって求めている。これを各企業の洋紙生産量で除した値を，ここでは限界費用（単位費用）c_iと定義した。[(4)]

こうして得られた価格弾力性と限界費用の値から，クールノー市場とシュタッケルベルク市場それぞれの競争形態における毎期の価格の理論値を求め，観測された価格の現実値との乖離を比べる。分析対象となる企業は，1980年以

(3)　実際には単位費用についても，費用関数を設定して毎期の状態空間モデルの適用を試みたが，統計的に安定した計測結果を得ることができなかった。

(4)　ここで用いた財務データは，すべて日経 NEEDS の有価証券報告書データファイルを利用している。

降，継続的に洋紙を生産する企業で，日本製紙連合会が編集する『紙・板紙統計年報（各年版）』の紙総合に１％以上のシェアで登場する上場企業，具体的には，王子（新王子）製紙，日本（十條）製紙，大昭和製紙，本州製紙，山陽国策パルプ，大王製紙，神崎製紙，三菱製紙，北越製紙，丸住製紙，紀州製紙，中越パルプ工業の12社である。王子製紙のホールディングス化によって2012年以降の財務諸表の項目が不連続となるため，分析期間は1980年から王子製紙の財務諸表の項目が継続的に得られる2011年までとしている。また丸住製紙については未上場企業であり詳細な財務データが得られないため，シェアのデータについては実現値を使用するが，単位費用についてはフォロワー企業の平均値で代替している。

サンプル企業各社のシェアについて期間平均をとった値を表４－１に示している。これを見ると，1993年の王子製紙／神崎製紙＝新王子製紙発足の際には，王子製紙の市場シェアは４％ほど上昇しており，1996年の新王子製紙／本州製紙＝王子製紙の大型合併では，さらに４％シェアが増大している。最終時点である2020年のシェアは22％となっている。２強の一角である日本製紙は，1993年の十條製紙／山陽国策パルプ＝日本製紙の大型合併時のシェアは山陽国策パルプのシェア分である６％ほど上昇し，その後，2001年の日本製紙／大昭和製紙＝日本ユニパックの設立時には，やはり大昭和製紙のシェア分に相当する約10％のシェア増大が観察され，2020年のシェアは26％になる。その他の洋紙シェアは，大王製紙で８％から10％，三菱製紙と北越製紙で５％程度，丸住製紙と中越パルプ工業はほぼ４％，紀州製紙が２％程度となっている。

さらにここで，各社の単位費用の推移を確認する。(4.22) 式で定義した計算方法によってc_iを算出し，期間平均をとった値を表４－２に掲載した。実際の計測では各年の値を用いるが，これを見ると企業間での大きな差はなく，概ね1.4程度の値が算出されている（各企業平均の全体平均は1.36）。また，すべての企業で経年的に単位費用が低下していることも確認できる。

表4－1　各社シェアの期間平均値

	王子(新王子)製紙	神崎製紙	本州製紙	日本(十條)製紙	大昭和製紙	山陽国策
1980-1989	0.164	0.045	0.031	0.118	0.107	0.077
1990-1992	0.155	0.042	0.036	0.108	0.114	0.059
1993-1995	0.196	1993年に王子製紙と合併	0.039	0.169	0.113	1993年に日本製紙と合併
1996-2002	0.236		1996年に王子製紙と合併	0.170	0.107	
2003-2011	0.215			0.259	2002年に日本製紙と合併	
	大王製紙	三菱製紙	北越製紙	紀州製紙	中越パルプ	丸住製紙
1980-1989	0.061	0.038	0.019	0.021	0.030	0.033
1990-1992	0.080	0.044	0.028	0.018	0.038	0.031
1993-1995	0.082	0.047	0.032	0.018	0.042	0.031
1996-2002	0.088	0.049	0.041	0.016	0.043	0.034
2003-2011	0.105	0.045	0.060	0.016	0.047	0.042

表4－2　各社単位費用の推移

	王子(新王子)製紙	神崎製紙	本州製紙	日本(十條)製紙	大昭和製紙	山陽国策
1980-1989	0.157	0.163	0.163	0.162	0.163	0.161
1990-1992	0.137	0.144	0.140	0.141	0.145	0.146
1993-1995	0.127	1993年に王子製紙と合併	0.130	0.129	0.132	1993年に日本製紙と合併
1996-2002	0.121		1996年に王子製紙と合併	0.121	0.124	
2003-2011	0.109			0.108	2002年に日本製紙と合併	
	大王製紙	三菱製紙	北越製紙	紀州製紙	中越パルプ	丸住製紙(フォロワー平均)
1980-1989	0.160	0.159	0.161	0.158	0.160	0.160
1990-1992	0.138	0.143	0.138	0.139	0.145	0.142
1993-1995	0.126	0.130	0.126	0.129	0.128	0.128
1996-2002	0.119	0.125	0.117	0.124	0.121	0.121
2003-2011	0.109	0.110	0.107	0.115	0.110	0.110

4　競争形態の検定

状態空間モデルによって計測された毎期における需要の価格弾力性と，売上原価の洋紙生産比率によって算出した単位費用を洋紙生産の限界費用として定義し，以下では洋紙市場における競争形態の検証を試みる。クールノー市場の検証はモデルに価格弾力性の値と各企業の単位費用を代入して理論値を求める。シュタッケルベルク市場の理論値は，分析期間において10％以上の洋紙シェアがあった王子製紙，日本製紙，大昭和製紙を市場のリーダー企業，残りの企業をフォロワー企業として分析を進める。

理論モデルではリーダー企業を１社と想定していたため，実証段階では理論と整合的な計測を行うために，王子製紙，日本製紙，大昭和製紙の３強がリーダー企業として第１段階でクールノー競争を行い，第２段階でその残余需要をフォロワー企業が競争する，２段階ゲームを想定する。この設定でシュタッケルベルク市場の価格の理論値を算出している。

ここであらためて計算の確認のために，クールノー市場における価格の理論値である (4.6) 式と，シュタッケルベルク市場の理論値の (4.17) 式を再掲する。

$$p^c=\frac{\sum_{i=1}^{n}c_i}{n-(1/\eta)} \qquad (4.6) \qquad\qquad p^s=\frac{\frac{\sum_{i=1}^{n-1}c_i}{n-1}}{1-\{s^{Fs}/\eta\}} \qquad (4.17)$$

クールノー市場については，企業数 n と価格弾力性 η および各企業の単位費用 c_i のデータを作成して (4.6) 式に代入すれば理論値をたやすく得ることができる。また s^L にリーダー企業群のシェアによる現実値を用い，c_L についてはリーダー企業群の平均値を採用してフォロワー企業群との現実値の比率で計算し，これを (4.17) 式に代入してシュタッケルベルク市場の理論価格を p^s と定義した。さらに先のモデルで展開したシュタッケルベルク市場の理論値は，リーダー企業のシェアs^Lに関する（4.16）式の2次方程式の解をもとにフォロワー企業のシェアを求め，その値を（4.17）式に代入して求めたシュタッケルベルク市場の理論価格p^{ss}を計算する。さらに以上のようなデータ作成上の仮定のもとで，競争形態の検証は次のような回帰式によって判断する。

$$p_t = \gamma p_t^T + \mu_t \tag{4.23}$$

ここでp_tはt期の価格の現実値であり，p_t^Tはそれぞれの競争形態における毎期の価格の理論値である。価格の現実値p_tと理論値p_t^Tが完全に一致していれば$\gamma=1$となる。つまり洋紙市場の競争形態は，（4.23）式において次の仮説を統計的に検定することによって検証される。

帰無仮説　$\gamma=1$　　対立仮説　$\gamma\neq1$

この検定では，帰無仮説の$\gamma=1$を棄却できなければ，価格の現実値と理論値が一致する。もし帰無仮説が棄却され対立仮説$\gamma\neq1$が採択されるならば，検定対象となっている競争形態は棄却される。この検定を実施するために，分析期間における年次の洋紙の実質単価p，クールノー市場価格の理論値p^c，フォロワーシェアの現実値を（4.17）式に代入して得たシュタッケルベルク市場価格の理論値p^s，リーダー企業のシェアを（4.16）式の2次方程式から解の公式によって計算し，その結果得られたs^{Ls}を用いてフォロワー企業のシェアを算出したs^{Fs}を（4.17）式に代入して得たシュタッケルベルク市場価格の理論値p^{ss}を図4－3に提示している。これを見ると，クールノー市場の理論値がシュタッケルベルク市場の理論値よりも高くなっており，基本モデルの結果を反映している。さらに詳しく見ると，クールノー市場価格の理論値p^cは現実値の動きと大きく乖離している一方で，シュタッケルベルク市場価格の理論値であるp^sとp^{ss}の動きは，相対的に現実値と近いことがわかる。これは図4－4に描いた散布図からも確認できる。

ここで1980年から2011年までの洋紙実質単価pと状態空間モデルによって計

図4－3　クールノー市場とシュタッケルベルク市場の理論値と実績値（時系列）

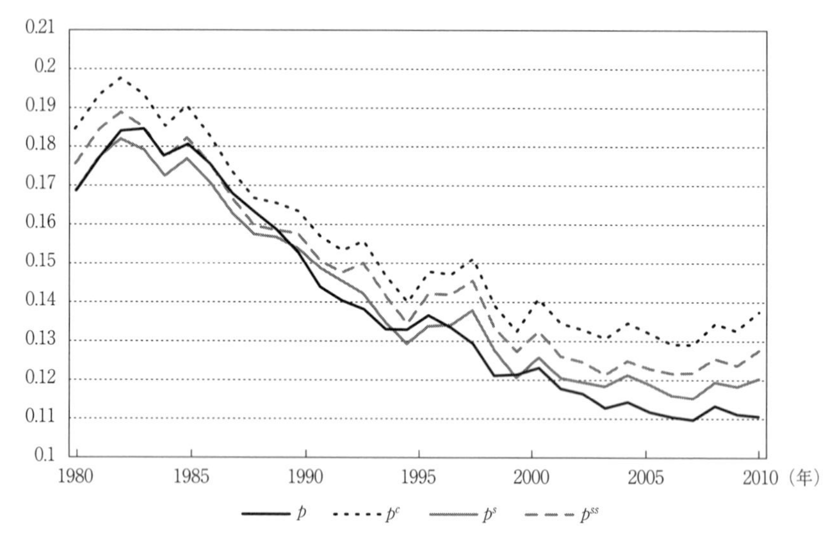

図4－4　クールノー市場とシュタッケルベルク市場の理論値と実績値

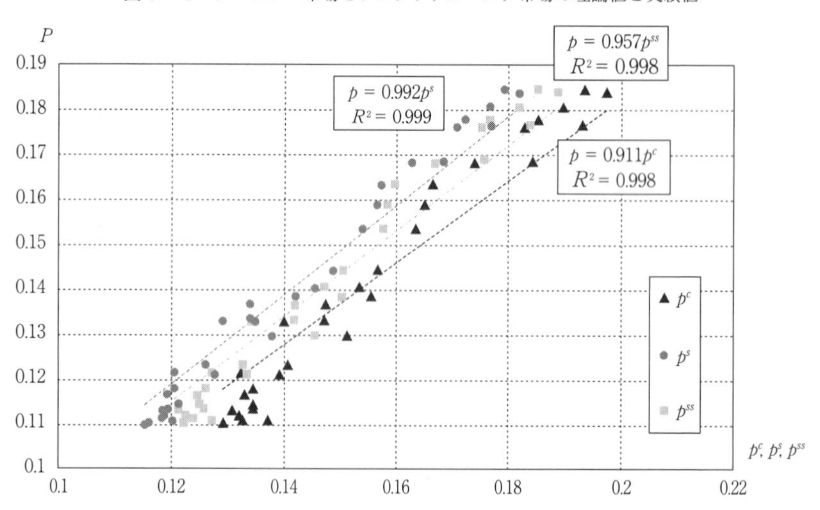

算された需要の価格弾力性η_tを（4.6）式のクールノー理論価格p^cに代入し，（4.23）式の回帰分析（OLS）によって検定した結果，以下のような計測値を得た。

$$p_t = 0.911\ p_t^c \quad (4.24)$$
$$[-11.238]$$

推計値の統計的有意性について，大括弧内には検定統計量を$(\gamma-1)/S.E.(\gamma)$として計算によって得られたt値を示している。計測結果を見ると，$\gamma=1$のt値は－11.238で得られている。この１％水準の臨界値は2.750であることから，$|-11.238|>2.750$［臨界値］となるため，$\gamma=1$の帰無仮説は棄却される。つまりクールノー市場の可能性は統計的に否定される。

次にシュタッケルベルク市場とみなせるかどうか同様の計測を試みた。理論モデルとの整合性をもたせるために，先に想定したように，王子製紙，日本製紙，大昭和製紙がリーダーとして事前にクールノー競争を行い，残余需要をフォロワー企業が競争する２段階ゲームを想定する。したがって，リーダー企業のシェアは１社の設定で，シュタッケルベルク市場における価格の理論値が計算されている。この理論値と現実値の計測結果は次のようになる。

$$p_t = 0.928 p_t^s \quad (4.25)$$
$$[-1.445]$$

シュタッケルベルク市場の計測結果を見ると，$\gamma=1$のt値は－1.445で得られている。この１％水準の臨界値は先ほどの計測同様に2.750であることから，$|-1.445|<2.750$［臨界値］となる。つまり$\gamma=1$の帰無仮説が棄却できずシュタッケルベルク市場仮説が採択される。さらにシュタッケルベルク市場価格の理論値をリーダー企業のシェアの推定値から厳密に求めたp^{ss}の現実価格との関係は，次のような結果となる。

$$p_t = 0.9567 p_t^{ss} \quad (4.26)$$
$$[-6.169]$$

この計測結果では，$\gamma=1$のt値は-6.169であるので，検定結果は$|-6.169|>2.750$［臨界値］と表記できる。$\gamma=1$の帰無仮説が棄却されるものの，クールノー市場価格と比較すれば，係数値も1に近く統計的有意性も臨界値にやや近づく結果となっている。そこで，あらためて次のような式によって検証を試みる。

$$p_t = \alpha + \gamma p_t^T + \mu_t \quad (4.27)$$

この式において$\alpha=0$，$\gamma=1$に設定すれば，価格の現実値p_tが理論値p_t^Tと一致することになる。つまり次の仮説を統計的に検定することによって競争形態を検証することができる。

帰無仮説　$\alpha=0$，$\gamma=1$

対立仮説　$\alpha\neq0$，$\gamma\neq1$

この検定では，帰無仮説の$\alpha=0$，$\gamma=1$を棄却できなければ，価格の現実値と理論値が一致すると判断できる。1980年以降の長期を取った場合にはすべての計測で対立仮説が採択されてしまうが，計測期間を合併が盛んになった1990年から2011年までにしたところ，次のような結果が得られている。

$$p_t = -0.045 + 1.199 p_t^c \quad (4.28)$$
$$(0.002)\ [2.201]$$

$$p_t = -0.017 + 1.098 p_t^s \quad (4.29)$$
$$(0.002)\ [1.404]$$

$$p_t = 0.006 + 1.043 p_t^{ss} \quad (4.30)$$
$$(0.304)\ [0.773]$$

推計値の統計的有意性について，切片の小括弧内にはp値を示しているが，傾きの係数値に添えられた大括弧内には，検定統計量$(\gamma-1)/S.E.(\gamma)$として計算によって得られたt値を示している。(4.28) 式で示されたクールノー市場価格の計測結果で統計的有意性を見ると，切片の検定で$\alpha=0$は１％水準で棄却され$\alpha\neq0$が採択される。傾きの検定では５％水準の臨界値が2.086であることから有意水準５％で対立仮説$\gamma\neq1$が採択されるため，クールノー市場であるとは判断できない。

他方，(4.29) 式で示されたフォロワー企業の現実シェアを用いたシュタッケルベルク市場の検定では，$\alpha=0$は棄却されてしまうが，$\gamma=1$の検定については，有意水準１％の臨界値は2.845であり，有意水準を10％にしても$1.404<1.725$（10％臨界値）となるため，シュタッケルベルク市場であることを棄却できない。

さらに諸条件をパラメータとしてリーダー企業のシェアを２次方程式から得た理論モデルによって算出した価格の理論値p_i^{ss}を用いた (4.30) 式の計測では，帰無仮説である$\alpha=0$は統計的に棄却できず，$\gamma=1$についても先に示した有意水準10％の臨界値に検定を緩和しても棄却できないため，この期間の洋紙市場がシュタッケルベルク市場であったと総合的に認められる。

これまでの分析から，洋紙市場においては文字通り，業界のリーダー企業として生産量を先決する典型的な逐次手番ゲームのモデルである，シュタッケルベルク市場の性質をもつことが，理論的枠組みを前提にした計測によって明らかになった。

5　競争形態の計測に関する考察

ここでは典型的な寡占形態が観察される日本の洋紙市場の競争形態を検証するため，1970年代から2020年までにおける長期にわたる洋紙の国内販売量と価格の動きを概観し，競争市場の理論モデルから得られた価格の理論値を用いることで，クールノー競争とシュタッケルベルク競争市場の競争形態を推定した。モデルから得られた価格の理論値は，企業数とシェア，さらに需要の価格弾力性，限界（平均）費用というパラメータを使って算出することができ，これを現実の価格と比較する手法で検定を試みた。

従来，需要の価格弾力性の推計では，分析期間においてひとつのパラメータしか推計できなかったが，状態空間モデルを用いた状態変数の推計によって，毎期の価格弾力性の値を得た。これらを理論モデルから導出した理論値に代入することにより，企業数とシェアに加え，価格弾力性，単位費用を毎期変化する変数として分析に適用している。

この推定方法によれば，洋紙市場は1990年代に大型合併が相次ぎ，市場構造に大きな変化が見られたが，1980年から2011年の分析期間では，クールノー競争市場は棄却され，シュタッケルベルク競争市場として認められることが統計的に明らかになった。競争形態の統計的な検定手法は本研究の独自なものであり，それぞれの競争モデルから得られる理論価格を現実値と直線的に対応させるかなり厳しい条件にもかかわらず，価格の理論値は現実値と一致し，検定結果は洋紙市場におけるシュタッケルベルク市場仮説を支持するものとなる。

補論　競争形態の検証に関する先行研究

従来の研究では，クールノー競争を検定する場合には，それぞれの企業が互いの行動を窺って戦略的に行動する際，相手企業の行動に対する自企業の反応を表す「推測的変動」を求め，それが統計的にゼロであると判断できるかを検定する手法が採用されてきた。たとえばIwata（1974）は日本の板ガラス産業を取り上げ，「推測的変動」と「ラーナーの独占度」を使い，1956年から1965年の10年間を分析期間として，普通板ガラスと磨き板ガラス市場がクールノー市場である可能性を主張している。またAppelbaum（1982）は同様の分析手法によって，アメリカのゴム産業と繊維産業は競争的であり，電気機械，タバコ産業は寡占的行動をとっていることを確認している。

さらにRoberts（1984）は，米国のコーヒー産業において，２社が支配的企業，それ以外の50社はプライス・テイカーとして行動していることを確認しており，支配的企業とその周辺企業が存在する市場構造の特徴を明らかにしている。Shaffer and Disalvo（1994）は，カナダの銀行業について分析を行い，推測的変動の値がクールノー競争時と完全競争時との間であることから，完全競争とも静学的なクールノー競争ともいえず，また共謀とも判断できないため，Fershtman and Kamien（1987）が示した動学的なクールノー市場であると解釈している。

他方，Bresnahan（1982）や Lau（1982）は，産業の需要関数と供給関数を連立推定する際に，競争形態によって供給関数の生産量の係数値が異なることに着目し，この係数を検定することで競争形態を特定化しようとした。Alexander（1988）や Shaffer（1989）などがこのアプローチを採用している。Alexander（1988）は，20世紀前半の亜麻仁産業の価格形成に関して，需要関数と供給関数を連立方程式体系によって推計し，価格の情報交換が行われていた時期に，企業間に協調的な行動が存在していることを推察している。Shaffer（1989）はアメリカの銀行業について，1941年から1983年までのデータを用いて推定を行い，競争形態が完全競争であることを示唆する結果を得ている。

また，H統計量を用いて検証した研究に，Panzar and Rosse（1987）がある。H統計量とは企業の収入に関する生産要素価格の弾力性の総和を意味し，この値の水準や正負で競争形態が把握できるため，この推定値を検定することによって，競争形態の特定化が可能になる。Shaffer and Disalvo（1994）もH統計量を求めており，対象産業となった銀行業が1970年から1986年の分析期間では完全競争でないが，一部期間である1976年から1986年では完全競争であるという矛盾する結果を得た。推測的変動の推計結果とともに総合的に判断して，アメリカの銀行業が協調行動をとっているわけではないが，不完全競争であると結論している。

しかし，こうしたアプローチには，同じデータを用いても検定手法によって結果が異なるという指摘や，そもそもシュタッケルベルク市場を検証できないという点で課題が残っている。この問題の解決に取り組んだ Pazo and Jaumandreu（1999）の研究では，クールノー競争やシュタッケルベルク競争のモデルから価格の理論値を定式化し，競争形態を検定する方法が採られている。彼らは政府によって価格の上限規制が設けられているスペインの肥料産業を取り上げ，この市場がシュタッケルベルク競争的な価格設定を行っている事実を確認している。

さらに近年では構造推定と呼ばれる手法により，理論モデルを精緻化しシミュレーションを併用して競争形態を推定する手法が開発されている。例えば寡占市場のモデルでは，Berry et al.（1995）の提示した，いわゆる *BLP* モデルが定型化されている。これは典型的な価格競争の理論的アプローチであるベルトラン・モデルを前提に，製品差別化された財の市場において，消費者の特性を確率分布として取り入れ，消費者の離散選択により需要関数各財の需要関数を求める手法である。その後，Nevo（2000）がランダム係数による需要関数の推計手法について，シミュレーションの手順を解説したことにより，この分野における計量分析に飛躍的な発展が見られた。しかし，これは生産物競争であるクールノー市場を前提とはしておらず，ましてシュタッケルベルク市場を検証する手段とはならない。このような経緯から，本章ではシュタッケルベルク市場を検証する方法論を導出し実証分析を試みている。

第5章
合併による生産構造の変化と全要素生産性の成長

1　合併による生産規模と多角化の変化

長引く不況と情報化による紙資源節約技術の進展により，紙・板紙需要は低迷している。こうした紙需要の不振に伴い，製紙業界では1990年代にいくつかの大型合併を経験したが，その後も業界の再編が続いている。これまでにも触れたように，業界の再編を時系列に概観すれば，1993年には王子製紙と神崎製紙，十條製紙と山陽国策パルプとの大型合併があり，それぞれ新王子製紙と日本製紙が誕生した。さらに新王子製紙は1996年に本州製紙と合併し，王子製紙と改名した。

2000年代になってさらに再編は加速した。2001年に日本製紙が大昭和製紙と統合した後，板紙部門を分社化したうえで2004年に合併している。王子製紙も2002年には系列企業の整理を行い，板紙部門を分社化している。

図５－１に示した1975年から2020年までの長期における主要各社の生産量推移を見ると，王子製紙と日本製紙の合併による生産規模増大の程度を確認することができる。その後，大手２強は分社化を行っているため，単体企業としての生産量は王子製紙では減少しており，日本製紙では変動している。

また，中堅企業にも再編の余波が及んでいる。東海パルプは板紙生産を主としながら多様な洋紙生産を行っていたが，特殊印刷用紙に強みをもつ特種製紙と2007年に経営統合し，その後2010年に合併して特種東海製紙が発足した。北越製紙も2009年に紀州製紙を子会社化し，その後2011年に合併して北越紀州製紙が発足した。大王製紙は大型合併には参画せず，三菱製紙，中越パルプもそ

図5－1　各社生産量の推移（洋紙＋板紙）

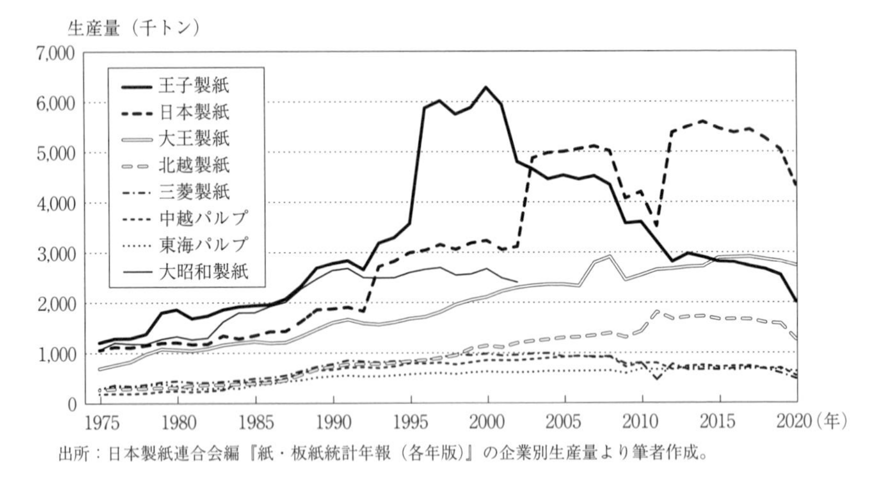

出所：日本製紙連合会編『紙・板紙統計年報（各年版）』の企業別生産量より筆者作成。

れぞれ独自路線を歩んでいる。

ここで各企業における製品の多様性を多角化度として定義し，その指標を作成して推移を確認する。多角化度を作成するデータについては，日本製紙連合会が編纂する『紙・板紙統計年報』の企業別生産量を用いている。紙の種類については，「新聞巻取紙」，「印刷・情報用紙」，「包装用紙」，「衛生用紙」，「雑種紙」，「板紙」の6種類に分類した。ここではハーフィンダール指数を応用した*Berry*指数（$B=1-\sum_{i=1}^{n} s_i^2$）によって多角化度を計算している。ここでs_iは生産物iの構成比率を表すため，*Berry*指数は$0 \leqq B \leqq 1$の値をとり，0に近いほど専業度が高く，1に近いほど多角化の程度は大きいことになる。こうして算出された*Berry*指数の企業別推移を図5－2に示している。

これを見ると，6種類に分類した紙製品すべてを生産している大王製紙の多角化度が最も高い。また衛生用紙以外の5種類の製品を生産する中越パルプの多角化度が相対的に高く，期間によっては6種類の紙を生産している王子製紙の多角化度も高く，日本製紙は分社化と統合を繰り返しているが，近年の多角化度は高くなっている。大昭和製紙も1980年代までは比較的多角化度が高いが，その後は新聞・印刷情報用紙への生産集中化によって多角化度は低下する。北

図５－２　各社多角化度（*Berry* 指数）の推移

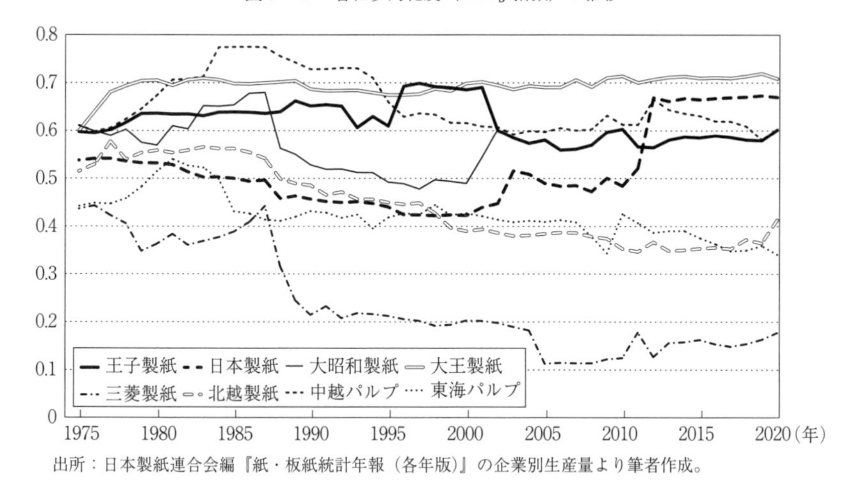

出所：日本製紙連合会編『紙・板紙統計年報（各年版）』の企業別生産量より筆者作成。

越製紙は印刷情報用紙の生産構成が大きいため，多角化度は低くなっている。1990年代以降は新聞巻取紙以外の５種類の製品を生産している東海パルプの多角化度も北越製紙と並んでいる。主として印刷情報用紙と板紙を生産する三菱製紙は，近年，印刷情報用紙の生産に特化しているので，その影響で多角化度は低くなっている。全体的に多角化度は横這いである企業と，低下傾向にある企業に大別される。

2　全要素生産性の指標

合併の主たる目的が生産性の改善であるならば，それに関わる多角的な指標によって合併の成果を測る必要がある。ここでは合併前後における生産性の変化に注目し，日本の製紙業界における合併効果を，全要素生産性（Total Factor Productivity : *TFP*）で捉える。*TFP* は伝統的な生産性の計測方法であるが，大別すれば，特定の関数を仮定して計測を行い，その残差から得られる指標を用いる計量アプローチと，投入・産出の変化率の加重和から得られる指標を用いた指数法がある。

そもそも生産性とは，労働や資本などの要素投入（input）をいかに効率的に産出（output）につなげているかを表す尺度であり，その指標として頻繁に利用されるのが全要素生産性（*TFP*）である。全要素生産性分析の嚆矢となったのはSolow（1957）の研究であり，完全競争，収穫一定，Hicks中立的な技術進歩という仮定の下で，産出成長率のうち，資本・労働などの投入要素の成長率で説明できない部分，つまり残差として全要素生産性の上昇率を捉える指標はソロー残差と呼ばれる。

このような回帰分析によって残差を求める計量アプローチが発展する一方で，代替的なアプローチとして展開されたのが指数法である。指数法では産出成長率の加重和から得られる産出指数と，投入成長率の加重和から得られる投入指数の比率が全要素生産性（*TFP*）と定義される。この産出指数の成長率を投入指数の成長率で差し引いた残りの部分が全要素生産性の成長率と理解され，以下で展開するような離散型のディビジア(Divisia)指数として表現される。Christensen et al.（1973）は，関数の特定化を行う際にフレキシブルな性質をもつトランスログ型関数を提示したが，Diewert（1976）は離散型のディビジア指数がこのトランスログ型関数と整合的であることを証明している。

双対理論の発展とフレキシブルな関数の特定化により，指数法と計量アプローチのつながりが明確になり，その後は生産関数や費用関数にまで広く応用されるようになった[(1)]。Jorgenson and Griliches（1967）で展開されたこのディビジア指数は，産出指数（産出の加重和から得られる値）と投入指数（要素投入の加重和から得られる値）の２つの指数によって構成される[(2)]。いま産出ベクトルを$Y=(y_1,y_2,\cdots,y_m)$，投入ベクトルを$X=(x_1,x_2,\cdots,x_n)$とすると，*TFP*は次のように定義できる。

$$TFP=\frac{Y}{X} \tag{5.1}$$

---

(1)　費用関数を用いてアメリカの鉄道事業に関する生産性を分析したCaves et al.（1980）をはじめ，その後数多くの実証研究が行われている。また日本に関する代表的な文献としては黒田（1984）や吉岡（1989）があげられ，生産性に関する総合的な文献として中島（2001）がある。

この時，集計関数となるXとYをどのように定義するかが問題となる。まず投入要素について考える。投入価格ベクトルを$W=(w_1, w_2, \cdots, w_n)$とすると，総コスト$C$は次のように表される。

$$C(t)=\sum_{i=1}^{n} w_i(t)x_i(t)=W(t)X(t) \tag{5.2}$$

この両辺を全微分して$C(t)=WX$で割り，コストシェアを$s_i=w_ix_i/WX$として書き換えれば，

$$\frac{dC}{C}=\frac{\sum_{i=1}^{n} w_ix_i}{C}\cdot\frac{dW}{W}+\frac{\sum_{i=1}^{n} w_ix_i}{C}\cdot\frac{dX}{X}$$

$$d\,ln\,C=\sum_{i=1}^{n} s_i\, d\,ln w_i+\sum_{i=1}^{n} s_i\, d\,ln\,x_i \tag{5.3}$$

となる。(5.3) 式の右辺第1項を投入価格の対数微分，第2項を投入数量の対数微分と解釈すれば，投入ベクトルXは，

$$d\,ln\,X=\sum_{i=1}^{n} s_i\, d\,ln\,x_i \tag{5.4}$$

と表せるので，これをt時点からt+1時点まで積分すると，

$$\int_{t}^{t+1} d\,ln\,X=[\,ln\,X\,]_{t}^{t+1}=ln\,X^{t+1}-ln\,X^{t}=ln\frac{X^{t+1}}{X^{t}}$$

となる。これを (5.4) 式を用いて書き直すと，次のように表すことができる。

$$ln\frac{X^{t+1}}{X^{t}}=\int_{t}^{t+1}\sum_{i=1}^{n} s_i\, d\,ln\,x_i \tag{5.5}$$

(2)　以下で展開する生産性の理論的な記述については，中島（2001）第2章に依っている。また指数の理論についての詳細は中島・吉岡（1997）第5章を参照。

さらにこの対数をはずすと，

$$\frac{X^{t+1}}{X^t}=exp\left[\int_t^{t+1}\sum_{i=1}^n s_i\, d\, ln\, x_i\right] \tag{5.6}$$

という形に表すことができる。この（5.6）式はディビジア積分指数と呼ばれている。

しかし生産性を測る際に使用されるデータは離散変数となるため，（5.6）式を何らかの形で離散近似する必要がある。この一般的な方法として，次のようなタイル・トーンキビスト型の近似方法がある。いま基準時点（t）と比較時点（$t+1$）における投入要素の集計関数をそれぞれ次のように表す。

$$X^t=f(x_1^t,\cdots,x_n^t) \qquad X^{t+1}=f(x_1^{t+1},\cdots,x_n^{t+1}) \tag{5.7}$$

集計関数がトランスログ型であるというのは，（5.7）式の両辺に対数をとった次のような形式である。

$$ln\, X^t=ln\, f^t(x_1^t,\cdots,x_n^t) \qquad lnX^{t+1}=lnf^{t+1}(x_1^{t+1},\cdots,x_n^{t+1}) \tag{5.8}$$

このように変化率を離散型に近似し，t期から$t+1$期における投入の変化を見るために，基準時点の近傍でテイラー展開し2次近似することによって，次のようなタイル・トーンキビスト型指数を得ることができる（導出の詳細については補論参照)。

$$ln\frac{X^{t+1}}{X^t}=\frac{1}{2}\sum_{i=1}^n(s_i^{t+1}+s_i^t)ln\frac{x_i^{t+1}}{x_i^t} \tag{5.9}$$

同様に，産出指数も産出の成長率の加重和として導出することができる。

$$ln\frac{Y^{t+1}}{Y^t}=\frac{1}{2}\sum_{j=1}^{m}(s_j^{t+1}+s_j^t)ln\frac{y_j^{t+1}}{y_j^t} \quad (5.10)$$

ただし，s_jは産出物のシェア$s_j=p_jy_j/PY$である。これらを*TFP*変化率の定義にあてはめると，

$$ln\frac{TFP^{t+1}}{TFP^t}=\frac{1}{2}\sum_{j=1}^{m}(s_j^{t+1}+s_j^t)ln\frac{y_j^{t+1}}{y_j^t}-\frac{1}{2}\sum_{i=1}^{n}(s_i^{t+1}+s_i^t)ln\frac{x_i^{t+1}}{x_i^t} \quad (5.11)$$

と表現できる。このように産出の成長率の加重和から得られる産出成長率指数を，投入の成長率の加重和から得られる投入成長率指数で差し引くことにより，残される部分が*TFP*の変化率と定義される。したがって，タイル・トーンキビスト指数を使って計算された*TFP*は，トランスログ型生産関数上で費用最小化行動をとっている生産者行動と解釈することができる。

3　全要素生産性で見た製紙業界の合併効果

これまで展開した指数法による生産性の変化率指標を製紙業界の合併事例に適用し，合併による長期的な生産性向上の有無を確認する。1990年代における製紙業界の合併事例として注目したのは，王子製紙／神崎製紙（＝新王子製紙：1993年10月），十條製紙／山陽国策パルプ（＝日本製紙：1993年４月），新王子製紙／本州製紙（＝王子製紙：1996年10月），レンゴー／セッツ（＝レンゴー：1999年４月），高崎製紙／三興製紙（＝高崎三興：1999年10月），日本製紙／大昭和製紙（2001年３月統合，2002年事業部門の分社化）のケースである。

ここでは１種類の産出物と労働，資本，中間投入という３種類の投入要素を考慮する。産出物には各企業の洋紙と板紙の生産量を足し合わせた指標（Q）を用いる。資本設備は償却対象有形固定資産（K）で定義し，実質化する際には内閣府の民間総固定資本形成デフレータにある民間企業設備の価格デフレータを用いる。労働量（L）は有価証券報告書に記載された期末従業員数で定義

し，中間投入（M）には原材料費を採用する。紙・パルプ・木製品の投入物価指数（日本銀行）をデフレータとして用いる。分析期間は製紙業界の生産量が比較的安定基調となる1980年度から，原材料費や減価償却費等の詳細なデータを得ることができる2012年度までの33年間である。[(3)] 合併効果を合併後，存続会社となった企業ごとに *TFP* 成長率を計測した。なお，大型合併を行った企業以外にも，注目する合併事例となった企業との生産性比較を行うため，中堅企業の生産性を計測する。具体的には大王製紙（2007年には名古屋パルプとの合併），北越製紙（紀州製紙を2011年に吸収合併），三菱製紙（2011年に震災のため工場が大規模な被害），東海パルプ（2010年に特種製紙と合併し特種東海製紙）である。ここで各企業の分析に用いるデータを，図５－３から図５－11で検討する

図５－３を見ると，王子製紙は1993年の神崎製紙との合併時には，売上高および生産量の産出は増大し，投入要素のうち資本設備と原材料は産出に対応する増加という程度であるが，労働投入が大きく増大している。1996年の本州製紙との合併時には売上高および生産量は激増し，資本設備や原材料も増大している。ここでも労働は大きく増大しているため，二度の合併を通じて短期的には人員の合理化ができずにいる状況が窺われる。

図５－４に示した日本製紙の投入要素を見ると，1993年の山陽国策パルプとの合併時に資本設備と労働力が大きく増大している。しかし売上高や生産量も大きく増大しているため，生産性の計測による確認が必要である。2003年には大昭和製紙との大型合併の影響が表れており，産出，投入とも増大していることが確認できる。

図５－５に提示した大王製紙の状況は1980年代後半で投入要素の増大があるが，1990年代以降の投入は資本，労働とも減少傾向であり，他方で産出は分析期間を通じて増加傾向であるため，生産性は成長していると推察できる。1997

---

(3)　2013年度以降は会計制度の変更によって製造原価明細書の掲示が省略されたため，経済理論に基づいた資本，労働，原料の要素価格を形成する，労務費，減価償却費，原材料費などの詳細なデータを得ることができなくなった。そのためここでの分析は製造原価明細書に記載されたデータの存在する2012年度までとしているが，この期間が製紙業における合併とその効果を見るうえでは最も重要であると判断している。なお有価証券報告書のデータは『日経 NEEDS 企業・財務データ』から得ている。

図５－３　王子製紙の計測データ

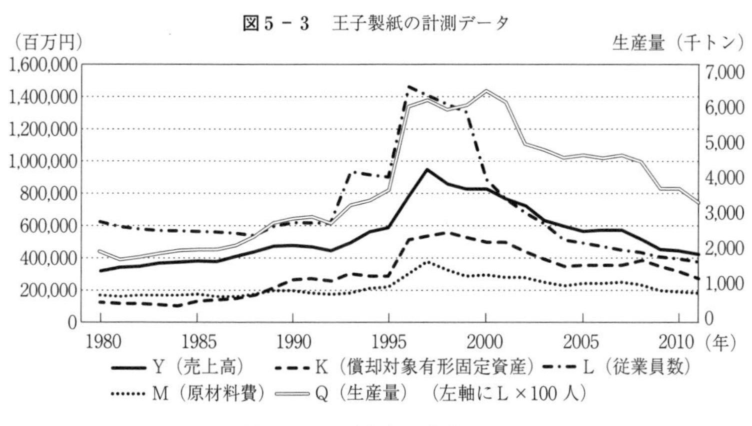

図５－４　日本製紙の計測データ

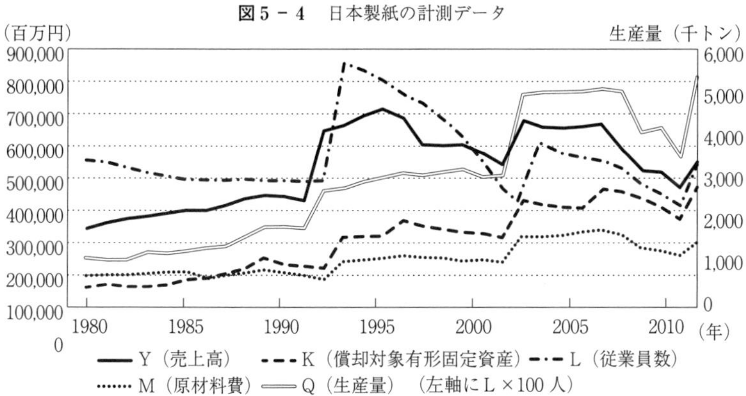

図５－５　大王製紙の計測データ

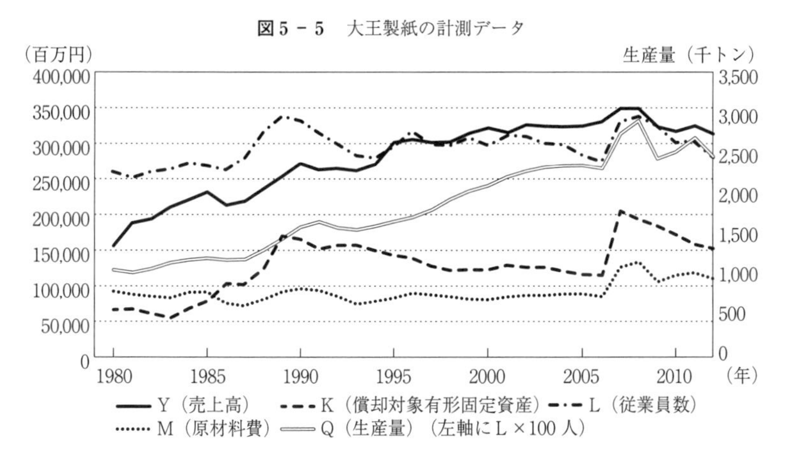

年に名古屋パルプを吸収合併しているので，計測の際には注意しなければならない。同じく中堅企業である北越製紙は，図５－６を見ると産出，投入ともに，分析期間を通じて安定的に増加傾向が確認できる。2008年に紀州製紙との合併の影響がデータにも反映されている。

生産規模においては大王・北越に次ぐ中越パルプのデータを図５－７で確認すると，1990年代以降，生産長性は拡大するものの売上高は横這いとなる。資本設備は1990年代初頭に増大しているが，その後は減少傾向にある。また労働力は経年的に低下している。同様の規模である三菱製紙の状況を図５－８で見ると，売上高はほぼ横ばい，生産量も1990年代以前に大きく増大したあとは一定となる。2011年には東日本大震災の影響で工場が稼働できなくなり，生産量が大きく低下している。また，労働力も分析期間を通じて継続的に減少している。図５－９で見るように東海パルプは1990年代以前に従業員数は減少し，他方で1990年代以降は生産量が経年的に増大しているが，売上高を見ると横ばいである。2008年以降は特種製紙との合併で産出と投入の値が増大している。

図５－10にあげたレンゴーは板紙の専業企業であるが，1999年のセッツとの合併時には売上高や投入指標はあまり伸びないものの，生産量は大きく増大している。したがって，産出をどちらで計測するかによって，大きな違いが出ることが予測される。図５－11には高崎三興製紙の指標を提示しているが，もともと板紙専業の高崎製紙は1999年に三興製紙と合併する。その際に産出・投入とも大きく増大していることが確認できるが，生産性にどの程度反映されるかは予測できない状況である。

以上のようなデータの動向を把握して，各企業のディビジア指数による *TFP* の計測を試みる。ここでは理論にしたがってサンプルとなった企業について *TFP* 成長率を計測し，さらにこの数値を用いて累積指標（Cumulative Indices）を計算している[(4)]。累積指標とは文字通り初期時点からの生産性成長率の蓄積であり，今期の累積 *TFP* は前期までの累積 *TFP* に今期の *TFP* 成長率を掛けた値で定義される。ここでは産出と投入の成長率もこの累積指標を用いて図示す

(4)　全要素生産性成長率の計測には，T.Coelli が開発した TFPIP を用いている。詳細については Coelli（1996）および Coelli et al.（1998）を参照。

図５－６　北越製紙の計測データ

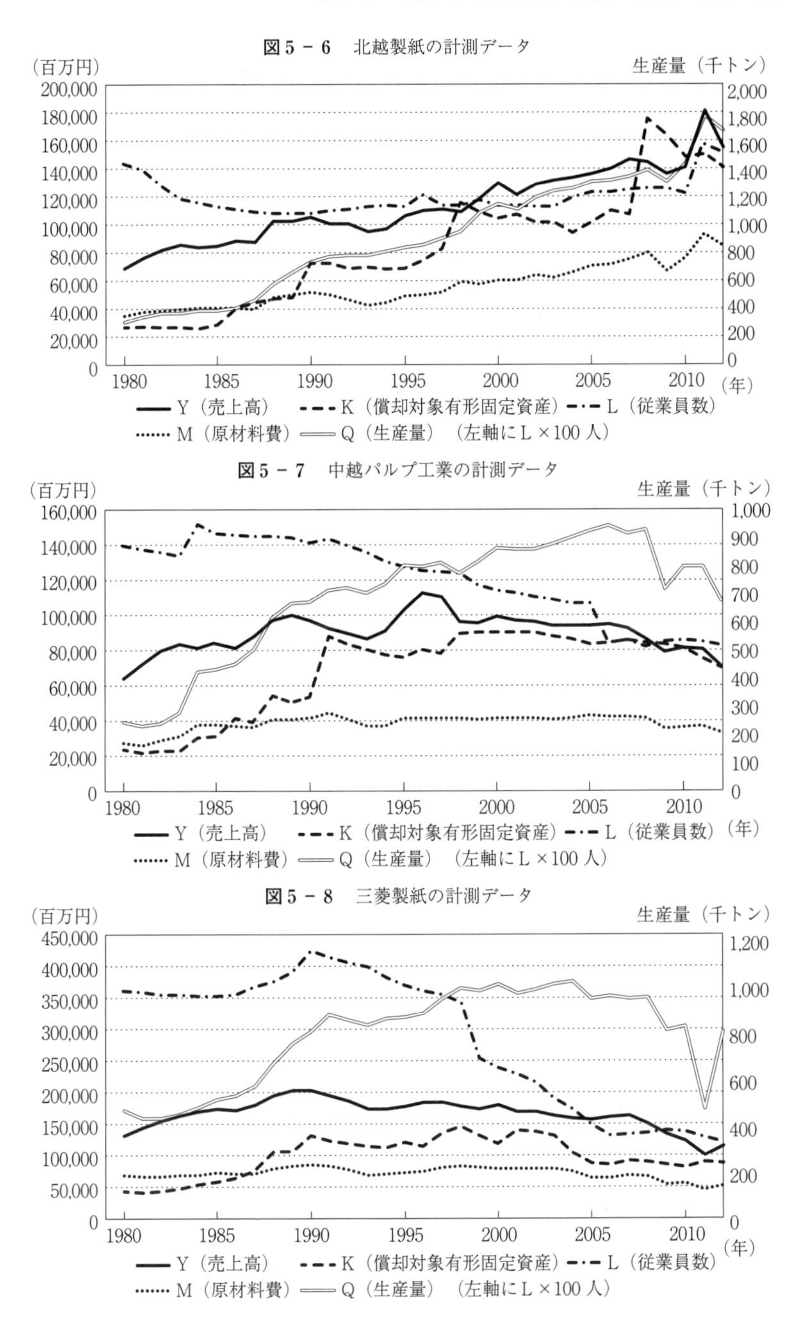

図５－７　中越パルプ工業の計測データ

図５－８　三菱製紙の計測データ

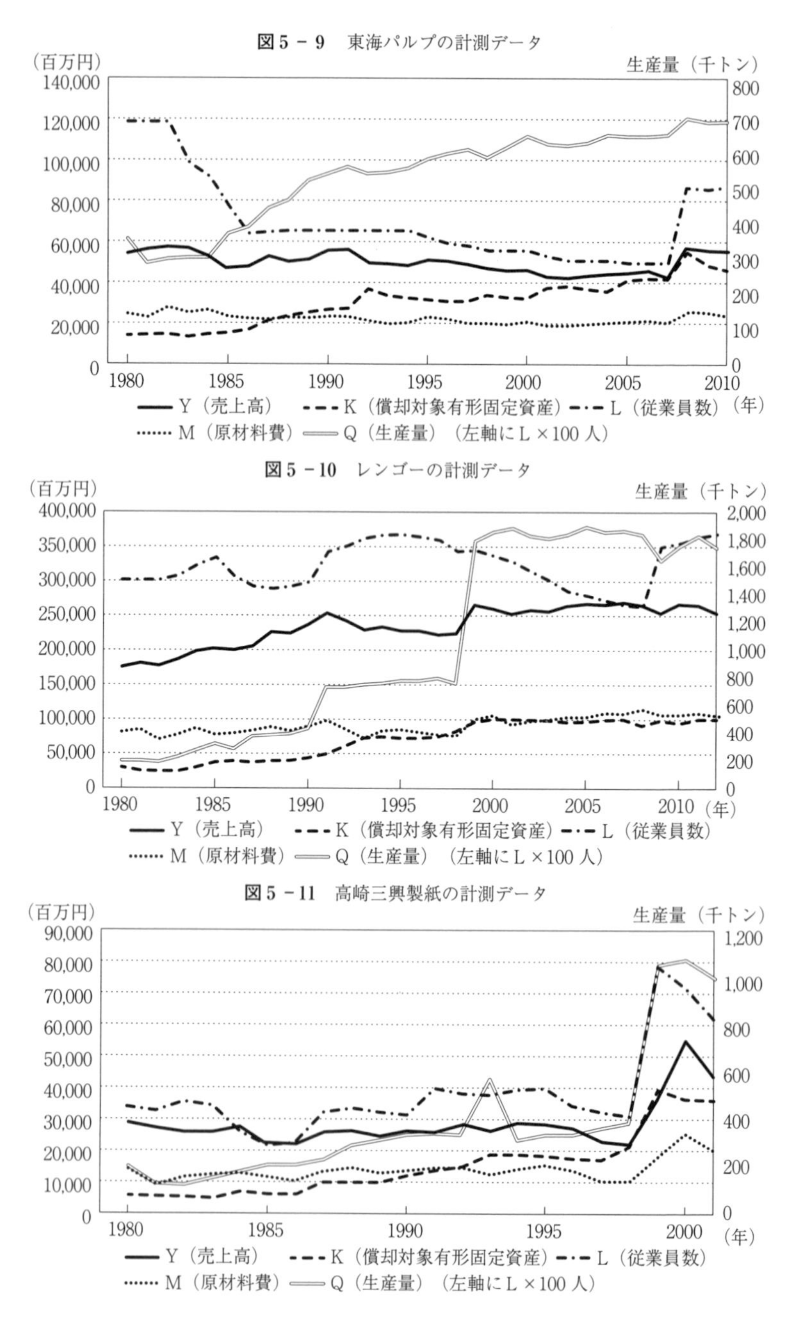

図5－9　東海パルプの計測データ

図5－10　レンゴーの計測データ

図5－11　高崎三興製紙の計測データ

る。投入累積指数と産出累積指数の算出方法は，今年度の投入（産出）／初年度の投入（産出）で求められる。また，*TFP* 累積指数は産出累積指数／投入累積指数で求められる。ここでは産出には洋紙＋板紙の生産量（Q）を用いた計測結果を提示している。

計測には生産物と生産要素の物量単位と，生産物の価格および要素価格が必要なデータとなる。そこで，産出価格（p）は日本銀行の調査による紙・パルプ・木製品の産出価格指数を使用した。また労働投入価格は，人件費と労務費を足したものを製造業の賃金指数でデフレートし，これを期末従業員数で割った指標を賃金（w_L）として定義している。資本価格（w_K）については製造原価明細書に記載された減価償却費を償却対象有形固定資産で割った値で定義する。中間投入物の価格指標（w_M）としては，原材料費（M）を投入物価格指数で実質化し，これを生産量（Q）で割ったもので定義した。[(5)]

まず図５－12で王子製紙の計測結果を見ると，1993年に神崎製紙と合併し，同年には投入の成長率が上昇した影響もあって *TFP* は若干低下している。その後 *TFP* には上昇の動きが見られるが，1996年の本州製紙との大規模合併時には投入要素の大幅な増加もあり，再び *TFP* は低下する。しかし以降は投入の増加よりも産出の成長率の上昇が大きかった影響で，*TFP* は2008年のリーマン・ショックの不況期まで向上している。王子製紙は二度の大型合併を実現した当初の生産性は投入要素の増加で短期的には低下するが，長期的には再編成による投入要素の調整を通じて生産性が１ポイント上昇していることが確認できる。生産性上昇の要因をすべて合併効果で説明するのは，やはりアド・ホックな議論となる危険性はあるが，需要状況の変動に加えて，プラスの合併効果が発揮できた可能性を見出すことができる。

図５－13には日本製紙における *TFP* の計測結果を提示している。日本製紙は，1993年に山陽国策パルプと合併したため，同年には投入の成長率が急上昇して，一時的に *TFP* は低下する。その後，売上高のケースでは，投入成長率と産出成長率が同調的に動くため，*TFP* は産出の増大に牽引されるかたちで

(5)　使用したマクロデータと財務データは，すべて日経 NEEDS 総合ファイルから得たものである。

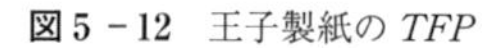
図5－12　王子製紙の *TFP*

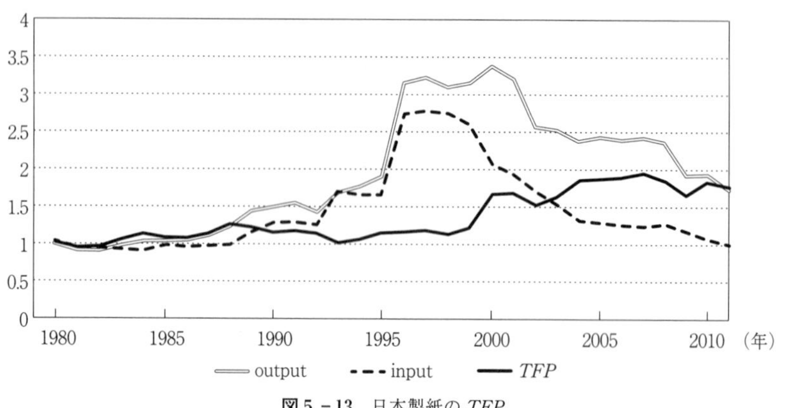

図5－13　日本製紙の *TFP*

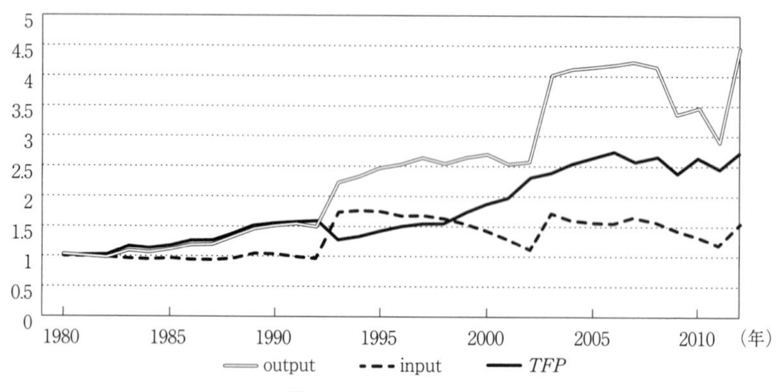

図5－14　大王製紙の *TFP*

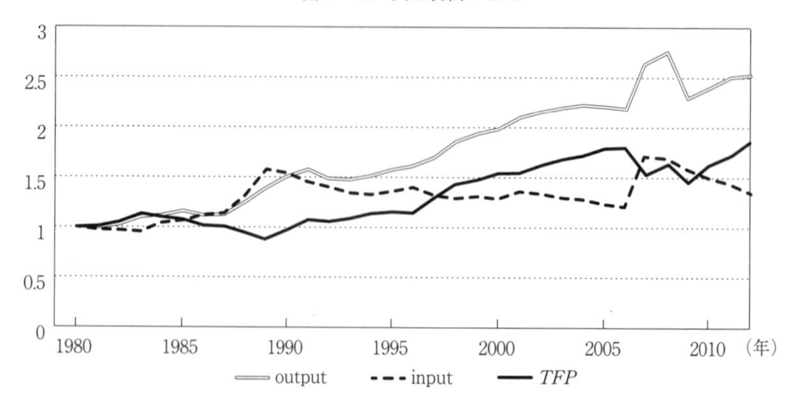

推移する。2000年代半ばまで，1980年当初の生産性水準から1.5ポイントの上昇を維持するが，2008年の不況の影響でその後は生産性が低下する。産出を生産量で見た場合には，2002年の大昭和製紙との合併が大きく影響し，その後はこの再編成を反映するように，*TFP* は一定水準で変動している。

他方，分析期間において業界再編には参加しなかった大王製紙の *TFP* を図５－14に示している。1997年の名古屋パルプとの合併時に *TFP* の低下が見られるものの，経年的に投入要素の合理化と産出物の増加によって *TFP* は上昇していることがわかる。

図５－15に示した北越製紙のケースでも，2008年の不況時には *TFP* が低下するものの，2011年の紀州製紙との合併がデータに反映している時期には若干 *TFP* も改善している。産出物を売上高にしたケースでは1980年当初から *TFP* にほとんど変化は見られないが，生産量をとると２ポイントほどの上昇が実現している。

その他の中堅企業についてもそれぞれの企業で特徴があるため，比較対象として *TFP* の計測を試みた結果をここで概観する。図５－16に示した中越パルプ工業と，図５－17にあげた三菱製紙は，分析期間を通じて大型合併は行われていない。中越パルプも分析当初より累積で３ポイントの生産性における上昇を確認できるが，三菱製紙は産出物も分析期間を通じて減少傾向にあり，投入物の経年的な減少がそれ以上であるため，*TFP* が過大に算出されていると考えられる。図５－18にあげた東海パルプでは，産出物の成長率に比べて投入要素が一定であることから，2010年の特種製紙との合併による特種東海製紙の実現まで *TFP* が恒常的に上昇している。

図５－19に示したレンゴーと図５－20にあげた高崎三興は，板紙専業ないし主力の企業である。レンゴーの *TFP* はアウトプットの成長に大きく依存しており，1999年のセッツとの合併時に生産量の成長率が急増するが，投入はほぼ一定であるため *TFP* も大きく上昇し，2008年の不況までは経年的に生産性は上昇していることが推察される。高崎製紙は，1999年の三興製紙との合併で洋紙も生産する企業となったが，合併後の累積 *TFP* は微増した後，低下しており，合併による生産性の上昇を認めることができない。

図5－15　北越製紙の *TFP*

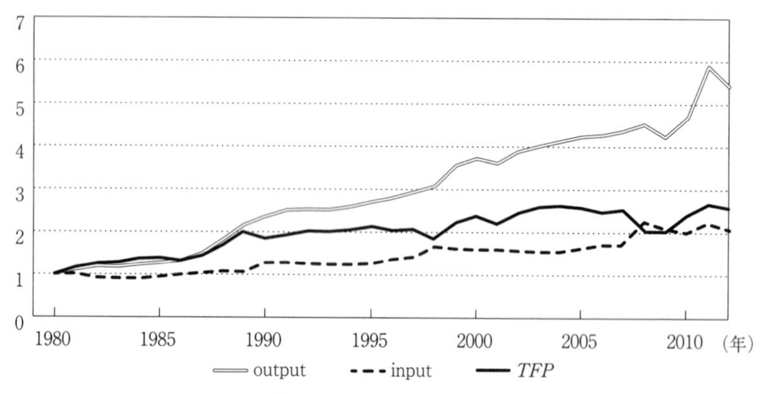

図5－16　中越パルプの *TFP*

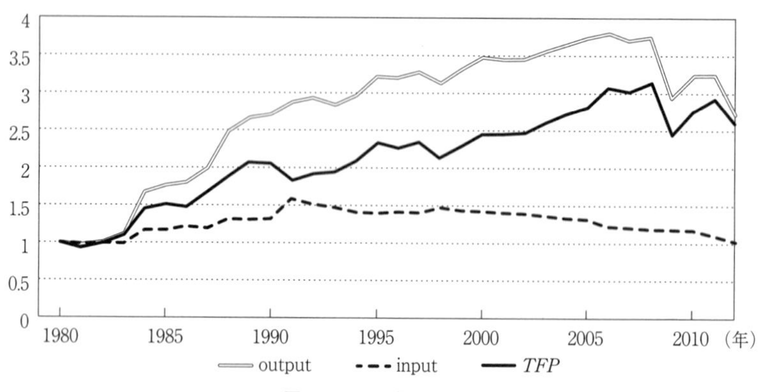

図5－17　三菱製紙の *TFP*

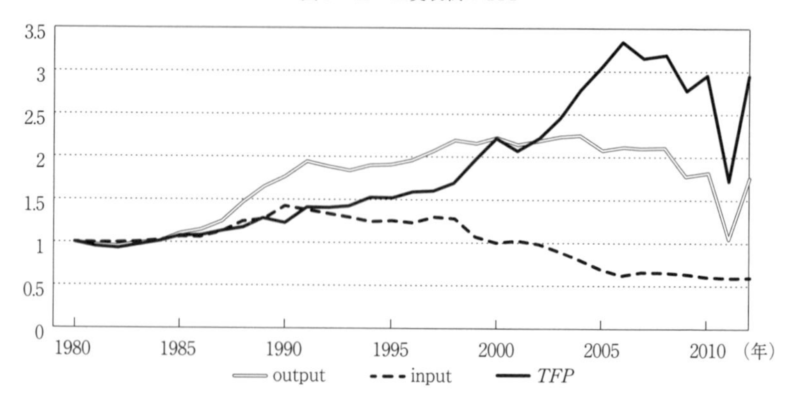

図５－18　東海パルプの *TFP*

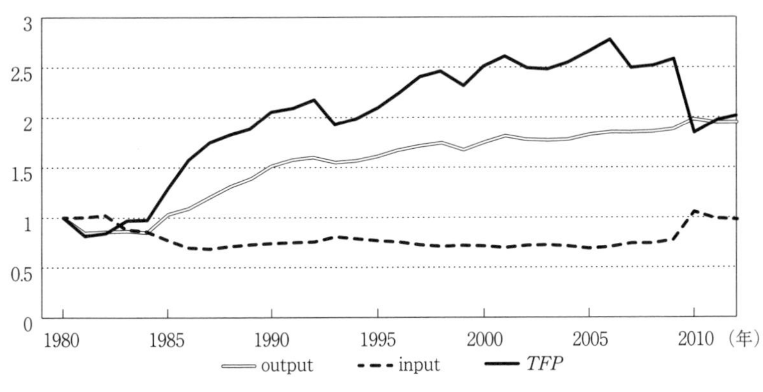

図５－19　レンゴーの *TFP*

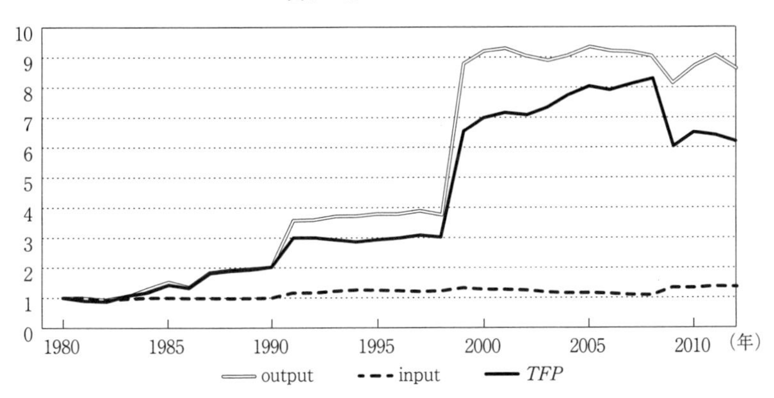

図５－20　高崎三興の *TFP*

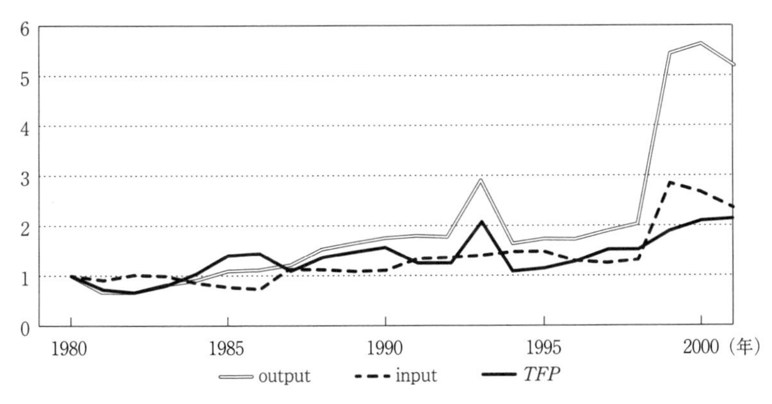

4　TFP の計測結果と課題

製紙企業を対象にディビジア指数法によって *TFP* の計測を試み，合併効果を生産性の面から判断した。1990年代に大型合併を実現した王子製紙と日本製紙の上位企業では，合併当初には一時的に生産性が低下するものの，長期的には従来よりも生産性は改善していると判断できる。大きな合併を経験しなかった大王製紙や北越製紙などの中堅企業でも，2008年の不況期までは製紙市場の拡大を背景に生産性が上昇していることを確認した。しかし中堅企業においては，大王製紙の名古屋パルプとの合併や，北越紀州製紙，特種東海製紙などの合併時には生産性が低下し，比較的その影響が長期にわたって残存している。こうした事実からも，合併による生産性の向上には，「規模の経済性」が大きく機能していることが推察される。

補論　ソロー残差とタイル・トーンキビスト指数の導出過程

以下ではまずソロー残差による生産性の捉え方を説明し，この離散近似である指数による生産性の成長率指標の導出を理論的に展開する。

そもそも基本的な生産性計測の理論的背景を把握しておくことが重要である。Solow（1957）が構築した基本的な生産性分析では，まず次のような収穫一定の生産関数が定義される。

$$Y(t)=A(t)f[X(t)] \tag{5a.1}$$

ここで Y は生産量，X は労働・資本・中間財などの生産要素ベクトル $X=(x_1,x_2,\cdots,x_n)$ であり，A は技術水準，t は時間を表す。（5a.1）式の両辺について対数をとり，時間 t で微分すると，

$$\frac{\dot{Y}}{Y}=\frac{\dot{A}}{A}+\left(\sum_{i=1}^{n}\frac{\partial f(X)}{\partial x_i}\frac{x_i}{f(X)}\frac{\dot{x}_i}{x}\right) \tag{5a.2}$$

となる。ここで生産要素価格を$W=W(X)$とし，生産物市場と生産要素市場の完全競争を仮定するならば，各生産要素の限界生産物$\partial f/\partial x_i$は生産要素価格比w_i/Wに等しくなる。この関係を使えば各要素の分配率s_iは次のように定義される。

$$s_i=\frac{w_i}{W}\frac{x_i}{f(X)} \tag{5a.3}$$

これを使って（5a.2）式を書き換えると，

$$\frac{\dot{A}}{A}=\frac{\dot{Y}}{Y}-\sum_{i=1}^{n}s_i\frac{\dot{x}_i}{x_i} \tag{5a.4}$$

となり，技術進歩率$\dot{A}/A$は生産の増加のうち投入要素の増加で説明できない部分（残差）として定義され，ソロー残差と呼ばれる。技術進歩や規模の経済性，需要の拡大などがあれば，ソロー残差はプラスになる。

ソローは収穫一定の生産関数と完全競争を仮定したが，規模の経済性を考慮し，生産物市場の不完全競争を仮定すると，ソロー残差はどのように修正されるだろうか。次のような費用最小化問題を考える。[6]

$$\min_{x_i}\sum_{i=1}^{n}w_i(t)x_i(t),\quad s.t.\quad \overline{Y}=A(t)f[X(t)] \tag{5a.5}$$

この解を求めるためにラグランジュ乗数φを用いて費用最小化の必要条件を求めると，次のようになる。

(6)　以下の議論の多くは中島（2001）第2章に依っている。

$$\frac{w_i}{\phi}=A\frac{\partial f}{\partial x_i} \qquad (5\,a.6)$$

この（5 a . 6）式の両辺にx_i/Yを掛けてそれぞれ足し合わせると，次のような形にできる。

$$\sum_{i=1}^{n}\frac{\partial lnf}{\partial lnx_i}=\frac{1}{\phi}\frac{WX}{Y}\equiv\mu \qquad (5\,a.7)$$

このμは規模の弾力性と呼ばれ，１より大きいと規模の経済性が存在することを意味する。これを使って（5 a . 4）式を再定義すると，次のようになる。

$$\frac{\dot{A}}{A}=\frac{\dot{Y}}{Y}-\mu\sum_{i=1}^{n}s_i\frac{\dot{x}_i}{x_i} \qquad (5\,a.8)$$

この（5 a . 8）式は修正ソロー残差と呼ばれる。もし，生産関数を対数の２次形式であるトランスログ型に特定化すれば，ソロー残差は後述するタイル・トーンキビスト（Theil-Tornqvist）指数と一致することが Diewert（1976）によって明らかにされている。

こうした生産関数を使ったアプローチは生産性を残差で捉えているため，*TFP*の変動にはさまざまな要因が含まれることになる。過去の多くの研究は，主としてこの生産性成長の貢献部分をいかに各種の要因で説明するかということをテーマに展開された。このことからもわかるように，計測された*TFP*を解釈する際，どうしてもアド・ホックな議論となる可能性を捨てきれない。*TFP*によって合併効果を測ろうとする際にも，同様の問題が指摘されるであろう[(7)]。また*TFP*を測る際，合併という構造変化を考慮して分析期間を合併前後で区切ってしまうと，データ数の制約により回帰分析が不可能となってしま

(7)　中島（2001）p.19では，*TFP*の変動要因をアド・ホックな議論から独立させるためには費用関数アプローチが望ましいが，推定結果と理論との整合性でない場合が問題視されるということが指摘されている。また生産性の測定にはほかにもデータ細分化アプローチ，モデル・アプローチなどがあるが，詳細については中島（2001）第３章を参照。

う可能性がある。そこで生産性分析の代替的なアプローチである指数法を取り上げたが，計量アプローチ（ソロー残差）との整合性を確認する意味でも，ここでは一般的にあまり厳密に紹介されていない指数法を使った生産性の変化率の計算過程を展開する。

Diewert（1976）は，タイル・トーンキビスト指数とトランスログ型の集計関数が整合的なものとなることを示している。これは既に Bowley（1928）で提示された２次近似の補題を用いて証明できる。いま基準時点（t）と比較時点（$t+1$）における投入要素の集計関数は，本文にあげた（5.7）式で表すことができる。

$$X^t = f(x_1^t, \cdots, x_n^t) \qquad X^{t+1} = f(x_1^{t+1}, \cdots, x_n^{t+1}) \tag{5.7}$$

集計関数をトランスログ型で表すために，（5.7）式の両辺に対数をとる。

$$ln\, X^t = ln\, f^t(x_1^t, \cdots, x_n^t) \qquad ln\, X^{t+1} = ln\, f^{t+1}(x_1^{t+1}, \cdots, x_n^{t+1}) \tag{5.8}$$

ここで，変化率を離散型に近似し，t期から$t+1$期における投入の変化を見るために，基準時点の近傍でテイラー展開し２次近似すると次のようになる。

$$ln\, X^{t+1} = ln\, X^t + \sum_{i=1}^{n} \frac{\partial\, ln\, X^t}{\partial\, ln\, x_i^t} \delta_i + \frac{1}{2}\left(\frac{\partial^2\, ln\, X^t}{\partial\, ln\, x_1^{t2}} \delta_1^2 + 2 \frac{\partial^2\, ln\, X^t}{\partial\, ln\, x_1^t \partial\, ln\, x_2^t} \delta_1 \delta_2 + \cdots \right) \tag{5a.9}$$

ただし$\delta_n = ln\, x_n^{t+1} - \ln x_n^t$である。いま投入要素の集計関数が１次同次性を満たし，オイラーの定理が成立するなら，各生産要素価格はそれぞれの生産要素の限界生産力によって分配される。つまり，全投入要素Xと各投入要素x_iの限界生産力の比$\partial X / \partial x_i$が要素価格比$w_i / W$と等しいところで最適な生産が行われる。つまり，$\partial X / \partial x_i = w_i / W$となるので，

$$\frac{\partial\, ln\, X^t}{\partial\, ln\, x_i^t}=\frac{\partial X}{\partial x_i}\cdot\frac{x_i}{X}=\frac{w_i x_i}{WX}=s_i \qquad (5\,a.10)$$

が成立し，コストシェアs_iを定義できる[(8)]。これを使えば（5 a．9）式の右辺第2項は次のように書き直すことができる。

$$\sum_{i=1}^{n}\frac{\partial\, ln\, X^t}{\partial\, ln\, x_n^t}\delta_i=\sum_{i=1}^{n}s_i^t\delta_i^t=s_1^t\delta_1^t+s_2^t\delta_2^t+\cdots+s_n^t\delta_n^t \qquad (5\,a.11)$$

また，（5 a．9）式の右辺第3項をまとめるために，次のように定義する。

$$\frac{\partial\, ln\, X}{\partial\, ln\, x_1}=ln\, f_1(x_1,x_2,\cdots,x_n) \qquad \frac{\partial\, ln\, X}{\partial\, ln\, x_2}=ln f_2(x_1,x_2,\cdots,x_n) \qquad (5\,a.12)$$

さらに$ln\, f_1(x_1,x_2,\cdots,x_n)$をテイラー展開し，1次近似すると，

$$\begin{aligned} ln\, f_1(x_1^{t+1},x_2^{t+1},\cdots)&=ln\, f_1\,(x_1^t,x_2^t,\cdots)+\frac{\partial\, ln\, f_1}{\partial\, ln\, x_1^t}\delta_1+\frac{\partial\, ln\, f_1}{\partial\, ln\, x_1^t\partial\, ln\, x_2^t}\delta_2+\cdots \\ &=ln\, f_1(x_1^t,x_2^t,\cdots)+\frac{\partial^2\, ln\, X^t}{\partial\,(ln\, x_1^t)^2}\delta_1+\frac{\partial^2\, ln\, X^t}{\partial\, ln\, x_1^t\partial\, ln\, x_2^t}\delta_2+\cdots \end{aligned} \qquad (5\,a.13)$$

となる。同様に，

$$ln\, f_2\,(x_1^{t+1},x_2^{t+2},\cdots)=ln\, f_2(x_1^t,x_2^t,\cdots)+\frac{\partial^2\, ln\, X^t}{\partial\, ln\, x_1^t\partial\, ln\, x_2^t}\delta_1+\frac{\partial^2\, ln\, X^t}{\partial\,(ln\, x_2^t)^2}\delta_2+\cdots$$

が成り立つ。また，

(8)　$\theta X=f(\theta x_1,\theta x_2,\cdots,\theta x_n)$が成立するため，この関数を$\theta$で偏微分し，$\theta=1$とおけば成立する。

$$ln\,f_1(x_1^t, x_2^t, \cdots) = s_1^t \qquad ln\,f_1(x_1^{t+1}, x_2^{t+1}, \cdots) = s_1^{t+1}$$

となるため，上式はいずれも，次のように書き換えることができる。

$$ln\,f_1\,(x_1^{t+1}, x_2^{t+1}, \cdots) - ln\,f_1(x_1^t, x_2^t, \cdots) = s_1^{t+1} - s_1^t = \frac{\partial^2\,ln\,X^t}{\partial\,ln\,x_1^t\,ln\,x_2^t}\delta_1 + \frac{\partial^2\,ln\,X^t}{\partial^2(ln\,x_2^t)^2}\delta_2 + \cdots$$

$$ln\,f_2\,(x_1^{t+1}, x_2^{t+1}, \cdots) - ln\,f_2(x_1^t, x_2^t, \cdots) = s_2^{t+1} - s_2^t = \frac{\partial^2\,ln\,X^t}{\partial\,ln\,x_1^t\,ln\,x_2^t}\delta_1 + \frac{\partial^2\,lnX^t}{\partial\,(\ln x_2^t)^2}\delta_2 + \cdots$$

これまでの展開を用いて（5 a . 9）式の右辺第３項の括弧内を書き換えると次のようになる。

$$\begin{aligned}
&\frac{\partial^2\,ln\,X^t}{\partial\,ln\,x_1^{t2}}\delta_1^2 + 2\frac{\partial^2\,ln\,X^t}{\partial\,ln\,x_1^t\partial\,ln\,x_2^t}\delta_1\delta_2 + \cdots \\
&= \delta_1\left(\frac{\partial^2\,ln\,X^t}{\partial\,ln\,x_1^{t2}}\delta_1 + \frac{\partial^2\,ln\,X^t}{\partial\,ln\,x_1^t\partial\,ln\,x_2^t}\delta_2 + \cdots\right) + \delta_2\left(\frac{\partial^2\,ln\,X^t}{\partial\,ln\,x_1^t\partial\,ln\,x_2^t}\delta_1 + \frac{\partial^2\,ln\,X^t}{\partial\,ln\,x_2^{t2}}\delta_2 + \cdots\right) \\
&= (s_1^{t+1} - s_1^t)\delta_1^t + (s_2^{t+1} - s_2^t)\delta_2^t + \cdots \qquad (5\,a\,.\,14)
\end{aligned}$$

これまでの展開式をすべて（5 a . 9）式に代入して整理すると，次のような投入の成長率の加重和から得られる投入成長率指数を求めることができる。

$$ln\,X^{t+1} - ln\,X^t = \textstyle\sum_{i=1}^n s_i^t\delta_i^t + \frac{1}{2}\sum_{i=1}^n (s_i^{t+1} - s_i^t)\delta_i^t$$

$$ln\,\frac{X^{t+1}}{X^t} = \frac{1}{2}\textstyle\sum_{i=1}^n (s_i^{t+1} + s_i^t)\,ln\frac{x_i^{t+1}}{x_i^t} \qquad (5\,a\,.\,15)$$

産出についても同様の計算により，産出物の加重和からなる産出成長率指数を求めることができるため，産出成長率から投入成長率を引いた指数を，全要素生産性の成長率と定義することができる。

第6章
製紙業におけるマーク・アップ率の循環と規模の経済性

1　マーク・アップ率の循環性に関する論争と包括的モデル

景気循環と利潤率の関係については，そのメカニズムに関する理論的解釈と実証的な検証を行った多くの研究成果が蓄積されている[(1)]。好景気の時には，旺盛な需要を背景に市場規模の拡大によって生じた価格の上昇が，マーク・アップ率を高めると考えられる。その結果，景気と利潤率は順循環的（procyclical）に動くという見解がある。他方，生産性の上昇を伴う規模の経済性の発揮が好況時の需要拡大を吸収できる場合，平均費用の低下が価格水準の低下を導くことで，利潤率と景気が逆循環的（countercyclical）に動く可能性もある。こうした景気とマーク・アップ率の循環性は，規模の経済性の発揮によって左右される。これを包括的な理論モデルによって示し，典型的な装置産業である製紙業に当てはめ，産業利潤率と景気の循環性について検証する。

一般に，景気とマーク・アップ率との関係は，費用条件が一定であれば，好況時には需要の拡大を背景に企業間の競争も緩和され，市場価格が上昇して企業利潤率も高まると考えられる。他方，不況期にはシェア争いの激化に伴い市場価格が低下して，企業の利潤率も低くなる。この見解に従えば，景気とマーク・アップ率は同調的（procyclical）に動くことになる。

他方，マーク・アップ率は景気変動と逆循環的（countercyclical）な動きをするという事例も報告されている。これは需要の価格弾力性が景気と同調的に動

(1)　景気循環と利潤率に関する先行研究については，補論で詳しく展開している。

くことから価格変動が景気循環に逆行し，マーク・アップ率を引き下げるメカニズムによって説明されている[(2)]。例えば価格をp，限界費用をc，需要の価格弾力性をηで表した場合に，企業の利潤最大化を表す限界収入と限界費用の均等式より，$(p-c)/p=c/p[1-(1/\eta)]+(c/p)$という関係が導かれる[(3)]。これは需要の価格弾力性ηが好況期に大きくなれば，マーク・アップ率は低下することを意味している。

これらの見解からもわかるように，マーク・アップ率と景気変動は，理論的にも順循環と逆循環の両方の動きをするとも解釈できるうえ，実証分析においてもどちらの事例も確認されている。しかし，マーク・アップ率と景気の循環性には規模の経済性が関わっており，製造業など生産量競争が想定される市場ではこの機能が強く働くと考えられる。大規模装置を必要としない流通・サービス業では，価格競争モデルがあてはまりやすいと推察される。

そこで，上田（2001）では，クールノー生産量競争の枠組みにおいて，規模の経済性の影響を明示的に考慮したモデルにより，景気とマーク・アップ率の循環性を捉える包括的なモデルを提示した。以下ではこの理論モデルを展開して循環性の焦点を明らかにし，1990年代に大型合併を経験した日本の製紙業界を対象に，企業レベルのマーク・アップ率の変動と規模の経済性および景気循環との関連性について検証を試みる。

いまn社の同質的な財を生産する企業が，クールノー生産量競争を行っている市場を想定する。個別企業の生産量をq_iとして，市場全体の生産量をQで表し，市場の生産量との間に$q_i=f(Q)$という関係を定義する。さらに市場規模の変化をAとして需要の変動を捉えて市場価格をpと表した場合，市場全体の需要関数は次のように捉えることができる。

$$p=p(Q,A)\quad p_Q\equiv\frac{\partial p}{\partial Q}<0,\quad p_A\equiv\frac{\partial p}{\partial A}>0 \tag{6.1}$$

(2)　需要の価格弾力性と景気の循環性については，皆川（1994）のサーベイなど参照。
(3)　途中式の展開については，上田（2001）などを参照。

さらに，個別企業の総費用をC_iとすると，利潤は$\pi_i = pq_i - C_i$で表されるため，限界費用をc_iで表せば，個別企業の利潤最大化の一階条件は，次のようになる。

$$p_Q q_i + p = c_i \tag{6.2}$$

市場全体の利潤最大化条件は，個別企業の一階条件を足し合わせることによって求められるので，(6.2) 式の両辺をn企業合算して，

$$p_Q \textstyle\sum_{i=1}^{n} q_i + np = \sum_{i=1}^{n} c_i \tag{6.3}$$

となる。いま簡単化のために，各企業の費用条件は同一（$c_i = c$）であると仮定して対称的な企業によるクールノー均衡を考えると，(6.3) 式を次のように書き換えることができる。

$$p_Q Q + np = nc \tag{6.4}$$

ここで比較静学によって市場規模Aの変化が個別企業のマーク・アップ率の変動に及ぼす影響を検討する。まず，$q_i = f(Q)$の関係式を考慮して (6.4) 式を全微分してゼロと置くと，次のように市場規模の変化による市場の生産量の動きを整理することができる。

$$\frac{dQ}{dA} = -\frac{p_{QA}Q + np_A}{p_{QQ}Q + p_Q + np_Q - nC_{qq}} \tag{6.5}$$

$$p_{QQ} = \frac{\partial^2 p}{\partial Q^2}, \quad p_{QA} = \frac{\partial^2 p}{\partial Q \partial A}, \quad C_{qq} = \frac{\partial^2 C}{\partial q^2}$$

さらに$Q = nq$であるので，これを利用すると (6.5) 式を次のように書き換えることができる。

$$\frac{dQ}{dA}=-\frac{p_{QA}Q+np_A}{p_Q(1-nf_Q)} \tag{6.6}$$

(6.6) 式は市場規模Aの拡大が市場全体の生産量Qに及ぼす影響を表している。(6.6) 式の分子第1項のp_{QA}は交差項であるので，交差効果はほとんどないと考えてゼロと考えるか，もしくは正であると仮定する。すると分子第2項np_Aは正であるから，(6.6) 式の分子全体は正となる。

また，(6.6) 式の分母については，p_Qは負であるので，f_Qの符号を確定すればよい。ここでクールノー均衡の一階条件である (6.4) 式を，$q_i=f(Q)$の関係に注意して全微分すると，次のように整理できる。

$$f_Q\equiv\frac{dq}{dQ}=-\frac{p_{QQ}q+p_Q}{p_Q-C_{qq}} \tag{6.7}$$

(6.7) 式の分子は負であり，クールノー競争における戦略的代替の仮定により，分母も負となる[(4)]。これより，f_Qは負であると考えられる[(5)]。この経済的な意味は，市場全体の産出量の増大は新規参入した企業の生産量を含んでおり，結果的に個別企業の生産量qが減少したと考えればよい。すると (6.7) 式の分母は負であるため，(6.7) 式全体の動きは正となるので，市場規模の拡大は総生産量を増大させることがわかる。

ここでマーク・アップ率と市場の拡大との関係をあらためて検討する。各企業のマーク・アップ率（プライス−コスト・マージン：PCM）は次のように定義される。

$$PCM=\frac{p(Q,A)-c(q)}{p(Q,A)}=1-\frac{c(q)}{p(Q,A)}=1-\frac{c(f(Q))}{p(Q(A),A)} \tag{6.8}$$

マーク・アップ率と景気変動の関係を解釈するためには，(6.8) 式において

(4)　この証明については，Hahn（1962）を参照。
(5)　f_Qの値を$f_Q>1$または$f_Q<(1/n)$とおいても，モデルの帰結には支障はないことを確認している。

市場規模のパラメータAが変化した時に，マーク・アップ率PCMがどのように変動するかを考えればよい。そこで，(6.8) 式をAで微分すると，

$$\frac{dPCM}{dA}=-\frac{C_{qq}f_Q(dQ/dA)}{p}+\frac{cp_Q(dQ/dA)}{p^2}+\frac{cp_A}{p^2} \tag{6.9}$$

となる。(6.9) 式の符号条件を比較静学によって検討すると，右辺第2項の分子は，cが正，p_Qは (6.5) 式の仮定より負，dQ/dAは (6.6) 式より正であるから，第2項の符号は負である。p_Aも (6.5) 式で正と仮定したため，右辺第3項は正となる。残る右辺第1項であるが，f_Qの符号は (6.7) 式より負であり，dQ/dAは正であるから，第1項の符号条件を決めるのは，C_{qq}ということになる。C_{qq}は総費用関数の二階微分で，規模の経済性を表す変数であることから，市場規模の動きに対するマーク・アップ率の変動は，規模の経済性によって大きく左右されることになる。

さらに詳しく検討すると，規模に関して収穫一定である場合，$C_{qq}=0$であるから，(6.9) 式の右辺第1項はゼロとなり，景気変動に対するマーク・アップ率の動き（$dPCM/dA$）は不確定である。また規模に関して収穫逓減である場合には，$C_{qq}>0$となるから，(6.9) 式の右辺第1項は正となる。この時，第2項は負，第3項は正であることがわかっているので，規模に関する収穫一定のケースと比べると，景気とマーク・アップ率は同調的に動く可能性が大きいと考えられる。

規模の経済性が存在する場合，つまり規模に関して収穫逓増のケースでは，$C_{qq}<0$であるので，(6.9) 式の右辺第1項は負となる。先ほど検討した収穫逓減のケースを基準にして比較すると，規模の経済性が発揮される場合には，(6.9) 式は右辺第1項がマイナス方向に動く分だけ，需要ショックに対してマーク・アップ率は相対的に逆循環する可能性が大きいと考えられる。つまり，規模の経済性が存在する産業では，外生的な需要ショックによる景気変動とマーク・アップ率の循環性に逆循環となる理論的根拠が見出される。

2　製紙業におけるマーク・アップ率の循環と規模の経済性の検証

これまでの理論モデルの展開によって示された含意が，日本の製紙業における産業レベルの *PCM* とマクロ的景気循環についてどれほど妥当しているか，ここで実証的な検証を試みる。製紙業の *PCM* の定義としては，『工業統計表（産業編）』に示された「紙製造業」における付加価値額を製造品出荷額で割った値を用いる。景気の変数には内閣府の実質 GDP 成長率（2015年基準に加工）のデータを使用する。

1970年から2020年までの製紙業の *PCM* と実質 GDP 成長率の推移を図6－1に示している。1970年代から1990年代までは同調的に見えるが，それ以降は変動が大きく概観しただけでは判断ができない。さらに相関がわかりやすいように，この移動平均から得られた各期の値を散布図にしたものが図6－2である。これを観察すると，1970年代は正に相関しており，その後，製紙業において生産量が拡大し，規模の経済性が発揮される1980年代から1990年代にかけて，負の相関が観察される。2000年代前半までは負の傾きが強くなる傾向が見られる。

ここで紙の生産量と平均費用の推移が経年的にどのように変化しているか確認するために，洋紙・板紙の生産量（経済産業省『生産動態統計』）を足し合わせたものを紙生産量と定義し，『工業統計表（産業編）』に掲載されているデータをもとに総費用を定義して平均費用を算出する。総費用の項目には，資本Kの費用として減価償却費dを GDP デフレータの設備デフレータ（内閣府『国民経済計算年報』）で実質化した値を採用し，労働Lの費用としては現金給与総額Wを製造業の名目賃金指数（厚生労働省『毎月勤労統計調査』）で実質化したもので定義する。原材料Mは原材料費を紙パルプの投入指数（日本銀行『物価指数年報』）で実質化した値を用いた。これらを足し合わせた総費用（$d+W+M$）を紙生産量（Q）で割った値を平均費用とした。

図6－3には平均費用を縦軸にとり，横軸には生産量をとったものを平均費用の推移として示している。これを見ると，1970年代から1980年代にかけて，

図6－1　製紙業の *PCM* と実質 GDP 成長率

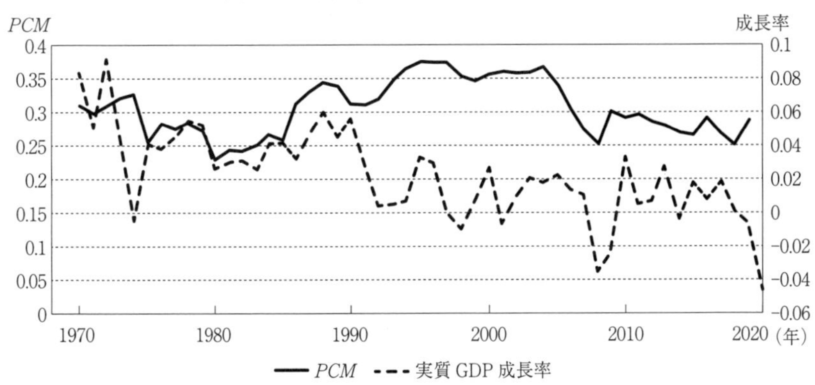

図6－2　製紙業の *PCM* と実質 GDP 成長率の散布図

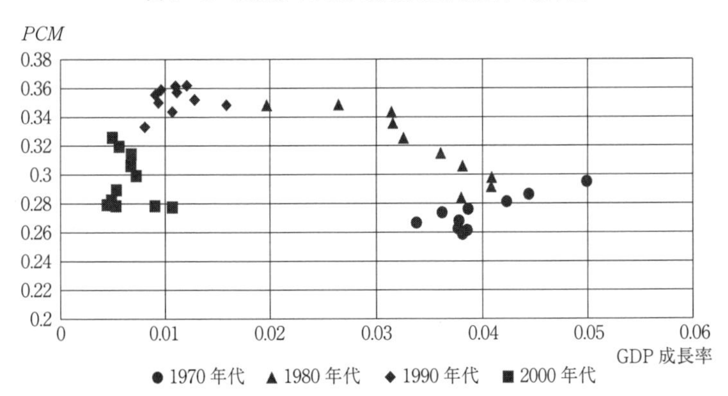

図6－3　紙生産量と平均費用の推移

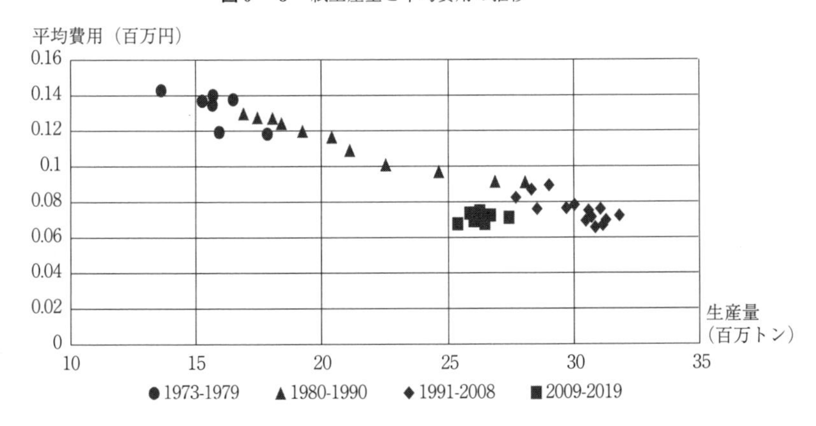

生産量は経年的に拡大し，それに伴って平均費用も低下する。1990年代になると，生産量の拡大傾向はやや鈍化するが，平均費用は低下し続けている。ところが2006年に紙生産量はピークとなり，その後2008年のリーマン・ショックを契機に，紙の生産量は減少に転じるが，平均費用の変化が見られなくなる。これを図6－1に提示した*PCM*の循環と対応させてみると，1970年代は二度のオイルショックもあり景気も不安定な時期であったため，産業レベルでの平均費用の低下も大きくなかった。しかし，1980年代になると，順調に市場が拡大し，平均費用も大きく低下して規模の経済性が発揮される。これを反映して*PCM*は逆循環に転じている。1990年代から2000年代終盤までは，生産量拡大の勢いは低下するものの平均費用は低下し，*PCM*と景気も逆循環局面が観察される。しかし2000年代終盤以降になると需要も低迷し，2010年以降では*PCM*の景気との循環性も判断しにくくなる。この事実は理論モデルで提示された含意に合致しており，製紙業界全体が活況で拡大傾向にあった1980年代後半から2000年代半ばまでは，生産の拡大に対してマーク・アップ率が相対的に逆循環しているが，この時期，平均費用も傾向的に低下するため，規模の経済性の発揮がマーク・アップ率の逆循環を説明する大きな要因となることが確認される。

市場が拡大するとともに生産拡大のために装備した資本設備や労働力が増強される。ところがそれら生産要素は簡単に破棄できないため，規模の経済性は発揮されるものの，供給量の増大による市場価格の低下が発生する。図6－4と図6－5で示したように，景気が拡大すると洋紙と板紙の生産量も拡大し，2008年のリーマン・ショックを契機とした不況時までは，洋紙と板紙のどちらの価格水準も低下している。するとマーク・アップ率も小さくなるので，製紙業界における規模の経済性の実現は，マクロの景気拡大の局面と相関が強く，結果として景気とマーク・アップ率との逆循環を発生させたと考えられる。

3　マーク・アップ率と生産性および規模の経済性の実証分析

これまでの検証からは，製紙業におけるマーク・アップ率の変動に規模の経済性による影響が大きいことが推察される。ここでは規模の経済性の発揮によ

図６－４　洋紙の生産量と実質単価の推移

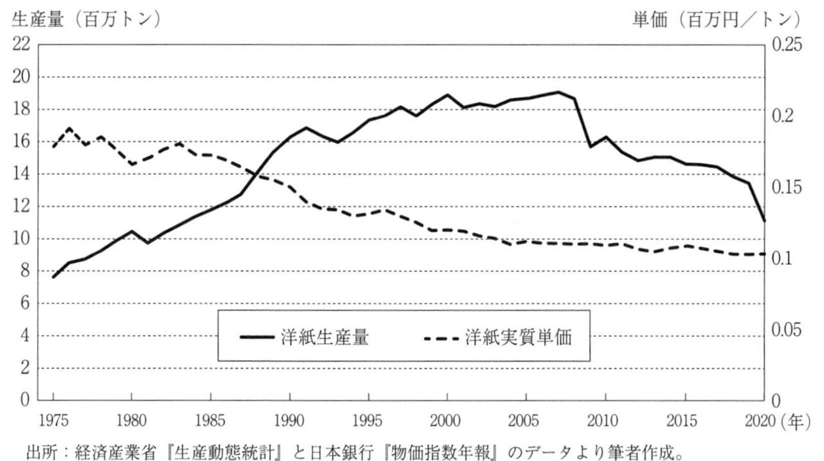

出所：経済産業省『生産動態統計』と日本銀行『物価指数年報』のデータより筆者作成。

図６－５　板紙の生産量と実質単価の推移

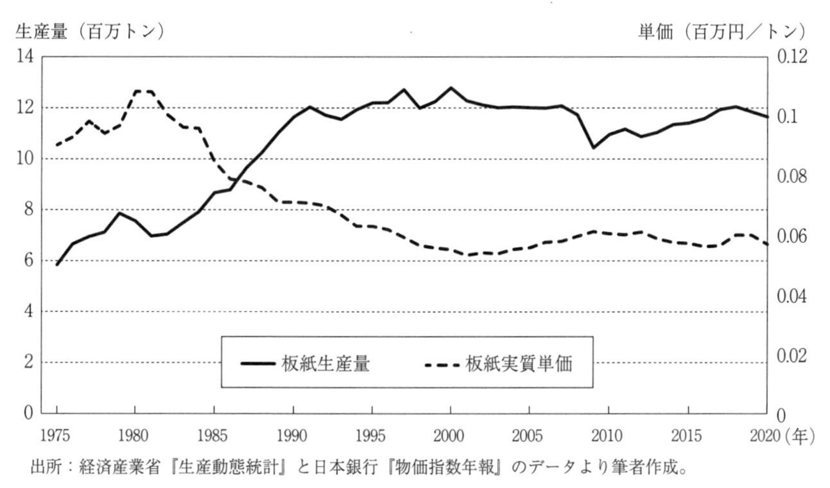

出所：経済産業省『生産動態統計』と日本銀行『物価指数年報』のデータより筆者作成。

る生産性の上昇が平均費用の低下をもたらし，価格水準にそれが反映されてマーク・アップ率が変動するメカニズムを実証的に明らかにする。

生産性は一般に産出／投入で表されるが，多様な産出物は複数の投入要素によって生み出される。これを計測する際には，投入・産出ともそれぞれをウェイト付けした加重平均によって生産性を捉える全要素生産性（Total Factor Productivity：以下 *TFP*）が用いられる。*TFP* を実際に計測する際には，Jorgenson and Griliches（1967）で展開されたディビジア指数法が用いられることが多い。ディビジア指数は，第5章で展開したように，産出指数（産出の加重和から得られる値）と投入指数（要素投入の加重和から得られる値）の2つの指数によって構成される。いま産出ベクトルを$Y=(y_1,y_2,\cdots,y_m)$，投入ベクトルを$X=(x_1,x_2,\cdots,x_n)$とすると，*TFP* はY/Xで定義されるが，実際に生産性の成長率を測る際には，一般的な生産関数アプローチと理論的に整合性のある，次のようなタイル・トーンキビスト型が頻繁に用いられる。(6)

$$ln\frac{TFP^{t+1}}{TFP^{t}}=\frac{1}{2}\sum_{j=1}^{m}(s_j^{t+1}+s_j^{t})ln\frac{y_j^{t+1}}{y_j^{t}}-\frac{1}{2}\sum_{i=1}^{n}(s_i^{t+1}+s_i^{t})ln\frac{x_i^{t+1}}{x_i^{t}} \quad (6.10)$$

この計算では，産出の成長率の加重和から得られる産出成長率指数を，投入の成長率の加重和から得られる投入成長率指数で差し引くことにより，残される部分が全要素生産性（*TFP*）の変化率と定義されている。

実際の計測では，生産物と生産要素の物量単位と，生産物の価格および要素価格が必要なデータとなる。そこで，産出量（y）には経済産業省の『経済動態調査』に掲載された洋紙と板紙の生産量を足し合わせた値を用い，産出価格（p）は日本銀行の調査による紙・パルプ・木製品の産出価格指数を使用した。産出物と投入要素のデータは『工業統計表（産業編）』に示された「紙製造業」に記載されている数値を利用する。まず *PCM* は先の分析と同様に，経済産業省の『工業統計表（産業編）』に掲載されている付加価値額を製造品出荷額で割った値を用いている。投入物として定義される資本（K）は有形固定資産額で定義し，労働（L）は従業者数，原材料（M）は原材料使用額等のデータを用いる。また，投入要素価格は，資本価格（w_K）は減価償却額を有形固定資産で割った値を，労働価格（w_L）は現金給与総額を従業員数で割った従業員1人当たりの賃金で定義し，原材料価格には原材料費を生産量で割った1トン当たり

(6)　*TFP* の理論展開に関しては，中島（2001）pp.53-90が詳しい。また，タイル・トーンキビスト型への近似による理論的整合性については，上田（2001）で詳細に展開している。

図６－６　産業レベルの *TFP* 累積指標

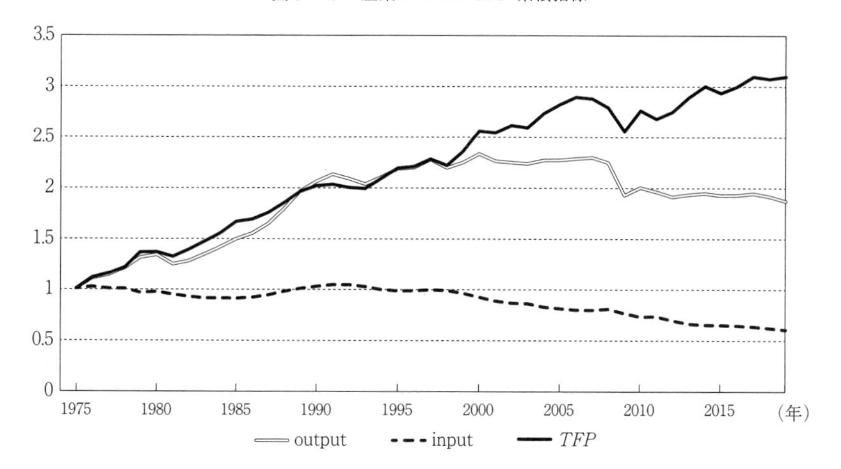

の原材料費を計算した。

図６－６には生産性上昇の程度を把握できる *TFP* 累積指標（Cumulative Indices）を計算している[(7)]。累積指標とは文字通り初期時点からの生産性成長率の累積であり，今期の累積 *TFP* は前期までの累積 *TFP* に今期の *TFP* 成長率を掛けた値で定義される。ここでは図６－７には産出と投入の成長率もこの累積指標を用いて示している。投入累積指数と産出累積指数の算出方法は，今年度の投入（産出）／初年度の投入（産出）で求められる。また，*TFP* 累積指数は産出累積指数／投入累積指数で求められる。

この指標を用いれば，初期時点である1975年を１として，分析期間中にどの程度，生産性が向上したか，またその要因が投入の効率化の影響であるのか，産出の変動にあるのかを認識できる。そこで製紙業における生産性上昇の動向を経年的に確認すると，1980年代初頭および1990年代初頭の不況期に生産性が停滞するのが明らかであるが，この指標で明確に判断できるのは，2000年代以前は投入要素の成長率がほぼ一定で推移する中，産出の成長率と *TFP* 成長率がほぼ同じ率で変動しており，この時期の旺盛な紙の需要が生産性の上昇を牽

(7)　全要素生産性成長率の計測には，T.Coelli 氏が開発した *TFPIP* を用いている。詳細については Coelli et al.（1998）を参照。

引していたことが明らかである。その後は産出の成長率が鈍化して，2008年のリーマン・ショック時の不況後はむしろ産出が低下する状況であり，*TFP* 成長率の微増を投入要素の合理化で補完していることがわかる。この計測では，1975年の初期時点から2019年までのおよそ45年の間に，日本の製紙業における生産性は約３倍になったと考えられる。

ここであらためて *PCM* と規模の経済性および景気との因果関係を回帰分析によって確認する。まず製紙業における *PCM* と景気との関係について，景気の変数には実質 GDP 成長率（内閣府『国民経済計算年報』2015年基準に加工）のデータ（*GDPR*）を使用するが，その他の変数については先に定義した通りである。1975年から2019年までを分析期間とする *OLS* 単回帰分析を行うと，次のような関係になる。

$$PCM = 0.308 - 0.178\ GDPR \qquad (6.11)$$

$$(0.000)\ (0.563)$$

$$R^2 = 0.008$$

この結果からは，統計的な有意性はないものの，景気と産業利潤率が逆相関する傾向を確認できる。しかし，先のモデルで示したように，景気と利潤率の循環性を検証する際には，規模の経済性の影響が重要である。規模の経済性の影響は，平均費用の低下を通じて現実のデータに反映される。さらに利潤率は価格と費用の差であるので，ここでは価格水準と平均費用の関係を明らかにしながら，*PCM* の変動を説明するモデルを構築する。

図６－７の散布図に提示したように，分析期間における実質価格（*P*）と平均費用（*AC*）の関係は，ほぼ比例的になっている。また図６－８では *TFP* 累積指標で捉えた生産性の上昇（*TFPC*）と平均費用（*AC*）を示しているが，*TFP* の経年的な上昇によって平均費用の低下が実現されており，これは価格水準にも比例的に反映されていることがわかる。以上の因果関係は次のような連立方程式体系の実証モデルで記述できる。

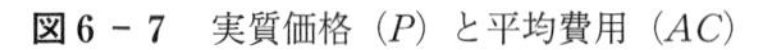

図6－7　実質価格（P）と平均費用（AC）

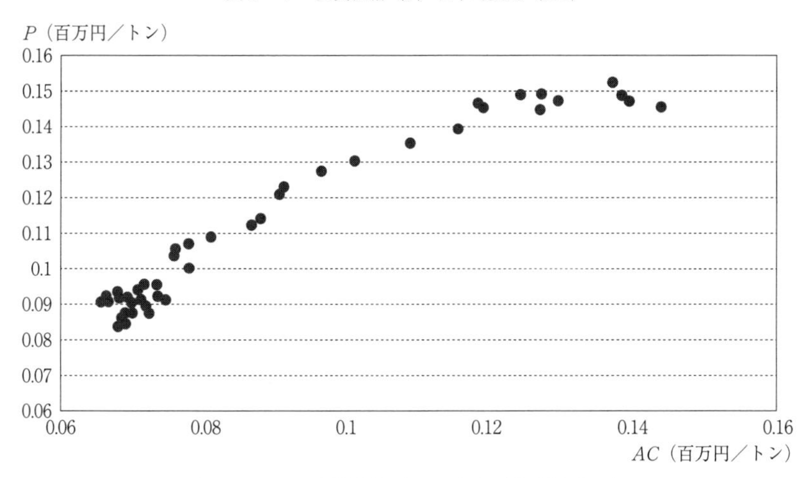

図6－8　TFP 累積指標（$TFPC$）と平均費用（AC）

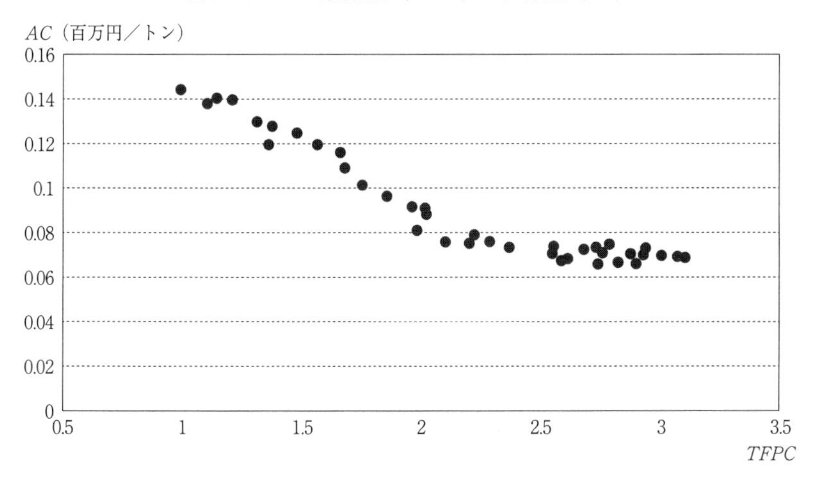

$$PCM = \alpha_1 + \beta_1\, GDPR + \beta_2\, P \qquad (6.12)$$

$$P = \alpha_2 + \beta_3\, AC \qquad (6.13)$$

$$AC = \alpha_3 + \beta_4\, TFPC \qquad (6.14)$$

このモデルを完全情報最尤法によってシステム推計した計測結果は，表6－

表６－１　連立方程式モデルの計測結果

	Coefficient	*Std. Error*	*z-Statistic*	*Prob.*
α_1	0.370	0.045	8.221	(0.000)
β_1	0.530	0.259	2.047	(0.041)
β_2	−0.695	0.409	−1.697	(0.090)
α_2	0.022	0.007	3.188	(0.001)
β_3	0.998	0.071	13.977	(0.000)
α_3	0.171	0.008	20.297	(0.000)
β_4	−0.037	0.004	−10.412	(0.000)
Log likelihood		447.433		

１のようになった。まず，平均費用（*AC*）に対する *TFP* 累積指標（*TFPC*）の係数値であるβ_4は−0.037であり，統計的に有意に負である。つまり生産性の上昇が平均費用の低下の決定因になることが明らかとなった。この平均費用（*AC*）の動きと価格水準（*P*）の計測式では，平均費用の価格に対する係数値β_3が0.998とほぼ比例的な値で得られており，生産性上昇による平均費用の低下が，経年的な価格水準の低下を導いていることが確かめられる。

さらに，生産性の上昇と平均費用の低下が反映された価格水準の動きを，産業利潤率（*PCM*）の動きに説明変数として加えたところ，価格水準の係数値であるβ_2は−0.695であり，統計的に10％水準で有意に負となっている。価格水準の上昇は，一般的に費用条件が一定であれば利潤率の上昇をもたらすはずであるが，その係数値が負であるということは，規模の経済性の発揮によって生産性が上昇し，供給曲線が右下方にシフトするかたちで平均費用の低下が市場の拡大を吸収するメカニズムを反映した証拠である。こうした規模の経済性の効果を回帰式に考慮すれば，*PCM* と景気の関係を表すβ_1が0.530と有意な正の値で得られている。

このように，景気と利潤率の循環性については，一般には好況時には需要の拡大による価格の上昇が利潤率を高めるため，正の循環性（procyclical）が検出されることが多いが，規模の経済性の発揮に見られるような生産性の向上が実現されるような場合は，表面上，負の循環が見られることが確認される。これは先に展開した理論モデルで，市場規模の拡大が *PCM* に与える影響には，規模の経済性が大きく影響しており，スケール・メリットがある場合は，景気と利潤率が表面上，逆循環（countercyclical）することが，典型的な装置産業である日本の製紙業において確認されたことを意味する。

さらに連立方程式モデルで用いたそれぞれの変数について因果関係を検討するため，*VAR* による計測を試みる[8]。内生変数を *PCM*（利潤率），*P*（価格），*AC*（平均費用）として，外生変数を *GDPR*（GDP 成長率）と *TFP* 累積指標（*TFPC*）を用いることで，先に計測した連立方程式モデルと同様の体系を構築した。内生変数のラグについては，ここでは１期に固定している。

VAR モデルの計測の結果を表６－２に示している。これを見ると，すべての内生変数の自己回帰によるラグ変数の係数値は統計的に有意に正である。この関係を所与としてそれぞれの計測式の結果を確認すると，*PCM* を従属変数とした式において，価格水準（*P*）のラグ変数の係数値は10％水準で有意に負となっており，平均費用（*AC*）のラグ変数の係数値は負であるが統計的有意性はない。また表６－３に示したグレンジャー・テストの結果を見ると，*PCM* に関しては平均費用よりも価格水準に因果性が見出されており，利潤率の変動は価格の変化を通じて反映されることが認められる。さらに外生変数として用いた *GDPR*（GDP 成長率）の係数値は統計的有意性こそ認められないものの正となっており，*TFP* 累積指標（*TFPC*）の係数値は５％水準で有意に負となっている。

価格水準（*P*）を従属変数とした式においては，平均費用（*AC*）のラグ変数が５％水準で有意に負であり，外生変数では *TFP* 累積指標（*TFPC*）の係数値は５％水準で有意に負である。さらにグレンジャー・テストの結果では，*P* と *AC* との因果性が検出されている。つまり，好調な需要を背景とした規模の経済性の発揮による生産性の上昇が平均費用の低下を伴い，それが価格水準の低下に反映したというモデルにおける推論の妥当性を認める結果であると解釈で

(8) この計測に用いた変数のうち，*PCM*，価格水準（*P*），平均費用（*AC*），*TFP* 累積指標（*TFPC*）には共和分関係は見出されず，*Dickey-Fuller* 検定によって統計的に有意に単位根が検出されているが，ここではモデルで定義した変数の意味を重視して単位根を除去せずに計測を行っている。

表6－2　VAR モデルの計測結果

Endogenous V.	*Variables*	*Coefficient*	*Std.err.*	*z*	*P*>|*z*|
PCM	*PCM*(−1)	0.733	0.124	5.920	(0.000)
	P(−1)	−1.303	0.694	−1.880	(0.061)
	AC(−1)	−0.476	0.652	−0.730	(0.465)
	GDPR	0.138	0.214	0.650	(0.518)
	TFPC	−0.067	0.026	−2.530	(0.011)
	cons	0.418	0.165	2.530	(0.011)
P	*PCM*(−1)	−0.013	0.014	−0.960	(0.336)
	P(−1)	0.664	0.076	8.740	(0.000)
	AC(−1)	0.156	0.071	2.190	(0.029)
	GDPR	0.015	0.023	0.650	(0.514)
	TFPC	−0.006	0.003	−2.030	(0.042)
	cons	0.039	0.018	2.160	(0.031)
AC	*PCM*(−1)	−0.058	0.024	−2.370	(0.018)
	P(−1)	0.033	0.137	0.240	(0.810)
	AC(−1)	0.655	0.129	5.080	(0.000)
	GDPR	−0.005	0.042	−0.120	(0.902)
	TFPC	−0.009	0.005	−1.710	(0.088)
	cons	0.063	0.033	1.940	(0.052)

表6－3　グレンジャー・テストの結果

Equation	*Excluded*	*Chi2*	*d.f.*	*Prob. Chi2*
PCM	*P*	3.521	1	(0.061)
PCM	*AC*	0.533	1	(0.465)
P	*PCM*	0.925	1	(0.336)
P	*AC*	4.791	1	(0.029)
AC	*PCM*	5.620	1	(0.018)
AC	*P*	0.058	1	(0.810)

きる。また従属変数に平均費用（*AC*）をおいた式では，利潤率（*PCM*）に負の因果性が有意に検出されている。これらの結果から，先の連立方程式体系による計測式の因果関係が追認でき，モデルの妥当性を検証することができた。

4　利潤率の循環性と規模の経済性に関する結論

景気と利潤率は一般的には順循環（procyclical）すると解釈されるが，規模の経済性が発揮されている場合には，逆循環（countercyclical）する可能性がある。このメカニズムは先行研究では市場の競争形態による価格水準の変動で説明されることが多かったが，規模の経済性の影響を強く受けることを指摘したものもある。この問題を理論モデルによって包括的に整理し，規模の経済性が循環性に大きな影響を与えることを確認した。

さらに典型的な大規模装置産業である日本の製紙業を対象に，景気と利潤率の循環性における規模の経済性の影響を検証した。マーク・アップ率と景気の単純な回帰分析を行ったところ，双方の関係は逆循環の様相を呈したため，規模の経済性を実証モデルに追加することを試みた。規模の経済性の源泉は全要素生産性（*TFP*）の成長で捉えられるので，それが平均費用の低下に反映されると考えた。また製紙業においては，平均費用の低下と価格低下が比例的な対応をしている事実も窺える。つまり規模の経済性の発揮による価格水準の低下を実証モデルに考慮すべきである。これらの関係をシステム推計したところ，価格と産業利潤率には規模の経済性の影響で負の関係が見出されたが，景気と産業利潤率には順循環性を統計的有意に検出することができた。典型的な装置産業である日本の製紙業においては，規模の経済性を考慮したマーク・アップ率と景気の循環に関する理論モデルの現実妥当性が検証された。

補論　景気循環と利潤率に関する先行研究

景気とマーク・アップ率の同調的な動きを考慮して，Hall（1988）は生産関数を想定したモデルによって生産量と要素投入それぞれのデータを用い，ソロー残差を推定するモデルでマーク・アップの推計を行っている。実際に，1980年代初頭のアメリカの26産業部門についてマーク・アップ率を測定したところ，アメリカのほとんどの産業部門でマークアップ・プライシングが観察され，マーク・アップ率が景気と順循環することを確認している[(9)]。また，Domowitz et al.（1988）は，企業レベルの可変費用関数を用いて限界費用を推計する方法で，1958年から1981年におけるアメリカの製造業284業種のマーク・アップ率を求め，マーク・アップ率と景気との同調的な動きを追認している。

Norrbin（1993）はHallが用いたマーク・アップ率に推計バイアスが存在することを指摘し，中間投入を明示的に考慮した生産関数による推計を行っている。さらにChirinko and Fazzari（1994）では，需要関数と費用関数を同時推計し，1973年から1986年の期間のパネルデータを用いて市場の競争度や市場支配力を求めるとともに，ラーナー指標の検出によって景気とマーク・アップの同調的な動きを検証している。稼働率の変化に着目して，そのバイアスを修正したBerndt and Fuss（1986）やMorrison（1988）は，費用関数を特定化し最適投入量を求めることによって市場支配力と長期規模経済性という要因を加えたアプローチを提示している。

Basu（1996）では，Hallが示した規模の経済性の循環的影響を取り込みながら，直接観察できない資本や労働といった投入要素の利用率の変化を中間財投入量の変動によって検出する方法を提案している。さらにBasu and Fernald（1997）でも，Hall（1988）が規模の経済性の効果を見落としていることが過大推計となり，マークアップ・プライシングを認めることにつながっていることが指摘されている。このように，過去の研究では，マーク・アップ率と景気との循環性を検証する際には，規模の経済性を考慮することの必要性が示唆されているが，概してマーク・アップ率と景気変動の同調的な動きを確認しているものが多い。

しかし，Bils（1987）ではアメリカの製造業を対象にマーク・アップ率を推計したところ，限界費用は景気と同調的な動きを示しているが，生産価格がそ

(9) この推計は，後にNorrbin（1993）によって同時方程式バイアスが存在することが指摘され，再計測の結果，市場は競争的であると判断されている。

れに対応していないために，マーク・アップ率と景気が逆循環することを検証している。これは企業が好況時に雇用を拡大する場合，労働市場における超過需要の調整費用を負っていることが要因であると考察している。

さらにRotemberg and Saloner（1986）は，寡占市場における暗黙的協調関係を前提としたベルトラン価格競争モデルの枠組みで，繰り返しゲームを用いてマーク・アップ率と景気変動の逆循環性を解釈している。たとえば，好景気である時には市場規模が大きく，そこから得られる利得は大きいため，これが将来にわたってライバル企業と協調関係を続けることによって得られる利得の割引現在価値を上回れば，価格協調から逸脱するであろう。すると好景気時に価格水準は低下し，マーク・アップ率を引き下げるので，景気とマーク・アップ率は逆循環することになる。

Rotemberg and Saloner（1986）のモデルは，需要のピーク時を好況期と定義する点や，将来予測が現在の需要水準とは独立に決定されると仮定しているところに問題がある。そこでHaltiwanger and Harrington（1991）は動学的な将来期待の形成を考慮して，Rotemberg and Saloner（1986）のモデルを再構築した。さらにRotemberg and Woodfood（1992）の研究では，先のモデルをダイナミックな一般均衡モデルに拡張し，実質賃金と景気の順循環によって引き起こされるマーク・アップ率と景気の逆循環が説明されている。

こうした論争に対して，Ghosal（2000）は，外生的なエネルギー価格などの変化が生産財の価格水準における変化をもたらす影響は市場の競争度に依存すると主張し，Haltiwanger and Harrington（1991）に反論している。この根拠となるのは，好景気時には集中度の高い産業と低い産業のマーク・アップ率のギャップが大きくなるが，供給ショックの影響はそれを縮小させる現象であり，その結果，マーク・アップ率には産業特有の循環性が生じることである。こうした事実から，経済全体の傾向としてマーク・アップと景気循環の傾向を語るのは慎重でなければならないと警告している。

その後も景気とマーク・アップ率の循環性に関する研究は，理論モデルと計測手法の継続的な発展を伴い進化している。Jaimovich and Floetotto（2008）は企業数の変動がマーク・アップの逆循環を生み出し，全要素生産性（*TFP*）

が内生的な順循環を引き起こすメカニズムをモデル化し，米国のデータを用いてこれを検証している。これには *TFP* の変動を外生的なショックに起因するものとして，企業の参入・退出の決定と競争の程度との相互作用から内生的に生じるミクロ的な裏付けのあるリアルビジネスサイクル（*RBC*）モデルを拡張した構造で構築されている。近年では多くのマクロ経済モデルで用いられている重要な役割を果たしているニューケインジアン（*NK*）モデルにおいては，マーク・アップの逆循環性が需要ショックの重要なメカニズムとして認識されているが，Nekarda and Ramey（2020）ではマーク・アップは全要素生産性ショックを条件とする順循環条件と，投資固有のテクノロジー・ショックを条件とする逆循環条件を用いてモデルを構築している。

こうした動学的な収束値に注目したモデル以外にも，Crouzet and Mehrotra（2020）は景気循環に対する企業規模別の感応度の違いに着目し，中小企業は大企業よりも景気の影響を受けやすいことを検証している。さらに集中度が高く寡占的な市場ほど，上位企業の売上高に対する影響は少ないことを明らかにしている。また Ridder（2024）はソフトウェアのような無形資産は限界費用を削減して固定費を上昇させるとともに，当初は生産性を向上させるが，時間が経過するにつれて生産性が低下し，これが現代的なマーク・アップの変動と景気循環のミクロ的な要因となっていることを，欧米のデータを用いて構造的に推計している。

日本を対象としたこの種の研究では，早くから市場の競争形態に着目した検証がなされている。嚆矢的な研究である Shinjyo（1977）では日本の製造業を対象に，1960年代から1970年代半ばまでを分析期間とし，価格の変動が景気の収縮期には市場における寡占度が大きいほどプラスとなるが，それ以外の時期にはそれが消失することを明らかにしている。これに続く一連の新庄（1987）および新庄（1995）においても，産業別，競争度別に傾向を捉えることの重要性が強調されている。

Odagiri and Yamashita（1987）は，従来の研究で焦点が当てられた価格水準ではなく，直接マーク・アップ率の変動を検証した。その結果，産業の生産量が増加するか，経済全体の失業率が低下する時に，競争度とマーク・アップ率の関係は正となることを発見している。また，馬場（1995）の実証研究では，規模の経済性を変数として考慮したモデルを用いて，マーク・アップ率と景気の順循環性を検証している。さらに，マーク・アップ率は製造業に比べて非製造業の方が高く，景気とマーク・アップ率の正の循環性の程度も，非製造業の方が高くなることが確認されている。

これに対して有賀ほか（1992）では，産業分類を小売りレベルまで拡張した研究がなされており，製造業と卸売り段階では，マーク・アップ率と景気は同調的に動いているが，小売りレベルでは逆循環するという興味深い結果が得られている。これを発展させた有賀・大日（1996）では，製造業での順循環は集中度が高い産業ほど強く，流通段階での逆循環は，企業規模が小さく系列的な取引関係をもたない部門で顕著であることが報告されている。

さらに，企業レベルのパネルデータを用いたNishimura et al.（1999）では，マーク・アップ率と景気変動の強い順循環の関係が検証されている。また景気循環の影響について，稼働率を内生化することによって修正しようとする張（2001）の研究もある。

第7章
日本の製紙業における規模と範囲の経済性

1　静学モデルによる規模と範囲の経済性

製紙業の主たる製品は，新聞・印刷・包装・衛生用紙および雑種紙からなる「洋紙」と，包装用や加工用の「板紙」に区分され，産業用・家庭用として日常の経済活動に多大な影響を及ぼしている[(1)]。また技術的には，製紙業は典型的な装置型産業であり，パルプや古紙という共通した原料から，洋紙と板紙を主とした多様な財を生産するという特徴がある。つまり，大規模生産の効率性を表す「規模の経済性（Economies of Scale）」と，複数財生産における「範囲の経済性（Economies of Scope）」が重要な意味をもつ産業であると考えられる。ここでは製紙業界におけるダイナミックな構造変化に注目し，規模の経済性と範囲の経済性の視点から分析を試みる。

まず分析で用いる費用関数を示す。いま生産物 i の生産量を $q_i(i=1,\cdots m)$，投入要素 k の価格を $w_k(k=1,\cdots n)$ とすれば，n 種類の投入要素を用いて m 種類の生産物を産出する企業の費用関数は次のように表される[(2)]。

$$C=C(q_1,q_2\cdots q_m;w_1,w_2\cdots w_n) \tag{7.1}$$

---

(1)　紙製品の分類については第1章で提示したが，製品の生産過程については日本製紙連合会のホームページ「世界の中の日本」の世界の紙・板紙生産量で詳しく紹介されている。

(2)　実証分析において生産関数ではなく費用関数が用いられることが多いのは，明らかな上方トレンドをもつ数量変数を説明変数に用いるのではなく，比較的変動のある価格変数を説明変数に取り入れることによって，多重共線性を軽減できるからである。この点については北坂（1999）p.95参照。

この費用関数における規模の経済性は，生産物の変化率に対する費用の変化率で定義される。すなわち，規模の経済性の尺度を規模の弾力性 SCL で定義すれば，

$$SCL \equiv \sum_{i=1}^{m} \frac{\partial \ln C}{\partial \ln q_i} = \sum_{i=1}^{m} \frac{\partial C/C}{\partial q_i/q_i} = \sum_{i=1}^{m} \frac{\partial C}{\partial q_i} \Big/ \frac{C}{q_i} \qquad (7.2)$$

と示すことができ，限界費用と平均費用の比率で表すことができる。$SCL<1$ であれば，生産量の変化率に比べて費用の変化率は小さく，規模の経済性が働いていることになる。また，$SCL>1$ であれば規模の不経済となり，$SCL=0$ であれば規模に関して収穫不変となる。

次に，範囲の経済性の概念を取り上げる。範囲の経済性という言葉は Panzar and Willng（1981）で登場し，Baumol et al.（1982）で再定義されている。これによると，範囲の経済性とは，複数の財をそれぞれ別の企業で生産した時の総費用よりも，1企業が複数財をまとめて生産した時の総費用の方が小さい状況を示す[(3)]。費用関数を用いて範囲の経済性を表現すれば，次のようになる。

$$C(q_1,0,\cdots,0)+\cdots+C(0,0,\cdots,q_m)>C(q_1,q_2,\cdots,q_m) \qquad (7.3)$$

あるいは，費用節約の割合で示した範囲の経済性指標として書き換えれば，

$$SCP=\frac{C(q_1,0,\cdots,0)+\cdots+C(0,0,\cdots,q_m)}{C(q_1,q_2,\cdots,q_m)} \qquad (7.4)$$

となる。SCP の値が正であれば，範囲の経済性が働くことになる。しかし，(7.4) 式を実証するためには，生産量が0である時のデータが必要となるため，外挿テストなどの方法をとらねばならない。そのため，先行研究のほとんどが，範囲の経済性の十分条件となる「費用の補完性」という概念を用いて，範囲の

(3) この範囲の経済性に関する定義については，Baumol et al.（1982）pp.71-75参照。

経済性の有無を検証している。費用の補完性とは，ある生産物の限界費用が，ほかの生産物の生産量増加につれて減少する場合，「費用補完的」であるといい，生産物が2種類の場合には次のように表現できる。(4)

$$\frac{\partial^2 C}{\partial q_i \partial q_j} < 0 \quad , \quad i \neq j \tag{7.5}$$

こうした規模の経済性や範囲の経済性について，多くの実証分析では費用関数を特定化することによって推計されている。ここでは，費用関数トランスログ型に特定化した検証を試みる。(7.1) 式の費用関数をテイラー展開し，任意の点でトランスログ型費用関数に近似すると，次のように表すことができる。

$$\begin{aligned} ln\,C = & \alpha_0 + \sum_{i=1}^{m}\alpha_i\,ln\,q_i + \sum_{k=1}^{n}\beta_k\,ln\,w_k + \frac{1}{2}\sum_{i=1}^{m}\sum_{j=1}^{m}\gamma_{ij}lnq_i lnq_j \\ & + \sum_{i=1}^{m}\sum_{k=1}^{n}\theta_{ik}lnq_i lnw_k + \frac{1}{2}\sum_{k=1}^{n}\sum_{l=1}^{n}\phi_{kl}lnw_k lnw_l \end{aligned} \tag{7.6}$$

ただし，この費用関数が適切（well-behaved）な性質をもつためには，次の条件を満たさなければならない。(5)

（i）交差項の対称性：$\gamma_{ij}=\gamma_{ji}$，$\phi_{kl}=\phi_{lk}$

（ii）投入要素価格（w）の1次同次性：$\sum_{k=1}^{n}\beta_k=1$，$\sum_{k=1}^{n}\phi_{kl}=0$，$\sum_{k=1}^{n}\theta_{ik}=0$

（iii）要素価格および産出量に関する限界費用の単調性：

$\partial C/w_k=\beta_k+\sum_{l=1}^{n}\phi_{kl}\,ln\,w_l+\theta_{ik}\sum_{i=1}^{m}lnq_i>0$

---

(4) 生産物が3種類以上のケースでは，すべての生産物の組について$\partial^2 C/\partial y_i \partial y_j \leqq 0$が成立し，かつそのうち少なくともひとつの組み合わせについて，厳密な不等関係が成立することが十分条件となる。したがって，ある財の組み合わせについては費用補完的であっても，別の組み合わせについては補完性がない場合，全体として範囲の経済性の存在が確定できないことがある。また範囲の経済性が大きいほど，全生産物の規模の経済性は大きくなるが，個別生産物の規模の経済性が存在しなくても，範囲の経済性が十分に大きければ，規模の経済性が存在しうる。詳細は粕谷（1993）p.54や河西（1991）pp.11-12参照。

(5) この費用関数の条件に関する詳細は，粕谷（1993）pp.89-91を参照。

$$\partial C/q_i = \alpha_i + \sum_{i=1}^{m} \gamma_{ij} \, ln \, q_i + \theta_{ik} \sum_{k=1}^{n} ln w_k > 0$$

（iv）投入要素価格の凹性：生産要素価格の二階偏微係数（$\partial^2 C/\partial w_k \partial w_l$）の縁付きヘッセ行列が半負値定符号であること

検証の際には，これらの条件のうち，（i）と（ii）については，推計式に直接制約条件を加味した計測を行い，（iii）と（iv）については，事後的に計測結果から条件が満たされているかどうか判断される。トランスログ費用関数における全生産物に関する規模弾力値 SCL は，

$$SCL = \sum_{i=1}^{m} \frac{\partial lnC}{\partial lnq_i} = \sum_{i=1}^{m} (\alpha_i + \sum_{j=1}^{m} \gamma_{ij} \, ln \, q_i + \theta_{ik} \sum_{k=1}^{n} ln w_k) \qquad (7.7)$$

と表すことができ，$SCL < 1$ であれば規模の経済性が存在することになる。計測データ x を平均からの対数乖離（$ln \, x_k - ln \bar{x}$）で中心化し，トランスログ関数を平均値の回りの近似点として評価することにより，$ln \, q_i = 0$，$ln \, w_i = 0$ と簡単化できる。この時の規模の経済性指標を $SCALE$ と書けば，(7.7) 式は，

$$SCALE = \sum_{i=1}^{m} \alpha_i \qquad (7.8)$$

となる[6]。また，範囲の経済性を測る費用の補完性の条件をトランスログ型費用関数から求めると，次のようになる。

$$\frac{\partial^2 C}{\partial q_i \partial q_j} = \frac{\partial C}{\partial \, ln \, C} \frac{\partial \, ln \, C}{\partial \, ln \, q_j} \frac{\partial \, ln \, q_j}{\partial q_j} \frac{\partial \, ln \, C}{\partial \, ln \, q_i} \frac{\partial \, ln \, q_i}{\partial q_i} + \frac{\partial C}{\partial \, ln \, C} \frac{\partial^2 \, ln \, C}{\partial \, ln \, q_i \partial \, ln \, q_j} \frac{\partial \, ln \, q_j}{\partial q_j} \frac{\partial \, ln \, q_i}{\partial q_i}$$

$$= \left(\frac{C}{q_i q_j}\right) \left\{ \left(\frac{\partial^2 C}{\partial \, lnq_i \partial lnq_j}\right) + \left(\frac{\partial lnC}{\partial \, lnq_i}\right) \cdot \left(\frac{\partial lnC}{\partial \, lnq_i}\right) \right\}$$

(6) トランスログの近似点には平均値がよく用いられ，説明変数は平均値からの乖離をとることが多い。なお近似点が変数ごとに異なってもかまわないことは，広田・筒井（1992）p.141など参照。

$$=\left(\frac{C}{q_i q_j}\right)\left\{\gamma_{ij}+\left(\alpha_i+\sum_{j=1}^{m}\gamma_{ij}\ ln\ q_i+\theta_{ik}\sum_{k=1}^{n}lnw_k\right)\cdot\left(\alpha_i+\sum_{j=1}^{m}\gamma_{ij}\ ln\ q_j+\theta_{ik}\sum_{k=1}^{n}lnw_k\right)\right\}$$

(7.9)

(7.9) 式の{　}部分を$SCOPE$と書くと，C/q_iq_jは正であるから，$SCOPE<0$ならば，生産物iと生産物jの間に範囲の経済性が働くことになる。この$SCOPE$をトランスログ型関数の平均値の回りを近似点としてデータを中心化し，$ln\ q_i=0$，$ln\ w_i=0$で評価すれば

$$SCOPE=\gamma_{ij}+\alpha_i\cdot\alpha_j \qquad (7.10)$$

となる。こうした指標をもとに，以下では製紙業における範囲の経済性と規模の経済性を検証する。

2　静学モデルによる規模と範囲の経済性の計測

これまで展開した計測方法をもとに，製紙業を対象とした規模と範囲の経済性の検証を試みる。分析期間は財務諸表が年度決算となる1975年度から，製造原価明細書のデータが揃う2012年度までの38年間である。分析対象とする製紙企業は，分析期間において洋紙と板紙をともに生産する上場企業であり，大型合併に関わった企業とその比較としての中堅企業を選定した。具体的には合併吸収した企業である王子製紙，日本製紙，北越製紙，東海パルプ，被合併企業となったが大手企業であった大昭和製紙，またこの間，大型合併には関わっていない大王製紙，中越パルプ，三菱製紙の８社である。被合併企業となった山陽国策パルプ，神崎製紙，本州製紙は，分析に必要な時系列データの数が少ないため，計測の安定性を考慮してサンプルから省いている。

産出物のデータとしては，洋紙と板紙の２種類のアウトプットを想定し，日本製紙連合会が刊行する『紙・板紙統計年報（各年版)』から得られる洋紙の生産量（トン）を (q_1)，板紙の生産量（トン）を (q_2) として用いる。また，投入

物となる生産要素のデータは，資本設備（K），労働（L），原材料（M）の３種類とする。それぞれのデータの出所は有価証券報告書に記載された数値を『日経NEEDS企業・財務データ』から得たものであり，資本（K）については償却対象有形固定資産，労働（L）は従業員数，原材料（M）は原材料費を紙パルプ投入物価指数（デフレートに用いる指数は2000年基準指数を作成）で実質化したものを用いる[(7)]。

費用関数の説明変数として必要となる要素価格についての具体的なデータは次の通りである。まず，資本価格w_Kは製造原価明細書に記載された減価償却費を償却対象有形固定資産で割った減価償却率で定義している。労働価格w_Lは従業員の平均賃金であり，人件費に労務費と福利厚生費を加えたものを製造業賃金指数（厚生労働省）で実質化し，従業員数で割った値を用いる。原材料価格w_Mは，実質原材料（M）を洋紙の生産量（q_1）と板紙の生産量（q_2）を足し合わせた総生産量で割った，製品１トンあたりの原材料費で定義する。これら投入要素と要素価格を使って総費用（C）を定義した。費用関数の変数として必要な要素価格と総費用の定義をまとめると下記のようになる。

［要素価格］

w_K：資本価格

　＝減価償却費／償却対象有形固定資産

w_L：労働価格（従業員平均賃金）

　＝［(人件費＋労務費＋福利厚生費）／（賃金指数)］／従業員数

w_M：原材料価格

　＝実質原材料／（洋紙生産量＋板紙生産量）

(7)　本来，資本価格については岩田（1974）pp.147-148にあるような詳細な定義によるデータ作成が求められるが，以下の計測では合併した企業のデータを用いるため，期首および期末の資本ストックを用いるような定義は採用しにくい。上田（2006a）では精緻な定義に従ったが，ここでは単純に期末のデータによって減価償却率を作成している。

［総費用］

$$C = w_K K + w_L L + M \tag{7.11}$$

これらの変数を用いて（7.6）式のトランスログ型の費用関数を再定義すると，次のような形になる。

$$\begin{aligned} ln\,C =& \alpha_0 + \alpha_1 ln\,q_1 + \alpha_2 ln\,q_2 + \beta_K ln\,w_K + \beta_L ln\,w_L + \beta_M ln\,w_M \\ &+ \frac{1}{2}\gamma_{11}(lnq_1)^2 + \frac{1}{2}\gamma_{22}(lnq_2)^2 + \gamma_{12} lnq_1 \cdot lnq_2 \\ &+ \theta_{1k} ln\,q_1 \cdot ln\,w_K + \theta_{1L} ln\,q_1 \cdot ln\,w_L + \theta_{1M} ln\,q_1 \cdot ln\,w_M \\ &+ \theta_{2k} ln\,q_2 \cdot ln\,w_K + \theta_{2L} ln\,q_2 \cdot ln\,w_L + \theta_{2M} ln\,q_2 \cdot ln\,w_M \\ &+ \frac{1}{2}\phi_{KK}(lnw_K)^2 + \frac{1}{2}\phi_{LL}(lnw_L)^2 + \frac{1}{2}\phi_{MM}(lnw_M)^2 \\ &+ \phi_{KL} ln\,w_K \cdot ln\,w_L + \phi_{KM} ln\,w_K \cdot ln\,w_M + \phi_{LM} ln\,w_L \cdot ln\,w_M \end{aligned} \tag{7.12}$$

なお，計測では各企業の変数における平均値をトランスログ関数の基準点（近似点）としており，この平均値からの乖離をとった値を計測データとして用いている。さらに計測方法は，多くの先行研究にならい，費用関数に要素需要関数を加えた連立方程式体系を，*SUR*（Seemingly Unrelated Regression）法を用いてパラメータ推計する方法を採用する。要素需要関数は，（7.12）式の費用関数にShephardのレンマを適用し，次のようなコストシェア方程式を求める。[8]

$$S_K = \frac{\partial lnC}{\partial lnw_K} = \beta_K + \theta_{1K} lnq_1 + \theta_{2K} lnq_2 + \phi_{KK} lnw_K + \phi_{KL} lnw_L + \phi_{KM} lnw_M$$

$$S_L = \frac{\partial lnC}{\partial lnw_L} = \beta_L + \theta_{1L} lnq_1 + \theta_{2L} lnq_2 + \phi_{LL} lnw_L + \phi_{KL} lnw_K + \phi_{LM} lnw_M$$

(8) Shephardのレンマは，企業の需要関数をある生産要素の価格で偏微分すると，その要素需要関数が得られるという補題である。

表7－1　各社における規模と

	王子製紙		日本製紙		大昭和製紙		大王製紙	
Param	*Coef*	*P-value*	*Coef*	*P-value*	*Coef*	*P-value*	*Coef*	*P-value*
α_0	12.651	[.000]	12.623	[.000]	12.291	[.000]	11.795	[.000]
α_1	0.440	[.011]	0.427	[.032]	0.492	[.000]	0.667	[.000]
α_2	0.230	[.000]	0.143	[.081]	0.323	[.000]	0.160	[.000]
β_K	0.117	[.000]	0.100	[.000]	0.083	[.000]	0.107	[.000]
β_L	0.201	[.000]	0.307	[.000]	0.189	[.000]	0.164	[.000]
β_M	0.682	[.000]	0.593	[.000]	0.728	[.000]	0.729	[.000]
γ_{11}	1.031	[.012]	0.774	[.128]	0.180	[.085]	0.211	[.000]
γ_{22}	0.215	[.000]	0.004	[.938]	0.826	[.120]	0.366	[.000]
γ_{12}	−0.405	[.001]	−0.201	[.193]	−0.379	[.027]	−0.217	[.000]
θ_{1K}	0.016	[.335]	−0.006	[.787]	−0.028	[.001]	0.023	[.016]
θ_{1L}	−0.013	[.618]	−0.284	[.000]	−0.090	[.000]	−0.069	[.000]
θ_{1M}	−0.003	[.915]	0.290	[.000]	0.117	[.000]	0.046	[.000]
θ_{2K}	−0.001	[.705]	0.002	[.824]	0.064	[.000]	−0.031	[.001]
θ_{2L}	0.010	[.045]	0.030	[.023]	−0.044	[.133]	−0.029	[.000]
θ_{2M}	−0.009	[.071]	−0.032	[.024]	−0.020	[.506]	0.060	[.000]
ϕ_{KK}	0.145	[.000]	0.181	[.000]	0.081	[.000]	0.082	[.000]
ϕ_{LL}	−0.073	[.002]	0.128	[.066]	0.090	[.004]	0.119	[.000]
ϕ_{MM}	0.059	[.030]	0.057	[.551]	0.148	[.000]	0.181	[.000]
ϕ_{KL}	−0.007	[.666]	−0.126	[.001]	−0.011	[.499]	−0.010	[.141]
ϕ_{KM}	−0.139	[.000]	−0.055	[.256]	−0.070	[.000]	−0.072	[.000]
ϕ_{LM}	0.080	[.000]	−0.002	[.976]	−0.078	[.002]	−0.108	[.000]
$TC\ R^2$	0.984		0.912		0.984		0.975	
$SK\ R^2$	0.857		0.702		0.957		0.372	
$SL\ R^2$	0.504		0.838		0.646		0.892	
SCALE	0.671		0.570		0.815		0.827	
SCOPE	−0.303		−0.140		−0.219		−0.110	

範囲の経済性の計測結果

	北越製紙		中越パルプ工業		三菱製紙		東海パルプ	
Param	*Coef*	*P-value*	*Coef*	*P-value*	*Coef*	*P-value*	*Coef*	*P-value*
α_0	11.289	[.000]	10.992	[.000]	11.556	[.000]	10.427	[.000]
α_1	0.644	[.000]	0.728	[.000]	0.562	[.000]	0.333	[.000]
α_2	0.206	[.000]	0.112	[.002]	0.552	[.001]	0.389	[.000]
β_K	0.113	[.000]	0.118	[.000]	0.095	[.000]	0.089	[.000]
β_L	0.126	[.000]	0.154	[.000]	0.229	[.000]	0.172	[.000]
β_M	0.761	[.000]	0.728	[.000]	0.676	[.000]	0.739	[.000]
γ_{11}	0.207	[.000]	0.076	[.228]	0.220	[.609]	−1.388	[.138]
γ_{22}	0.378	[.001]	−0.186	[.378]	0.308	[.852]	0.141	[.661]
γ_{12}	−0.112	[.077]	0.162	[.102]	0.333	[.611]	0.544	[.247]
θ_{1K}	0.033	[.000]	0.046	[.000]	0.043	[.009]	−0.025	[.424]
θ_{1L}	−0.024	[.000]	−0.198	[.000]	−0.033	[.326]	0.044	[.191]
θ_{1M}	−0.008	[.327]	0.152	[.000]	−0.010	[.810]	−0.019	[.526]
θ_{2K}	−0.041	[.007]	−0.039	[.001]	−0.043	[.035]	0.014	[.439]
θ_{2L}	−0.150	[.000]	0.020	[.112]	0.079	[.065]	−0.232	[.000]
θ_{2M}	0.191	[.000]	0.019	[.024]	−0.035	[.494]	0.217	[.000]
ϕ_{KK}	0.103	[.000]	0.104	[.000]	0.009	[.678]	0.098	[.000]
ϕ_{LL}	0.087	[.000]	0.193	[.000]	−0.157	[.000]	0.087	[.000]
ϕ_{MM}	0.139	[.000]	0.208	[.000]	−0.096	[.019]	0.188	[.000]
ϕ_{KL}	−0.026	[.007]	−0.044	[.000]	0.026	[.176]	0.002	[.872]
ϕ_{KM}	−0.078	[.000]	−0.059	[.000]	−0.035	[.044]	−0.100	[.000]
ϕ_{LM}	−0.061	[.000]	−0.149	[.000]	0.131	[.000]	−0.088	[.000]
TC R^2	0.995		0.988		0.883		0.943	
SK R^2	0.866		0.911		0.818		0.910	
SL R^2	0.970		0.919		0.801		0.869	
SCALE	0.850		0.840		1.113		0.722	
SCOPE	0.021		0.244		0.643		0.673	

$$S_M=\frac{\partial lnC}{\partial lnw_M}=\beta_M+\theta_{1M}lnq_1+\theta_{2M}lnq_2+\phi_{MM}lnw_M+\phi_{KM}lnw_K+\phi_{LM}lnw_L$$

なお，コストシェアの和は常に１となるため，ここでは３つの式のうち原材料のコストシェア式S_Mを除いて計測を行う[(9)]。また，先にあげた条件である交差項の対称性，投入要素価格の１次同次性は計測モデルに組み込んでおり，要素価格および産出量に関する限界費用の単調性については，計測結果において検討することになる。それぞれのサンプル企計について規模と範囲の経済性の計測を行った結果を表７－１に示している。

計測結果を確認すると，すべての企業において生産量における係数値α_1とα_2はすべて統計的有意にプラスの値で得られている。要素価格に関する１次条件はプラスで有意となっているので，結果的に単調性が満たされる。要素価格が関係する２次項の符号は一様ではないが，概ね良好な結果を得ている。

生産量に関する弾力性の推計値を用いて算出した規模の経済性指標 *SCALE* は，表の下段に示したように三菱製紙を除くすべての企業で１以下の値となっている。つまり，これらの企業では規模の経済性が発揮されていると判断できる。業界大手である王子製紙と日本製紙では規模の経済性が強く検出されており，またそれに次ぐ大昭和製紙や大王製紙でも *SCALE* 指標は0.8程度と規模の経済性が明確に検出されている。日本の製紙業界では1970年代後半から2000年代に業界が不振となるなかで，長期にわたり規模の経済性が大いに発揮されたことが計測結果から推察される。

さらに，ここで範囲の経済性を検討するために生産量の交差項であるγ_{12}の値に注目する。まず，王子製紙では，統計的に有意に－0.405という係数値が得られている。*SCOPE* 指標を計算すると－0.303となった。つまり範囲の経済性はこの意味で大きく検出されている。日本製紙のγ_{12}の値も－0.201であり，*SCOPE* 指標は－0.140である。日本製紙でも範囲の経済性が確認される。大昭和製紙でも範囲の経済性を確定するγ_{12}の値は－0.379となっており，*SCOPE*

(9)　どのコストシェア式を除いても，理論的には同じ推定値を得ることについては，Baten（1969）で証明されている。

指標を計算すると－0.219であることから，範囲の経済性の発揮が確認できる。

大王製紙のγ_{12}の値は－0.217で統計的有意性も満たしている。*SCOPE* 指標を計算すると－0.110であり，ほぼ日本製紙と同程度の値が得られ範囲の経済性を確認することができる。大王製紙は上位企業と生産量の差はあるものの，四国中央市に大規模な洋紙と板紙の生産拠点である三島工場が立地しており，集積の経済も生かされた多品種生産に強みをもつことが反映されている。

北越製紙は規模の経済性が確認されるものの，上位企業と比べるとその効果はやや小さくなっている。範囲の経済性を確定するγ_{12}の値はマイナスで得られているものの，*SCOPE* 指標を計算すると0.021とプラスになり，わずかながらではあるが範囲の経済性の条件を満たしていない。中越パルプも同様で，規模の経済性は統計的にも有意に確認することができるが，*SCOPE* 指標は0.244とプラスの値が得られており，範囲の経済性は検出できない。

三菱製紙では *SCALE* 指標も1.113とプラスの値で１を越えているため，そもそも規模の経済性が確認できない。範囲の経済性の指標である *SCOPE* を計算しても0.643とプラスの値となる。同規模の東海パルプでは，*SCALE* 指標は0.722と生産弾力性が１以下となるため *SCALE* 指標によって規模の経済性があると判断できるが，γ_{12}の値がプラスになり *SCOPE* 指標も0.673とプラスで得られているため範囲の経済性は確認できない。

ここでは近年合併・統合の動きが盛んな日本の製紙業について，製紙業の主たる生産物である「洋紙」と「板紙」生産における静学モデルを適用した規模の経済性と範囲の経済性の検証を試みた。製紙業は典型的な装置型産業であることから，規模の経済性が働くことが推察されると同時に，主たる製品である洋紙と板紙の生産に，パルプや古紙が共通の原料となるため，範囲の経済性が機能するのではないかと考えた。そこで洋紙と板紙をともに生産する大手企業８社をサンプルとした計測を行った。その結果，ほとんどの企業で規模の経済性が働いていることを確認した。一方，範囲の経済性についても，相対的に大規模企業でその形跡が統計的に認められている。

3　動学的要素需要関数の理論

企業の長期にわたる意思決定を反映するモデルとして，動学的要素需要関数によるシステム推計があげられる。過去にはさまざまな動学的なモデルによる定式化が提示されているが，ここでは予測変数を合理的期待仮説によって処理し，資本設備における調整費用を明示化したモデルである Pindyck and Rotemberg（1983），北坂（1992），北坂（2004）の枠組みにしたがって規模と範囲の経済性に関する動学的生産要素需要システムの推計を行い，その推定値によって主要な製紙企業の規模と範囲の経済性の検証を試みる。

動学的モデルでは，企業は総費用の期待割引価値を最小にするように行動するものと考えられる。いま t 時点における労働L_tと原材料M_tを可変的な生産要素とし，資本設備K_tを準固定要素とするモデルを考える[(10)]。準固定要素とは，調整費用が伴うためすぐには最適な水準にならないような固定的な生産要素である。2つの可変的生産要素の価格を賃金率p_t^Lと原材料価格w_t^Mで表し，準固定的生産要素である資本の価格はw_t^Kとする。さらに2種類の生産物をq_t^A，q_t^Bと表現するならば，動学的な生産要素の調整プロセスを考慮した企業の生産技術は，次のような制約付き費用関数C^Dで表すことができる。

$$C^D(w_t^L,w_t^M,K_t,q_t^A,q_t^B) \qquad (7.13)$$

この制約付き費用関数C^Dが費用最小化を保証するための理論的条件は，2つの要素価格w_t^Lとw_t^Mに対しては増加的かつ凹で1次同次，資本設備 K に関しては減少関数で凸，q_t^Aとq_t^Bに関して増加関数であるという性質を満たさなければならない。

また，資本設備Kには調整費用が伴うと考える。純投資I_τ（τは任意の時点）を$I_\tau=K_\tau-K_{\tau-1}$と定式化し，調整費用関数を$C^A(I_\tau)$と表現する。Pindyck and

(10)　以下のモデルの説明は基本的に，Pindyck and Rotemberg（1983）および北坂（2004）を参照したものである。

Rotemberg（1983）にしたがい，企業は合理的期待形成仮説のもとで将来の無限期間にわたる割引費用の合計を最小化すると仮定すると，企業の目的関数は次のように表すことができる。

$$\underset{K}{Min} \quad E_t \sum_{\tau=t}^{\infty} R_{(t,\tau)} \{C^D(w_\tau^L, w_\tau^M, K_\tau, q_\tau^A, q_\tau^B) + p_\tau^K \cdot K_\tau + C^A(I_\tau)\} \qquad (7.14)$$

ここでE_tはt期に利用可能な情報集合で条件付けした期待値オペレータであり，$R_{(t,\tau)}$は将来のある時点τ期から現在時点t期への割引率である。

この定式化によってt期における動学的最適化問題を解くために，（7.14）式をK_tで微分して，費用最小化の一階の条件であるオイラー方程式を求める。すると，$I_t = K_t - K_{t-1}$の定義から，t期の最適化問題において予測が考慮されるのは，t期と$t+1$期における資本ストックの水準であるK_tとK_{t+1}のみとなる。これらを調整費用関数で表せば，今期（t）については$C^A(I_t) = C^A(K_t - K_{t-1})$，次期（$t+1$）については$C^A(I_{t+1}) = C^A(K_{t+1} - K_t)$と表現できる。この関係を考慮すれば，オイラー方程式は次のようになる。

$$\frac{\partial C_t^D}{\partial K_t} + w_t^K + \frac{\partial C^A(I_t)}{\partial K_t} + E_t\left\{R_{(t,t+1)}\left(\frac{\partial C^A(I_t)}{\partial K_t}\right)\right\} = 0 \qquad (7.15)$$

このオイラー方程式には，次のような横断性条件が終点として満たされているものとする。

$$\lim_{\tau=\infty} E_t\left[R_{(t,\tau)}\left\{\frac{\partial C_\tau^D}{\partial K_\tau} + w_\tau^K + \frac{\partial C^A(I_\tau)}{\partial K_\tau}\right\}\right] = 0 \qquad (7.16)$$

また，制約付き費用関数が費用最小化の性質を満たしていれば，Shephard のレンマによって，次の式が成立する。

$$L_t = \frac{\partial C_t^D}{\partial p_t^L},\quad M_t = \frac{\partial C_t^D}{\partial p_t^M} \tag{7.17}$$

このモデルを用いて実際の計測を行う際には，制約付き費用関数と調整費用関数についての特定化が必要である。制約付き費用関数については，要素価格の１次同次性とパラメータの対称性を制約として考慮した，次のようなトランスログモデルを仮定する。

$$\begin{aligned} ln\, C_t^D = & \beta_0 + ln\, w_t^M + \beta_1 ln\, w_t^{LM} + \beta_2 ln\, K_t + \beta_3 ln\, q_t^A + \beta_4 ln\, q_t^B \\ & + \frac{1}{2}\beta_{11}(ln\, w_t^{LM})^2 + \beta_{12} ln\, w_t^{LM} \cdot ln\, K_t + \beta_{13} ln\, w_t^{LM} \cdot ln\, q_t^A + \beta_{14} ln\, w_t^{LM} \cdot ln\, q_t^B \\ & + \frac{1}{2}\beta_{22}(ln\, K_t)^2 + \beta_{23} ln\, K_t \cdot ln\, q_t^A + \beta_{24} ln\, K_t \cdot ln\, q_t^B \\ & + \frac{1}{2}\beta_{33}(ln\, q_t^A)^2 + \beta_{34} ln\, q_t^A \cdot ln\, q_t^B + \frac{1}{2}\beta_{44}(ln\, q_t^B)^2 \end{aligned} \tag{7.18}$$

ここで$w_t^{LM} = \frac{w_t^L}{w_t^M}$である。また，調整費用関数については，次のような２次関数を仮定する。

$$C^A(I_t) = \frac{1}{2}\beta_{55} I_t^2 \tag{7.19}$$

この調整費用関数が凸であるための条件は$\beta_{55} > 0$となる。ここで$S_t^K = \frac{\partial\, ln\, C_t^D}{\partial\, ln\, K_t}$と定義し，制約付き費用関数$C_t^D$を資本ストック$K_t$で偏微分すると，

$$\frac{\partial C_t^D}{\partial K_t} = \frac{\partial C_t^D}{\partial\, ln\, C_t^D}\frac{\partial\, ln\, C_t^D}{\partial\, ln\, K_t}\frac{\partial\, ln\, K_t}{\partial K_t} = \frac{C_t^D}{K_t}\frac{\partial\, ln\, C_t^D}{\partial\, ln\, K_t} = S_t^K \frac{C_t^D}{K_t} \tag{7.20}$$

となる。ここで（7.19）式の調整費用関数と（7.20）式を使えば，（7.15）式で

示したオイラー方程式を次のように書き換えることができる。

$$S_t^K \frac{C_t^D}{K_t} + w_t^K + \beta_{55} I_t - E_t\{R_{(t,t+1)} \cdot \beta_{55} I_{t+1}\} = 0 \qquad (7.21)$$

ここでS_t^Kについての計測式を得るために，S_t^Kの定義にしたがって（7.18）式の制約付き費用関数lnC_t^Dを資本ストックlnK_tで偏微分すると，次のような計測式を得ることができる。

$$S_t^K = \frac{\partial \, ln \, C_t^D}{\partial \, ln \, K_t} = \beta_2 + \beta_{12} \, ln \, w_t^{LM} + \beta_{22} \, ln \, K_t + \beta_{23} \, ln \, q_t^A + \beta_{24} \, ln \, q_t^B \qquad (7.22)$$

また労働L_tと原材料M_tの生産要素に関するコストシェアは，（7.19）式の Shephard のレンマを用いると次のように書き換えることができる。

$$S_t^L = \frac{w_t^L \cdot L_t}{C_t^D} = \frac{\partial C_t^D}{C_t^D} \cdot \frac{w_t^L}{\partial w_t^L} = \frac{\partial \, ln \, C_t^D}{\partial \, ln \, w_t^L}$$

$$= \beta_1 + \beta_{11} \, ln \, w_t^{LM} + \beta_{12} \, ln \, K_t + \beta_{13} \, ln \, q_t^A + \beta_{14} \, ln \, q_t^B \qquad (7.23)$$

$$S_t^M = \frac{w_t^M \cdot M_t}{C_t^D} = 1 - S_t^L \qquad (7.24)$$

ただし（7.23）式と（7.24）式は独立ではないため，計測式としては（7.23）式を採用する。つまり計測では，（7.18）式，（7.21）式，（7.22）式，（7.23）式の４本の式を連立方程式体系にして推定値を求めることになる。推定モデルには合理的期待変数を含むオイラー方程式が存在するので，一致推定量を得るために，Hansen（1982），Hansen and Singleton（1982）で提示された *GMM* 推定法（Generalized Method of Moments）の *HAC*（Heteroskedasticity and Autocorrelation Consistent）モデルを用いる。

4　動学的要素需要関数を用いた規模と範囲の経済性の計測

ここでは先に静学分析で計測した製紙企業8社について，動学モデルとして提示された制約付き費用関数をシステム推計することにより，各社における規模と範囲の経済性を検証する。ここで生産物を2財にしているのは，推計すべきトランスログ費用関数の係数値が多くなり過ぎることを避けるためである。

計測によって得られた推定値から規模と範囲の経済性を検証するためには，それぞれの定義を費用関数にあてはめて指標を計算すればよい。いま規模の経済性を *Scale* として表せば，費用関数において規模の経済性が認められるのは，生産量に対する費用の弾力性が1よりも小さくなるケースである。ここで仮定しているように生産物が2財の場合には，次のように表現できる。

$$Scale \equiv \frac{\partial\, ln\, C_t^D}{\partial\, ln\, q_t^A} + \frac{\partial\, ln\, C_t^D}{\partial\, ln\, q_t^B} < 1 \tag{7.25}$$

これを（7.18）式の費用関数を用いて具体的な計算方法を提示すると，規模の経済性を表す *Scale* 指標を次のように求めることができる。

$$\begin{aligned} Scale &= \frac{\partial\, ln\, C_t^D}{\partial\, ln\, q_t^A} + \frac{\partial\, ln\, C_t^D}{\partial\, ln\, q_t^B} \\ &= \beta_3 + \beta_{13}\, ln\, p_t^{LM} + \beta_{23}\, ln\, K_t + \beta_{33}\, ln\, q_t^A + \beta_{34}\, ln\, q_t^B \\ &\quad + \beta_4 + \beta_{14}\, ln\, w_t^{LM} + \beta_{24}\, ln\, K_t + \beta_{34}\, ln\, q_t^A + \beta_{44}\, ln\, q_t^B \end{aligned} \tag{7.26}$$

この指標は規模の弾力性を測定しているため，*Scale* 指標が1以下の計測値となれば，規模の経済性の存在を確かめることができる。

他方，範囲の経済性は，単一生産物よりも複数生産物を産出することによって費用節減的になるという概念である。費用関数を用いて生産物が2財のケースで範囲の経済性を表現すると次のようになる。

$$C(q_t^A,0)+C(0,q_t^B)>C(q_t^A,q_t^B) \qquad (7.27)$$

あるいは，費用節約の割合で示した範囲の経済性指標 *Scope* として書き換えれば，

$$Scope \equiv \left\{\frac{C(q_t^1,0,\cdots 0)+C(0,q_t^2,\cdots 0)}{C(q_t^1,q_t^2)}\right\}>1 \qquad (7.28)$$

となり，$Scope>1$ であれば，範囲の経済性が働くことになる。しかし (7.28) 式を推定するためには，当該生産物以外の複数の生産量が0である時のデータが必要となる。そのため，先行研究のほとんどが範囲の経済性の十分条件となる「費用の補完性」という概念を用いて範囲の経済性の有無を検証している。費用の補完性とは，ある生産物の限界費用が，ほかの生産物の生産量が増加するにつれて減少する場合，「費用補完的」であるという。この概念を使って範囲の経済性を再定義すると，次のようになる。

$$Scope \equiv \frac{\partial^2 C_t^D}{\partial q_t^A \partial q_t^B}<0 \qquad (7.29)$$

いま生産物が2種類の場合を仮定しているので，費用の補完性は生産物の二階交差微分を計算すればよい。この定義を式で示せば次のようになる。

$$\frac{\partial^2 C_t^D}{\partial q_t^A \partial q_t^B}=\frac{C_t^D}{q_t^A q_t^B}\left\{\left(\frac{\partial\, ln\, C_t^D}{\partial\, ln\, q_t^B}\cdot\frac{\partial\, ln\, C_t^D}{\partial\, ln\, q_t^A}\right)+\left(\frac{\partial^2\, ln\, C_t^D}{\partial\, ln\, q_t^A \partial\, ln\, q_t^B}\right)\right\} \qquad (7.30)$$

これを *Scope* 指標とし，(7.18) 式の費用関数で推定される係数値を用いて表現すれば，次のようになる。

$$Scope=\frac{C_t^D}{q_t^A q_t^B}[\{(\beta_3+\beta_{13}\, ln\, p_t^{LM}+\beta_{23}\, ln\, K_t+\beta_{33}\, ln\, q_t^A+\beta_{34}\, ln\, q_t^B)$$

$$\cdot(\beta_4+\beta_{14}\,ln\,p_t^{LM}+\beta_{24}\,ln\,K_t+\beta_{34}\,ln\,q_t^A+\beta_{44}\,ln\,q_t^B)\}+\beta_{34}]<0 \quad (7.31)$$

このような規模と範囲の経済性の検証方法をもとに，製紙企業8社について費用関数の推定を試みた。実際の推定に用いた変数の加工法は次の通りである。

［生産要素］
資本K_t：償却対象有形固定資産
労働L_t：従業員数
原材料M_t：原材料費

［要素価格］
資本価格w_t^K：減価償却率＝｛減価償却費(d_t)/前期償却対象有形固定資産(K_{t-1})｝
労働価格w_t^L：賃金率＝（人件費＋福利厚生費＋労務費）／期末従業員数（L_t）
原材料価格w_t^M：原材料単価＝原材料費（M_t）／生産量（q_t）

生産要素と要素価格のデータについては静学分析と同様であり，『日経NEEDS 企業・財務データ』の有価証券報告書に記載された数値を利用している。それぞれのデータの実質化については，資本Kと減価償却費dは，内閣府SNA 統計の民間設備デフレータ，賃金率については厚生労働省の毎月勤労統計調査より名目賃金指数（製造業30人以上），また原材料費については日本銀行の物価指数より，紙パルプ投入物価指数を用い，1990年を基準にデータを加工している。

実際の計測では，中堅企業と定義した大王製紙，三菱製紙，北越製紙，中越パルプ，東海パルプについては，すべて洋紙と板紙を生産しているため，第1生産物q^Aを洋紙生産量，第2生産物q^Bを板紙生産量として定義している。他方，王子製紙，日本製紙，大昭和製紙については，板紙を生産している期間があったとしても短く，生産量もごくわずかであり，基本的には系列グループ内の板紙専業企業に生産が特化されている。したがって，大手3社については，新聞・印刷用紙を第１生産物q^A，第２生産物q^Bをその他の紙の生産量合計と定義する。推定に用いる分析期間は1970年から2011年度までであるが，それぞれの企業で多少異なる。これは第１次オイルショック前後で生産量の変動が激しい時期に異常値となったデータを排除し，合併によってその後のデータが得られなかったことによる違いである。

説明変数についてはすべて平均値からの乖離をとっている。トランスログの近似点をどこにとるかは任意であるが，全サンプルができるだけ近似点の近傍にあることが望ましいと考えられる。したがって，生産物および要素価格のデータについては，それらの対数をとった標本平均値からの乖離を使って推定を行った[11]。すると（7.18）式のトランスログ費用関数における近似点を$lnq_t^A=0$，$lnq_t^B=0$，$lnp_t^{LM}=0$，$lnK_t=0$で評価することになり，（7.25）式で表された規模の経済性を表す*Scale* 指標は

$$Scale=\beta_3+\beta_4 \tag{7.32}$$

となる。したがってこの *Scale* 指標が１以下であれば，データの平均値の周りで評価した規模の経済性を認めることができる。また *Scale* 指標と同様にデータを加工すれば，*Scope* 指標も次のように簡略化される。

$$Scope=\beta_3\cdot\beta_4+\beta_{34} \tag{7.33}$$

このようなデータ変換を行うことで，（7.32）式や（7.33）式で平均値の近傍における規模と範囲の経済性を評価することができる。投資 I については，モデルで展開した通り純投資で定義する。計測方法は先に述べたように，*GMM* 推定法（*HAC* モデル）を用いる。操作変数としては，定数項，説明変数の１期ラグをとったもののほかに，GDP デフレータの上昇率，割引率 R（長期国債10

⑾　以下に展開する実際の計測では，対数をとったデータをその平均値からの乖離のデータに修正し，平均値の周りでの指標を求めている。トランスログの近似点を平均値とし，データをその乖離に変換することの合理性について，広田・筒井（1992）pp.147-149で詳しく展開されている。

表７－２　大手３社における動学的規模と範囲の経済性の計測結果

王子製紙の計測結果(1970-2011)			日本製紙の計測結果(1973-2010)			大昭和製紙の計測結果(1970-2000)		
	Coef	*P-value*		*Coef*	*P-value*		*Coef*	*P-value*
β_0	－0.027	(0.000)	β_0	0.051	(0.004)	β_0	－0.033	(0.000)
β_1	0.201	(0.000)	β_1	0.252	(0.000)	β_1	0.201	(0.000)
β_2	－0.134	(0.000)	β_2	－0.119	(0.000)	β_2	－0.091	(0.000)
β_3	0.871	(0.000)	β_3	0.797	(0.000)	β_3	0.723	(0.000)
β_4	0.244	(0.000)	β_4	0.133	(0.046)	β_4	0.159	(0.000)
β_{11}	0.111	(0.000)	β_{11}	0.253	(0.000)	β_{11}	0.199	(0.000)
β_{12}	0.002	(0.770)	β_{12}	0.060	(0.002)	β_{12}	0.007	(0.071)
β_{13}	－0.167	(0.000)	β_{13}	－0.320	(0.000)	β_{13}	－0.155	(0.000)
β_{14}	0.102	(0.000)	β_{14}	0.042	(0.000)	β_{14}	0.057	(0.000)
β_{22}	－0.124	(0.000)	β_{22}	－0.137	(0.000)	β_{22}	－0.075	(0.000)
β_{23}	0.067	(0.001)	β_{23}	－0.010	(0.825)	β_{23}	0.012	(0.058)
β_{24}	0.035	(0.021)	β_{24}	0.039	(0.002)	β_{24}	0.031	(0.002)
β_{33}	－0.004	(0.970)	β_{33}	0.713	(0.003)	β_{33}	0.333	(0.000)
β_{34}	0.121	(0.191)	β_{34}	－0.424	(0.002)	β_{34}	0.230	(0.001)
β_{44}	0.194	(0.168)	β_{44}	0.100	(0.255)	β_{44}	－0.253	(0.002)
β_{55}	－3.75E-07	(0.001)	β_{55}	1.88E-09	(0.976)	β_{55}	－1.46E-07	(0.104)
J-statistic		(0.187)	*J-statistic*		(0.221)	*J-statistic*		(0.246)

年物利回）を用いている。このようなデータを用いて，（7.18）式の制約付費用関数，（7.21）式のオイラー方程式，（7.23）式の労働のシェア方程式を*GMM*推定によって計測した結果を表７－２（大手３社）と表７－３（中堅５社）に示している。

まず表の最下段に示された*GMM*推定量により計算されたＪ統計量のp値より，このモデルが全体として統計的に支持されていることがわかる[12]。次に企業ごとの制約付き費用関数における係数値を考察する。まず，要素価格w_t^{LM}の係数値であるβ_1の符号は，全企業について0.15から0.25の値で統計的にも有意な正の値が得られており，可変的生産要素の単調性という理論条件を満たしている。さらに資本ストックKの１次項となるβ_2の値も全企業において負であり，

(12)　*GMM*におけるＪ統計量は，モデルが正しく特定化されているという帰無仮説のもとで，［操作変数の数×推定する方程式の数－パラメータの数］の自由度をもつカイ二乗分布に漸近的に従うため，この計測結果では，有意水準10％においても帰無仮説を棄却できないという結果になっており，モデルの特定化に誤りがないことが支持される。

表7－3　中堅5社における動学的規模と範囲の経済性の計測結果

大王製紙の計測結果(1974-2011)		
	Coef	*P-value*
β_0	－0.051	(0.000)
β_1	0.167	(0.000)
β_2	－0.129	(0.000)
β_3	0.851	(0.000)
β_4	0.113	(0.002)
β_{11}	0.121	(0.000)
β_{12}	0.012	(0.000)
β_{13}	－0.081	(0.000)
β_{14}	－0.029	(0.000)
β_{22}	－0.093	(0.000)
β_{23}	0.045	(0.000)
β_{24}	－0.007	(0.132)
β_{25}	0.437	(0.000)
β_{33}	－0.234	(0.031)
β_{44}	0.458	(0.000)
β_{55}	5.54E-07	(0.046)
J-statistic		(0.246)

北越製紙の計測結果(1974-2010)		
	Coef	*P-value*
β_0	－0.054	(0.000)
β_1	0.137	(0.000)
β_2	－0.130	(0.000)
β_3	0.678	(0.000)
β_4	0.315	(0.000)
β_{11}	0.068	(0.000)
β_{12}	0.030	(0.000)
β_{13}	－0.042	(0.000)
β_{14}	－0.158	(0.000)
β_{22}	－0.119	(0.000)
β_{23}	0.051	(0.011)
β_{24}	－0.049	(0.000)
β_{25}	0.438	(0.000)
β_{33}	－0.492	(0.000)
β_{44}	1.216	(0.000)
β_{55}	－7.58E-07	(0.039)
J-statistic		(0.248)

三菱製紙の計測結果(1974-2010)		
	Coef	*P-value*
β_0	－0.046	(0.013)
β_1	0.216	(0.000)
β_2	－0.100	(0.000)
β_3	0.634	(0.000)
β_4	0.829	(0.000)
β_{11}	－0.065	(0.000)
β_{12}	0.108	(0.000)
β_{13}	－0.203	(0.000)
β_{14}	0.071	(0.000)
β_{22}	－0.091	(0.000)
β_{23}	－0.047	(0.024)
β_{24}	－0.011	(0.703)
β_{25}	0.362	(0.238)
β_{33}	0.896	(0.013)
β_{44}	0.386	(0.666)
β_{55}	1.89E-06	(0.005)
J-statistic		(0.214)

中越パルプの計測結果(1971-2011)		
	Coef	*P-value*
β_0	0.121	(0.000)
β_1	0.190	(0.000)
β_2	－0.129	(0.000)
β_3	0.724	(0.000)
β_4	0.039	(0.553)
β_{11}	0.237	(0.000)
β_{12}	0.085	(0.002)
β_{13}	－0.345	(0.000)
β_{14}	0.055	(0.000)
β_{22}	0.029	(0.512)
β_{23}	－0.195	(0.003)
β_{24}	0.066	(0.000)
β_{25}	－0.261	(0.163)
β_{33}	1.504	(0.000)
β_{44}	－3.435	(0.000)
β_{55}	－3.12E-07	(0.676)
J-statistic		(0.200)

東海パルプの計測結果(1974-2006)		
	Coef	*P-value*
β_0	0.069	(0.000)
β_1	0.176	(0.000)
β_2	－0.105	(0.000)
β_3	0.575	(0.000)
β_4	0.269	(0.000)
β_{11}	0.128	(0.001)
β_{12}	0.005	(0.792)
β_{13}	0.081	(0.000)
β_{14}	－0.282	(0.000)
β_{22}	－0.124	(0.000)
β_{23}	－0.058	(0.008)
β_{24}	0.044	(0.046)
β_{25}	－6.951	(0.000)
β_{33}	4.453	(0.000)
β_{44}	－2.957	(0.000)
β_{55}	－1.29E-06	(0.312)
J-statistic		(0.253)

表7－4　規模と範囲の経済性

	Scale	*Scope*
大王製紙	0.964	－0.138
北越製紙	0.993	－0.278
三菱製紙	1.462	1.421
中越パルプ	0.763	1.532
東海パルプ	0.844	4.608
王子製紙	1.115	0.333
日本製紙	0.930	－0.318
大昭和製紙	0.882	0.345

マイナス0.1前後の有意な値が得られているため，理論的には整合性をもっている。しかし，Kの２次項であるβ_{22}の値はほとんどの企業で負となっており，これはKの凸性を仮定した理論条件に一致した係数値を得ることができなかった。そのため，静学モデルのように生産要素間の長期価格弾力性を適切に算出することができなかった。[13]

動学モデルで最も注目すべき点は，オイラー方程式における調整費用関数のβ_{55}の推定値である。推定値の符号が正で有意に得られたのは大王製紙と三菱製紙であり，この２社では調整費用の推定に成功している。日本製紙は正の値が得られているものの統計的な有意性はない。その他の企業を見ると，北越製紙では有意に負の係数値となっており，中越パルプと東海パルプ，また大手では王子製紙と大昭和製紙では，統計的な有意性はないが負の係数値となっている。これらの企業では動学的要素需要関数の枠組みで調整費用を当初想定したような正の係数値として検出することはできなかった。

ここで動学モデルにおいて計測された規模と範囲の経済性について考察する。表7－4は（7.32）式の*Scale*指標と（7.33）式の*Scope*指標を計算したものである。これを見ると，三菱製紙と王子製紙以外の企業で，規模の経済性を統計的に有意に確認することができる。また，範囲の経済性については，王子製紙，

⒀　ここでいう価格弾力性とは，いわゆるAllen-Uzawaの価格弾力性であり，生産要素の自己弾力性と交差弾力性の大きさを測る指標である。

北越製紙，日本製紙の3社で統計的に有意な係数値による計算から検出することができる。中越パルプと東海パルプ，大昭和製紙では，規模の経済性は明示されるものの，範囲の経済性の発揮を計測結果からは確認することができない。

5　規模と範囲の経済性に関する解釈

ここでは静学的費用関数および動学的要素需要関数を用いることによって，製紙業の規模と範囲の経済性の企業レベルでの検証を試みた。静学的モデルを用いた計測では，サンプルに用いた各社で規模の経済性を確認することができ，なかでも上位4社となる王子製紙，日本製紙，大昭和製紙，大王製紙では，範囲の経済性の発揮を統計的に認めることができた。つまり，合併による規模の拡大は，製紙業界大手では生産性向上の視点で有効な戦略であったことが明らかである。

動学的計測では，中堅企業では生産物を洋紙と板紙に分類し，大手企業では単独企業レベルでは板紙の生産が行われていない時期もあるため，新聞・印刷情報用紙とその他の紙を2つの生産物と捉えている。また，可変的生産要素としては労働，原材料を考慮し，準固定的生産要素を資本設備でモデル化した制約付き費用関数を推計し，調整費用を考慮したオイラー方程式の動学的生産要素需要システムによる連立方程式体系でのパラメータ推定を試みた。

その結果，規模の経済性は王子製紙と三菱製紙を除くすべての企業で検証され，範囲の経済性は大王製紙，北越製紙，日本製紙で確認することができた。王子製紙は大型合併による一時的な生産性の低下が結果に影響したものと推察される。三菱製紙は近年，生産量が急激に低下しているため，生産効率の向上にとどまらず，業務提携を含めた根本的な改革が急務である。他方，範囲の経済性は，大王製紙，北越製紙，日本製紙で統計的にも有意に確認された。

また，調整費用については，大王製紙と三菱製紙のみで統計的に支持できる正の値が確認でき，設備投資における調整費用の存在が明らかになったが，その他の企業については統計的に有意な値が得られず，負の値で計測された企業もあった。ここではパラメータ数の制約から，経年的な技術進歩を捉える変数をモデルに考慮しておらず，生産性変化の影響を十分捉えていないことも計測結果に影響していることも考えられる。さらに，最適化問題における期待形成の定式化についての再考や，計測モデルにおける調整費用関数の改善が課題として残される。

補論　規模と範囲の経済性に関する先行研究

規模と範囲の経済性に関する先行研究では，生産関数から双対定理によって導出されるフレキシブルな費用関数を特定化し，その係数値を推定することによって検証が行われている。多くのケースでは，Christensen et al.（1973）で提示されたトランスログ型の費用関数が仮定されているが，より一般的でフレキシブルな費用関数を用いた研究も進められてきた[14]。このような方法を用いた欧米の先駆的な実証研究をあげれば，鉄道産業を扱ったCaves et al.（1980）や，電気通信業ではFuss and Waverman（1981）がある。

過去の実証分析には金融業を対象としているものが多い。Murray and White（1983）は，カナダの信用組合について1970年代半ばのデータを用い，抵当貸付業務とその他業務の間で，規模と範囲の経済性を確認している。また，Gilligan and Smirlock（1984）は，アメリカの連邦準備理事会に提出された1978年の銀行業務報告書（FCA データ）を用いた計測を行い，銀行全体としては規模の経済性は見られないものの，小規模銀行での規模の経済性を確認し，標本全体における預金・貸付業務間での範囲の経済性を認めている。

さらにBerger et al.（1987）は，拡張経路の劣加法性という，複数生産物の増加に伴う費用弾力性の新たな尺度を定式化し，1983年のFCA データを用いた計測を行った。その結果，銀行規模が大きくなるにつれて規模の経済性の効果は縮小し，範囲の経済性も確認されなかった。またグリッド劣加法性という拡張概念で規模と範囲の経済性を計測したHunter et al.（1990）でも，大規模銀行になるほど規模と範囲の経済効果は消失していることが確認されている[15]。

(14)　より一般的な費用関数としては，ミンフレックス型，ボックス・コックス型，レオンチェフ型などが例としてあげられるが，その定式化の詳細については河西（1991）p.59など参照。

こうした実証研究を嚆矢として，その後，数多くの銀行・保険・証券業務に関する実証研究の成果が積み重ねられている。大方の研究では範囲の経済性が認められるが，計測期間や計測方法によって結果はさまざまである。

日本を対象とした実証研究でも，やはり金融業が大半を占めている。トランスログ費用関数を用いた銀行業の研究である首藤（1985）では，規模の経済性の存在は確認されるが，貸出業務とその他業務の間での範囲の経済性は認められていない。これに続く粕谷（1986）や Tachibanaki et al.（1991）の研究でも，規模の経済性は認められるが，範囲の経済性は，銀行の貸出と証券業務の間に一部の期間でしか見出されていない。しかし，銀行業における複数業務間での情報のやりとりが，範囲の経済性の発生要因であるとして，その実証を試みた中島（1989）の研究がある。木下・太田（1991）による検証では，貸出業務とその他業務との間での範囲の経済性が概ね見出されている。さらに宮崎（1999）ではボックス・コックス型の3種類の費用関数について，多種類の変数をディビジア指数で加工し，これを用いて規模と範囲の経済性を検討している。その結果，範囲の経済性は確認されるが，大域的には費用の劣加法性は成立せず，規模が大きな都市銀行では範囲の経済性は大きいが規模の不経済が見られ，規模の小さい銀行ほど範囲の経済性は小さいが規模の経済性は大きいという興味深い結果が確認されている。

信用金庫を分析対象とした広田・筒井（1992）では，貸出・証券・預金業務間に，収入面での範囲の経済性が存在することを検証し，また宮越（1993）では都心部の信用金庫で範囲の経済性が検出されている。さらに信託銀行を対象とした片桐（1993）や宇佐美（2002）では，貸出と信託業務の間に範囲の経済性が確認されているほか，新庄・播磨谷（2004）では，よりフレキシブルな費用関数を用いて範囲の経済性が検証されている。[16]

⒂　ここでは先行研究の計測モデルや分析期間など詳しい内容には触れないが，過去のアメリカの銀行業における範囲の経済性については河西（1991）でサーベイされており，日本の実証研究については，晝間（1992）や井口（1994）で詳しくまとめられている。

⒃　新庄・播磨谷（2004）はトランスログ型よりもさらに一般的なフリエー型費用関数での計測を試みているが，その結果，トランスログ型の計測よりもフリエー型での計測結果の方が推定値は小さいことから，従来のトランスログ型での計測が規模と範囲の経済性を過大評価している可能性を指摘している。

また生命保険業を対象とした研究では，高橋（1990）で範囲の経済性が認められているものの，筒井他（1992）では，保険業務と資産運用業務について，費用面の範囲の経済性は認められず，収入面の範囲の経済性が確認されている。さらに北坂（1996）では，コストシェア式とトランスログ費用関数との *SUR*（見せかけの相関）法による連立方程式体系による計測により，保険業務と資産運用業務に関する規模と範囲の経済性が確認されている。また北坂（2004）は，動学的要素需要の枠組みでモデルを構築し，*GMM*（一般化積率法）による連立方程式体系による計測を試みている。

金融業以外の産業に関する規模と範囲の経済性の実証研究は規制産業を中心に活発である。桑原（1998）や高田・茂野（1998）では水道事業に関する規模の経済性が確認され，中山（2002）では家庭用とその他用途の水道事業において，条件付きながら範囲の経済性が認められている。また，桑原・依田（1998）では，電力事業について発電と送電における規模と範囲の経済性が確認され，通信事業に関する浅井（2001）の研究では，NTT の電話サービスと専用回線サービスに関する規模と範囲の経済性が認められている。さらに和田他（1998）は，郵政事業について通常の郵便物と小包郵便における規模と範囲の経済性の存在を肯定している。

このように，過去の規模と範囲の経済性に関する実証研究は，電力・鉄道・通信・水道などの公益性の強い産業のほか，多くは銀行・保険などの金融業が対象となっている。その理由は，これらの産業は主として規制産業であるため，規制緩和によって業務が自由化された場合，企業結合による寡占化の弊害が懸念される一方で，規模の拡大や複数業務の兼務による費用節約効果が，政策当局にとっての重要な関心事であったからである。しかし近年では，企業結合規制の緩和と相俟って，あらゆる製造業において，合併・統合による産業組織の再編成が進展している。したがって，さまざまな分野で規模と範囲の経済性を検討することは，合併の成果を検証する意味でも大いに有意義な政策的なインプリケーションを生み出すはずである。

企業が動学的に最適化行動をとるという想定から導かれるモデルを推定する方法については，初期の研究で用いられたモデルとして Berndt and Wood

(1975) や Meese (1980) の研究などがあげられるが，そこでは暗黙的に要素市場の長期均衡を仮定した分析方法が提示されている。その後展開された Brown and Christensen (1981) や Kulatilaka (1987) では，短期費用関数を計測した後に長期均衡の条件を用いて資本設備を可変要素として長期均衡を測る方法を採用している。さらに発展したモデルとしてあげられるのが，Pindyck and Rotemberg (1983)，Morrison (1986) である。

それぞれの研究では，動学的最適化を考える際に，将来にわたる期待形成が企業の意思決定に重要な役割を担うため，予測変数の処理方法に相違がある。とりわけ Pindyck and Rotemberg (1983) は合理的期待の概念に基づき，資本設備を準固定的生産要素としてモデルに組み込んで制約付き要素需要関数と調整費用関数を同時推計する方法が提示されており，その後の動学的要素需要モデルの基本的な定式化を与えた研究となっている。

こうした動学的生産要素需要システムの推計方法は，1990年代にはさまざまな国々の産業・企業分析に適用されている。たとえば Buck and Stadler (1992) では，ドイツの製造業に属する企業のパネルデータを用いた R&D 投資の効果が分析され，Wolfson (1993) ではアメリカの製造業について，企業規模別に資本と労働の調整費用の効果を検討している。ほかにもアメリカ電気機械産業に動学的生産要素需要モデルを適用して調整費用の計測を試みた Prucha and Nadiri (1996) などがある。

関数型や推定方法についての検討としては，Anderson and Blundell (1982) のモデルをベースに研究を発展させた Urga (1996)，Urga (1999) があり，そこでは Jones (1995) が提示した動学的分析であるダイナミック・トランスログモデルよりも，ダイナミック・リニアロジットモデルによる計測の方が優れていることが示されている。また Skjerpen (2005) は，Urga (1996) の短期のパラメータに計測方法に疑問をもち，アメリカのアパレル産業を対象に実証分析を行っている。ほかにも Friesen (1992) では，アメリカの製造業を対象にフレキシブル関数型を仮定した誤差修正モデルを適用している。さらに Asche and Salvanes (1996) では，調整費用を内生化したモデルによって調整費用のスピードを計測し，Pindyck and Rotemberg (1983) の計測方法を支持している。また調整費用の仮定については，Lundgren and Sjostrom（2001）がフレキシブルな調整費用の仮定に関する実証研究を行っており，凸，凹の両方の形を認めることができるとしている。

動学的生産要素需要システムを日本の産業に適用した実証研究としては，電気事業を対象とした根本（1984），製造業を対象とした北坂（1989），鉄鋼業をサンプルとした北坂（1992），電気事業を取り上げたNemoto and Goto（1993），生命保険業について規模と範囲の経済性を計測した北坂（2004），ガス産業を分析した衣笠（2005）などがある。

製紙業を対象とした動学的な分析としては高瀬（2000）があり，トランスログ費用関数から導出された要素需要関数を動学的に定式化し，パネルデータを用いた要素の代替性，技術の相似性などが検討されている。そして製紙業など投入要素の調整に遅れが生じるような装置産業では，費用関数の動学的定式化が経済理論に整合的であるとの結論を得ている。製紙業に関する規模と範囲の経済性をトランスログ費用関数によって計測した加藤・吉田（2004）では，「洋紙・板紙」と「紙加工品」との範囲の経済性について検証が行われている。

第Ⅱ部
企業合併の効率性分析

第8章
確率的フロンティアモデルを用いた製紙業界の効率性分析

1　確率的フロンティアを用いた効率性の概念

企業の効率性を生産関数や費用関数を用いてパラメトリックな確率論的分析によって計測する方法に，確率的フロンティア分析（Stochastic Frontier Analysis：以下 *SFA*）がある。*SFA* は通常の生産関数や費用関数に，確率的誤差項と技術や資源配分の非効率性を表す確率変数を加えて計測される。ここでは *SFA* を製紙業界の効率性分析に適用するため，その分析方法を概観する。

確率的フロンティアモデルは，投入と産出の関係を表す誤差項に確率的な要素をもつ特定の関数型を仮定してパラメータの推計値を求め，効率フロンティアからの乖離度によって各々の事業体における効率性を計測する方法である。これは Aigner et al.（1977）や Meeusen and Broeck（1977）の嚆矢的な研究の後，1980年代半ばからさまざまな分野の実証研究において応用されている。

例えば植草・鳥居（1985）では工業センサスの個票を用いた日本の製造業に関する技術非効率の平均水準とその決定要因が分析されている。平均効率性とは，所与の投入量に対して可能な最大の産出量と比べて，現実の産出量がどれほどの割合であるかを示した指標である。Caves（1992）では，植草・鳥居（1985）らの日本を対象とした研究をはじめ，アメリカ，イギリス，カナダ，オーストラリア，韓国の6カ国にわたる製造業を中心とした産業について，非効率性の推計とその要因分析がまとめられている。

SFA の世界的普及には，Coelli（1996）で提示された汎用プログラムの貢献が大きい[(1)]。その後の日本の研究では，粕谷（1986），本間他（1996），堀・吉田

図8－1　*SFA* 生産フロンティアの概念　　**図8－2　*SFA* 費用フロンティアの概念**

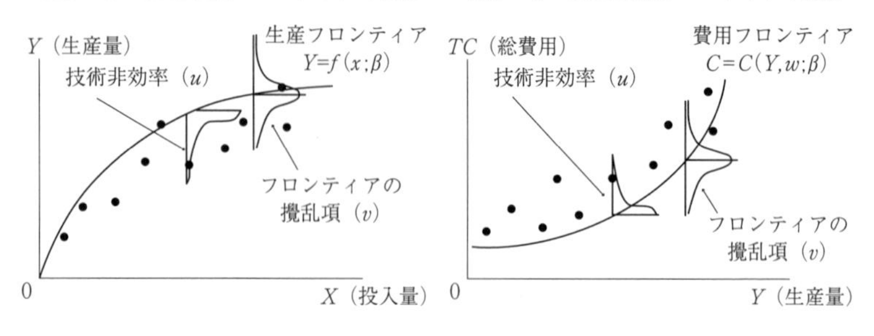

(1996)，松浦・竹澤 (2001)，松浦・戸井 (2002) など金融業の効率性分析に *SFA* を適用したものが多い。

ここで，フロンティアモデルの概念を把握するために，まず生産フロンティアによるアプローチを説明する。図8－1には1種類の投入（X）によって1種類の産出（Y）を生み出す生産関数$Y=f(X)$を想定した生産フロンティアを描いている。正規分布によって表現された攪乱項（v）を伴うこの生産関数は，通常の回帰分析によって推定値を得るが，その推定値をもとにグリッド・サーチ等の手法によって最適なフロンティアを上方に探索し，半正規分布や切断正規分布によって推定される技術非効率（u）を含む，確率的生産フロンティア関数によって表現される。(2)

図8－2には費用アプローチを描いている。費用関数の場合には，Yを生産量，wを要素価格として費用関数$C=C(Y,w)$を推定し，その推定値をもとに，下方にフロンティアを探索する。そして得られた確率的費用フロンティアからそれぞれの企業について技術非効率値（v）が推定される。

通常の計測では，複数の投入要素を想定するため，いま2種類の投入(x_1,x_2)によって1種類の産出（Y）を生み出す生産関数$Y=f(x_1,x_2)$を考える。図8－

(1)　*SFA* の推定に関するサーベイ論文には Greene（1997b）がある。また *SFA* を含む生産性および効率性の分析手法については，Coelli et al.（1998）に一連の研究手法が詳しくまとめられている。

(2)　グリッド・サーチは自動パラメータチューニングの手法の一つである。パラメータの探索空間を格子状（グリッド）に区切り，各格子点のパラメータの組み合わせを全て評価し，最適なものを選択する。指定した探索範囲内のパラメータの組み合わせを全て調べるため，検証していない組み合わせが一番良いパラメータである可能性が生じないことが利点である。しかし，試すパラメータの組み合わせが多くなると実行時間が長くなり計算コストが高くなる。

3では規模に関する収穫一定を仮定して，それぞれの投入／産出を座標軸にした平面に，観察値A, B, C…が与えられている。図中のSS'は特定化された関数によって描かれた生産フロンティアである。B点やC点は生産フロンティア上に存在しないため，それぞれBB'とCC'だけの技術非効率（Technical Inefficiency：以下TE）が生じている。それぞれの技術非効率の程度は，$TE_B = OB'/OB$, $TE_C = OC'/OC$となる。

図8－3　SFAの概念図（2要素のケース）

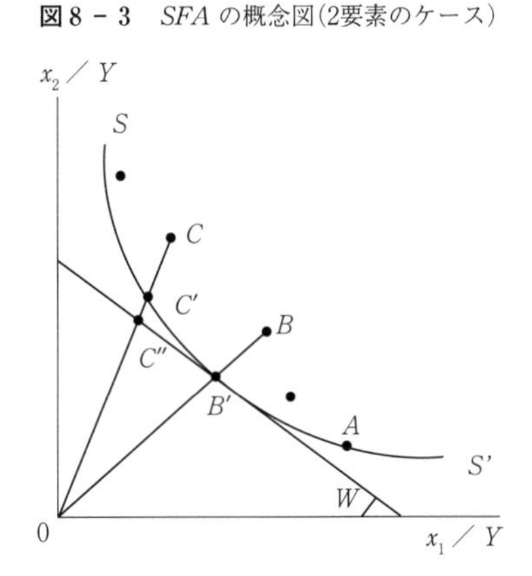

さらに費用関数によってSFAを計測する場合，要素価格比Wが考慮される。C'点は技術的には効率的であるが，$C'C''$だけの資源配分上の非効率が存在している。確率的費用フロンティアモデルにおいては，技術非効率に加えて資源配分上の非効率が生じており，C点においてはこれを考慮した$TE_C = OC''/OC$が効率指標となる。B'点は技術的にも資源配分においても費用効率的な点と認識される。

2　確率的生産フロンティアモデルによるアプローチ

ここで確率的生産フロンティアによる計測モデルを展開する。投入要素として資本（K），労働（L），原材料（M）を考慮した生産関数$Y = f(K, L, M)$を想定する。いまβを推計すべきパラメータとして，生産関数に確率的な要素を加えると次のように表現できる。

$$Y = f(K, L, M; \beta)\exp(\varepsilon) \tag{8.1}$$

Aigner et al.（1977）の定義をもとにすれば，生産関数の枠組みにおいてεは次のように定義される。

$$\varepsilon = v - u \qquad u \geq 0$$
$$E(v_i) = 0,\ E(v_i^2) = \sigma_v^2,\quad E(v_i, v_j) = 0\ \ for\ all\ i \neq j,$$
$$E(u_i^2) = constant,\quad E(u_i, u_j) = 0\ \ for\ all\ i \neq j \tag{8.2}$$

ここでvは企業がコントロールできない生産に関わる外生的なショックをフロンティアにもたらす確率的な攪乱項として表したもので，正規分布$N(0,\sigma_v^2)$に従うと仮定する。またuは企業の組織運営に伴って生じるさまざまなコストであるX非効率を表し，効率フロンティアから乖離する度合いを表す[(3)]。この部分が技術非効率（TE）と解釈され，次の式でその水準が定義される。

$$TE = \frac{Y}{f(K,L,M\,;\beta)\exp(v)} = \frac{f(K,L,M\,;\beta)\exp(\varepsilon)}{f(K,L,M\,;\beta)\exp(v)} = exp(-u) \tag{8.3}$$

いま企業iのt期における産出をY_{it}とし，投入物については，K_{it}を資本，L_{it}を労働，M_{it}を原料として表記する。生産関数を実証モデルとするため，(8.1) 式をテイラー展開して1次近似すれば，コブダグラス型の確率的フロンティアモデルを次のように特定化できる。

$$ln\,Y_{it} = \beta_0 + \beta_K\,ln\,K_{it} + \beta_L\,ln\,L_{it} + \beta_M\,ln\,M_{it} + v_{it} - u_{it} \tag{8.4}$$

それぞれの投入要素における係数値は，投入に対する生産物の弾力性を表すため，計測の結果β_Kとβ_Lおよびβ_Mの係数値の和が1以上であれば，規模の経済性があると判断される。*SFA* の特徴は，特定化したフロンティアモデルの攪乱項（v）に加え，非効率性を表す確率的な項（u）を加える点である。従来の研究において，uは Aigner et al.（1977）で提示された半正規分布$[|N(0,\sigma_v^2)|]$や Stevenson（1980）によって提示された切断正規分布$[|N(\mu,\sigma_v^2)|]$に従うと仮定したものが多いが，ほかにも Greene（1990）によって提示されたガンマモ

(3)　X非効率は，Leibenstein（1966）によって定義づけられており，例えば組織の規模が拡大した時に伴うさまざまなコストを意味する。

デルなどもある[(4)]。ここでv_{it}とu_{it}は互いに独立（無相関）である。また，技術非効率uの値を確定させる方法については，条件付き分布のもとでの技術非効率の推定方法がJondrow et al.（1982）によって展開されているが，vとuのそれぞれの分散をσ_v^2はσ_u^2とすれば，基本的には Aigner et al.（1977）で提示された次のような定義が実証研究で多用されている。

$$\sigma^2 = \sigma_v^2 + \sigma_u^2, \qquad \gamma = \frac{\sigma_u^2}{\sigma_v^2 + \sigma_u^2} \tag{8.5}$$

ここでγは非効率性による変動部分を表す指標であり，$0 \leqq \gamma \leqq 1$である。各企業の非効率の程度は1からどれだけ乖離しているかで表されるため，効率指標の計測結果が1に近いほど効率性の高い企業となる。

実際の計測では，パネルデータを用いた生産関数を最尤法によって推計するため，各期における非効率性の程度が変化するモデルを用いる。そこでu_{it}を$u_{it} = u_i \cdot \exp\{-\eta(t-T)\}$と特定化している（$T$は最終期）。すると$\eta$は市場全体の効率性が時間とともに上昇したのか低下したのかを表す係数となる。つまり$\eta > 0$ならば，$u_{it} = u_i \cdot \exp\{\eta(T-t)\}$となるので効率性は改善，$\eta < 0$であれば効率性は低下，$\eta = 0$であれば，効率性は分析期間を通じて一定となる[(5)]。非効率の程度は1からどれだけ乖離しているかで表されるため，効率指標の計測結果が1に近いほど効率性が高い企業であると解釈する。

一般的な生産関数に2次のテイラー展開を施し，計測モデルをトランスログ型としてさらにフレキシブルに特定化した場合には，次のようなモデルで表現できる。

---

(4)　確率的フロンティアモデルは，非効率性の分布に関する特定化の違いによって，非効率項uの計測結果が異なるという問題点があることに注視しなければならない。

(5)　効率性が時間を通じて変化するモデルについては，Cornwell et al.（1990）で効率性の時間に関する変化を2次近似した形式$u_{it} = \theta_{i1} + \theta_{i2}t + \theta_{i2}t^2$で表現され，Kumbhakar（1990）では指数的な時間変化$u_{it} = [1 + exp(bt + ct^2)]$を考慮して推計されている。

$$lnY_{it}=\beta_0+\beta_K\,ln\,K_{it}+\beta_L\,ln\,L_{it}+\beta_M\,ln\,M_{it}+\frac{1}{2}\beta_{KK}(lnK_{it})^2+\frac{1}{2}\beta_{LL}(lnL_{it})^2$$
$$+\frac{1}{2}\beta_{MM}(ln\,M_i)^2+\beta_{KL}\,ln\,K_{it}\,ln\,L_{it}+\beta_{KM}\,ln\,K_{it}\,ln\,M_{it}+\beta_{LM}\,ln\,L_{it}\,ln\,M_{it}+v_i-u_i \tag{8.6}$$

以下では実際に，確率的生産フロンティアによる計測モデルを用いて，製紙業界の生産効率性の推計を試みる[(6)]。計測に用いる投入要素には，資本設備，労働，原材料の３種類を考慮する。資本（K）は有価証券報告書の製造原価明細書に記載された償却対象有形固定資産で定義し，内閣府が刊行する『国民経済計算年報』の民間企業設備デフレータにより実質化している。また労働（L）は有価証券報告書に記載された期末従業員数を用いる。原材料（M）は製造原価明細書に計上された原材料費を，日本銀行が提供する紙パルプ投入物価指数によってデフレートしている。産出物（Y）は売上高で定義し，日本銀行の紙パルプ企業物価指数で実質化した。

分析期間は1986年から2011年であるが，これは財務諸表から製造原価明細書のデータを得ることができる期間であること，さらに2012年度以降は持株会社化によって王子製紙のデータを得ることができないためである。分析対象とする企業は上場企業で，かつ当該期間の『紙・板紙統計年報（日本製紙連合会)』に掲載されている市場占有率が上位20社以内に持続的に存在する企業とした。こうして選ばれた企業は，王子製紙（旧）→新王子製紙→王子製紙（新），十條製紙→日本製紙→日本製紙（新），本州製紙，大昭和製紙，大王製紙，三菱製紙，北越製紙，山陽国策パルプ，神崎製紙，中越パルプ，東海パルプ，三興製紙，紀州製紙，日本加工製紙，特種製紙の洋紙生産企業と，板紙専業であるレンゴー，セッツ，中央板紙，高崎製紙→高崎三興製紙で，のべ24社となる。

コブダグラス型確率的生産フロンティア関数について，1990年以降の計測結果を表８－１に示している。王子／神崎＝新王子製紙と十條／山陽国策＝日本製紙の合併が行われた1993年，新王子／本州＝王子製紙の合併が実現した1996

(6)　確率的フロンティアモデルの計測には，STATA16を利用している。

表8－1　コブダグラス型SFA生産関数の計測結果（Time‐variantのケース）

	1990‐1992		1993‐1995		1996‐1998	
	Coef.	$P>\|z\|$	*Coef.*	$P>\|z\|$	*Coef.*	$P>\|z\|$
β_K	0.056	(0.274)	0.346	(0.000)	0.097	(0.379)
β_L	0.432	(0.000)	0.430	(0.000)	0.195	(0.035)
β_M	0.536	(0.000)	0.372	(0.000)	0.753	(0.000)
β_0	2.286	(0.000)	0.791	(0.000)	1.389	(0.012)
μ	0.276	(0.005)	－0.041	(0.939)	0.405	(0.000)
η	－0.041	(0.052)	0.122	(0.010)	－0.066	(0.058)
σ^2	0.031		0.050		0.036	
γ	0.960		0.975		0.924	
σ_u^2	0.030		0.048		0.033	
σ_v^2	0.001		0.001		0.003	
LL	72.044	(0.000)	67.233	(0.000)	46.531	(0.000)

	1999‐2001		2002‐2006		2007‐2011	
	Coef.	$P>\|z\|$	*Coef.*	$P>\|z\|$	*Coef.*	$P>\|z\|$
β_K	－0.062	(0.510)	－0.048	(0.558)	－0.073	(0.271)
β_L	0.122	(0.133)	0.140	(0.105)	0.294	(0.024)
β_M	0.993	(0.000)	0.591	(0.000)	0.763	(0.000)
β_0	1.203	(0.116)	5.447	(0.000)	2.304	(0.003)
μ	0.416	(0.000)	－0.004	(0.997)	0.143	(0.031)
η	0.009	(0.624)	－0.007	(0.210)	－0.054	(0.401)
σ^2	0.053		0.520		0.009	
γ	0.981		0.998		0.882	
σ_u^2	0.052		0.519		0.008	
σ_v^2	0.001		0.001		0.001	
LL	44.013	(0.000)	65.729	(0.000)	59.836	(0.000)

年，板紙企業であるレンゴー／セッツ＝レンゴー，高崎／三興＝高崎三興製紙の合併があった1999年，王子グループの再編と日本／大昭和＝日本製紙の合併が実質的に機能した2002年，北越／紀州および特種／東海＝特種東海製紙が発効する2007年以降というように，大型合併があった時期に分割して計測を行っ

たため，変数の制約からコブダグラス型の関数によって推計を試みた。表下段の LL は対数尤度である。

1990年代初頭の不況期にあたる1990年から1992年の計測では，投入要素の係数値はすべて統計的に有意に正であり，理論的な符号条件は満たしているが，生産要素の生産物に対する弾力性を意味する β_K，β_L，β_M を足し合わせた値は1を越えてしまうため，推定値からは業界全体における規模の経済性を確認することはできない。μ の値は統計的に有意に0であることを棄却する結果となっているため，切断正規分布を用いることが望まれる。また η の符号を見るとマイナスとなっているため，景気後退期において製紙産業全体の効率性は低下したことがわかる。

1993年から1995年の期間においても係数値はすべてプラスで統計的に有意であるが，規模の経済性はやはり観測できない。μ の値はマイナスで計測されているが統計的有意性は認められないため，この場合は半正規分布を想定した計測でも構わないことになる。この分析期間では η の値は有意にプラスとなっているため，景気の回復期を反映して産業全体の効率性は改善していることになる。

1996年から1998年の期間では，係数値 β はすべて正であるが，β_K の値は統計的に有意でない。ここでも規模の経済性は確認できない。η は有意にマイナスであるため，産業全体の効率性は低下していると判断できる。1999年以降の分析では，β_K の値に有意性がないもののマイナスとなってしまい，理論的に期待される符号条件を満たさなくなる。β_L と β_M については正の符号が有意に得られている。この期間の η は有意にプラスであるが，統計的有意性はない。η の値からは2000年代前半では効率性は低下傾向であることが推察される。

ここでコブダグラス型生産フロンティア関数の計測結果から得られた企業ごとの効率性を検討する。効率性の企業別計測結果（1に近いほど効率的）は表8－2の通りである。これを見ると，1980年代後半の景気拡大期には，山陽国策パルプ，十條製紙，大王製紙，東海パルプなど，洋紙と板紙を生産する企業が上位を占めていることが特徴的である。1990年代に入ると板紙専業のレンゴーも上位に登場するほか，王子製紙も効率順位を上げている。また北越製紙，特

表8－2　コブダググラス型 *SFA* 生産関数による企業別効率性の計測結果

1986-1989		1990-1992		1993-1995		1996-1998	
山陽国策	0.975	十條製紙	0.975	大王製紙	0.982	大王製紙	0.946
十條製紙	0.974	大王製紙	0.932	特種製紙	0.980	日本製紙	0.886
大王製紙	0.971	山陽国策	0.924	レンゴー	0.970	特種製紙	0.853
東海パルプ	0.960	レンゴー	0.919	東海パルプ	0.932	レンゴー	0.799
高崎製紙	0.952	東海パルプ	0.841	日本製紙	0.928	中越パルプ	0.718
北越製紙	0.922	北越製紙	0.819	三興製紙	0.907	東海パルプ	0.699
特種製紙	0.901	王子製紙	0.812	高崎製紙	0.905	セッツ	0.666
レンゴー	0.889	特種製紙	0.792	セッツ	0.889	王子製紙	0.653
中越パルプ	0.850	本州製紙	0.739	北越製紙	0.855	高崎製紙	0.646
セッツ	0.845	高崎製紙	0.737	日本加工	0.848	紀州製紙	0.630
王子製紙	0.834	中越パルプ	0.727	紀州製紙	0.845	三興製紙	0.629
三菱製紙	0.748	セッツ	0.722	本州製紙	0.808	北越製紙	0.627
中央板紙	0.733	三興製紙	0.707	中越パルプ	0.767	三菱製紙	0.605
三興製紙	0.721	大昭和製紙	0.670	中央板紙	0.739	日本加工	0.572
紀州製紙	0.696	三菱製紙	0.650	新王子製紙	0.667	大昭和製紙	0.564
日本加工	0.691	中央板紙	0.633	三菱製紙	0.644	中央板紙	0.544
大昭和製紙	0.673	神崎製紙	0.625	大昭和製紙	0.631		
本州製紙	0.655	日本加工	0.620				
神崎製紙	0.648	紀州製紙	0.608				

1999-2001		2002-2006		2007-2011	
大王製紙	0.968	日本製紙	0.975	大王製紙	0.980
特種製紙	0.901	大王製紙	0.960	日本製紙	0.919
日本製紙	0.817	王子製紙	0.960	王子製紙	0.917
レンゴー	0.691	レンゴー	0.720	三菱製紙	0.856
王子製紙	0.683	三菱製紙	0.578	中越パルプ	0.831
中越パルプ	0.656	北越製紙	0.526	レンゴー	0.817
東海パルプ	0.632	中越パルプ	0.493	北越製紙	0.801
北越製紙	0.590	東海パルプ	0.373		
高崎三興	0.589	特種製紙	0.326		
三菱製紙	0.576	紀州製紙	0.299		
紀州製紙	0.512				
大昭和製紙	0.490				
日本加工	0.487				

種製紙も安定的に相対的な効率性を維持している。1980年代には下位にあった本州製紙や大昭和製紙などの大手企業も不況を背景に相対的な生産効率を改善している一方で，業界中堅企業である中越パルプ，三菱製紙と，これに比べて小規模となる紀州製紙や高崎製紙の効率性評価が低下している。

注目すべきは1993年の合併事例であるが，王子／神崎＝新王子製紙の効率順位は大きく低下しており，効率性上位の企業同士における合併となった十條／山陽国策＝日本製紙のケースでも，合併直後の時期においては効率性が低下していることがわかる。しかし，日本製紙は1996年以後の時期では効率性が大幅に改善し，その後の分析期間において継続的に上位に存在する。日本製紙の合併相手となった山陽国策パルプはもともと効率順位が高かったことから，この合併はかなり成功であったと判断できる。また2000年代には効率性が下位にある大昭和製紙との合併があったが，これも生産効率から見ると，合併後はさらに改善していることになる。

1996年には新王子／本州＝王子製紙が実現するが，もともと効率順位が低かった本州製紙との合併であることを考慮すれば，この時期における王子製紙の相対的効率性は上昇していることがわかる。2000年代になると王子製紙はグループ企業の整理統合を反映しているのか効率順位が上昇し，分析最終期には業界３位の効率性を実現している。

板紙専業企業同士の合併が行われた1999年を見ると，レンゴー／セッツ＝レンゴーではやや効率順位を低下させるが，2000年代前半には上位に存在する。しかし2008年のリーマン・ショックによる不況期を含む最終期では，景気低迷で板紙需要の不振を反映したのか生産効率性は低下している。

中堅企業で大型合併を行わなかった大王製紙は，分析期間を通じて上位もしくはトップに位置しており，製紙業界で最も生産効率の高い企業であることが明らかである。北越製紙は生産効率で見ると中位に位置していたが，それまで効率順位が下位にあった紀州製紙との最終期の合併で効率評価が大きく低下している。東海パルプも1990年代前半までは効率性が高く評価されるが，2000年代に入ると順位が低下し，最終期には特種製紙との合併で特種東海製紙が実現する。ここではデータが得られなかったため最終期のサンプルから除外してお

表8－3　トランスログ型*SFA*生産関数の計測結果（Time‐invariant）

	1986-2011	
	Coef.	*P*>|*z*|
β_0	2.795	(0.108)
β_K	0.083	(0.600)
β_L	0.736	(0.002)
β_M	0.355	(0.320)
β_{KK}	0.008	(0.437)
β_{LL}	0.165	(0.000)
β_{MM}	0.189	(0.022)
β_{KL}	0.027	(0.442)
β_{KM}	−0.032	(0.336)
β_{LM}	−0.189	(0.000)

	1986-2011	
	Coef.	*P*>|*z*|
μ	0.494	(0.000)
σ^2	0.095	
γ	0.963	
σ^2_u	0.091	
σ^2_v	0.003	
LL	436.432	(0.000)

り，合併の成果を判断することができない。

ここで長期のデータを用いたトランスログ型の確率的生産フロンティアによる計測結果を検討する。景気拡大期である1986年度から，不況期で合併が盛んに繰り返された1990年代を経て2011年度までの26年間の経年的な効率性評価が可能となる。推定式は（8.6）式であり，使用する変数におけるデータは，コブダグラス型生産フロンティアモデルと同様である。

まず表8－3に提示した生産フロンティアの計測結果を見ると，コブダグラス型での計測と同様，投入要素の係数値はすべて正であるが，β_Kとβ_Mで統計的有意性を得られていない。また規模の経済性についてもその条件を満たすことはできない。さらに2次項はトランスログ型関数の形状を知る意味では重要であるが，ここでは係数値の符号に関する計測結果の詳細な検討については省略する。μの値は統計的に有意に切断正規分布を支持する値になっている。経年的に効率性が変動する（Time‐variant）トランスログ型生産フロンティアモデルによる計測を試みたが収束しなかったため，ここでは経時的に一定の効率性が算出される（Time‐invariant）モデルによって計測を行っている。そのため経年的な効率性の変化を示すηの値は計算されていない。

このトランスログ型生産フロンティアモデルによって計測された生産効率の

表8－4　トランスログ型*SFA*生産関数による企業別効率性の計測結果

企業名	生産効率性
日本製紙	0.970
大王製紙	0.844
十條製紙	0.824
日本製紙（新）	0.821
王子製紙（新）	0.809
山陽国策パルプ	0.799
王子製紙（旧）	0.736
新王子製紙	0.741
レンゴー（新）	0.708
レンゴー（旧）	0.701
本州製紙	0.629
三菱製紙	0.579
大昭和製紙	0.578

企業名	生産効率性
中越パルプ	0.552
北越製紙	0.547
東海パルプ	0.504
特種製紙	0.497
神崎製紙	0.488
セッツ	0.470
高崎三興	0.457
日本加工製紙	0.427
紀州製紙	0.420
高崎製紙	0.420
三興製紙	0.414
中央板紙	0.378

結果を表8－4に示している。表には分析期間において計測された効率順位の順に並べている。このモデルでは分析期間全体における各企業の効率性が一定値で得られるため，経年的な効率性の変化を捉えられない欠点もあるが，合併後に別企業となった生産効率の変化は確認できる利点もある。大型合併に注目しながら各企業の効率性を観察すると，十條製紙はやはり初期から生産効率は高く，合併相手となる山陽国策パルプも効率性は上位にある。1993年に両企業の合併によって誕生した日本製紙は，分析期間を通じた効率順位のトップとして評価された。2000年代における日本製紙の効率性も高いことから，コブダグラス型での計測同様，日本製紙の合併戦略は生産効率の向上を達成するものであったことが明らかである。

同様に大型合併を行った王子製紙を見ると，分析当初は比較的上位にあり，1993年の神崎製紙との合併後，新王子製紙となった際にも大きく生産効率の低下は観察されない。1996年に本州製紙との合併で再度商号を王子製紙とした以後では，それ以前よりも生産効率性は相対的に向上していることがわかる。

板紙企業の合併に着目すると，レンゴーは1999年に合併したセッツの生産効率性が低位にあったにもかかわらず，ほぼ生産効率を維持している。同年に合併した高崎三興のケースでは，合併前に両企業とも効率順位が低位にあったが，合併後はそれ以前よりも生産効率の計測結果にやや改善が見られる。

合併を行わなかった大王製紙はトランスログ型生産フロンティアによる計測においても経年的にほぼ最上位に位置する。北越製紙や中越パルプ，また東海パルプはほぼ中位となっている。このように，確率的生産フロンティアモデルによる計測では，生産効率から見た製紙業の合併は，長期的に見ると成功していると評価できる。

3　確率的費用フロンティアモデルによるアプローチ

生産フロンティアによるアプローチでは，技術非効率のみが分析の焦点になる。ここでは資源配分上の非効率性を考慮した確率的費用フロンティアによる同様の計測を試みる。

一般に費用関数Cは，生産量ベクトル（Y）と要素価格ベクトル（w）から構成され，次のように定義される。

$$C=C(Y,w;\beta) \qquad (8.7)$$

ここでβは推計すべきパラメータである。この式に確率的な要素を加え，確率的費用フロンティアモデルに置き換えると，次のように表現できる。

$$C=C(Y,w;\beta)exp(\varepsilon) \qquad (8.8)$$

生産フロンティアと同様に，Aigner et al.（1977）の定義をもとにすれば，費用関数の枠組みにおいてεは次のように定義される。

$$\varepsilon=v+u \qquad u\geq 0 \qquad (8.9)$$

攪乱項の性質については，生産フロンティアによるアプローチと同様である。ここでCを総費用，Yを生産物，w_Kを資本コスト，w_Lを賃金率，w_Mを原材料価格として産出と投入要素価格を定義する。一般的な確率的費用関数をテイラー展開して１次近似し，コブダグラス型の確率的費用フロンティアモデルによってこのモデルを特定化すれば，次のように表現できる。

$$ln\,C_{it}=\beta_0+\beta_Y\,ln\,Y_{it}+\beta_K\,ln\,w_{Kit}+\beta_L\,ln\,w_{Lit}+\beta_M\,ln\,w_{Mit}+v_{it}+u_{it}$$
$$i=1,\cdots,N\qquad t=1,\cdots,T \tag{8.10}$$

この定式化はパネルデータによる計測を想定して表記している。推計された技術非効率の程度が１に近いほど費用効率が高い企業と判断されるため，確率的費用フロンティアモデルにおいても，非効率の程度は１から乖離するほど大きくなる。さらに，費用関数をテイラー展開で２次近似して両辺に対数をとると，以下のようなトランスログ型確率的費用フロンティアモデルの定義式を得る。

$$ln\,C_i=\beta_0+\beta_Y\,ln\,Y_{it}+\beta_K\,ln\,w_{Kit}+\beta_L\,ln\,w_{Kit}+\beta_M\,ln\,w_{Mit}+\frac{1}{2}\beta_{YY}(ln\,Y_{it})^2$$
$$+\frac{1}{2}\beta_{KK}(lnw_{Kit})^2+\frac{1}{2}\beta_{LL}(lnw_{Lit})^2+\frac{1}{2}\beta_{MM}(lnw_{Mit})^2+\beta_{YL}\,ln\,Y_{it}\cdot ln\,w_{Kit}$$
$$+\beta_{YL}\,ln\,Y_{it}\cdot ln\,w_{Lit}+\beta_{YM}\,ln\,Y_{it}\cdot ln\,w_{Mit}+\beta_{KL}\,ln\,w_{Kit}\cdot ln\,w_{Lit}$$
$$+\beta_{KM}\,ln\,w_{Kit}\cdot w_{Mit}+\beta_{LM}\,ln\,w_{Lit}\cdot ln\,w_{Mit}+v_i+u_i \tag{8.11}$$

攪乱項vは正規分布$N(0,\sigma_v^2)$に従うと仮定し，技術非効率性uは平均μで切断された非負の正規分布$|N(\mu,\sigma_u^2)|$を仮定する。パネルデータによる計測を行う際には，生産フロンティアによるアプローチと同様に，各期で非効率性の程度が変化するモデルを用い，uを$u_{it}=u_i\{exp[-\eta(t-T)]\}$と表す。$\eta$は市場全体の効率性の時間経過における変化を表すパラメータである。この時$\eta>0$であれば効率性は改善，$\eta<0$であれば効率性は低下，$\eta=0$であれば効率性は分析期間

を通じて一定であることを示している。フロンティア関数自体の分散σ_v^2と効率性の分散σ_u^2についても生産アプローチと同様に，$\sigma^2=\sigma_v^2+\sigma_u^2$と，$\gamma=\sigma_u^2/(\sigma_v^2+\sigma_u^2)$という指標を考慮する。

まず，大型合併のあった期間ごとに分析を行うため，計測の安定性を考慮して Coelli et al.（1998）で提示されているコブダグラス型の確率的費用フロンティアモデルである（8.10）式を用いた費用効率性の変化を観測する。分析期間と対象企業は生産アプローチと同様であるため，両方の分析における計測結果を対比することができる。費用関数の計測にはモデルに示したように産出物と生産要素価格が必用となるが，具体的なデータの作成方法は次の通りである。まず資本コスト（w_K）を減価償却率（減価償却／償却対象有形固定資産）で定義し，賃金（w_L）は従業員給与と製造原価明細書に記された労務費を足し合わせた金額を期末従業員数で除した値を用いている。さらに原材料価格（w_M）は原材料費を『紙・板紙統計年報』から得られる各企業の洋紙・板紙の生産量で割った値を用いている。これらの財務データはすべて有価証券報告書に記載されたデータを『日経 NEEDS 企業・財務データ』から得た数値であり，データの実質化は2000年を基準としている。

ここで分析期間を分割したケースについて，説明変数の少ないコブダグラス型の確率的費用フロンティアモデルによって計測を試みた結果を表8－5に示している。これを見ると，すべての計測期間において生産物の係数値β_Yはプラスで有意な値をとっている。また2002年から2006年の期間以外は生産物の費用に与える弾力性が1以下の値であるため，規模の経済性の発揮が統計的にも検証されている。しかし，資本コストの係数値β_K，賃金の係数値β_L，原材料価格の係数値β_Mの符号条件は理論的に正となることが必要であるが，分析期間を通じてこれは満たされていない。μの値については1990年代にはゼロであることが棄却されるが，2000年代になると統計的有意性を消失している。

ηの値は1990年代でマイナス，2000年代にはプラスとなっており，業界全体としては効率性の改善傾向は見られるものの，統計的有意性のある計測値は少なく効率性の経年変化についても判断しにくい。さらに2002年の計測では収束しなかったため，効率性一定のモデルによる推計を行っている。

表8－5　コブダグラス型*SFA*費用関数の計測結果（Time - variant）

	1990-1992		1993-1995		1996-1998	
	Coef	$P>\lvert z\rvert$	*Coef*	$P>\lvert z\rvert$	*Coef*	$P>\lvert z\rvert$
β_Y	0.941	(0.000)	0.958	(0.000)	0.887	(0.000)
β_K	0.017	(0.659)	−0.060	(0.485)	−0.292	(0.006)
β_L	−0.152	(0.152)	−0.105	(0.290)	−0.035	(0.527)
β_M	0.045	(0.346)	0.002	(0.972)	0.149	(0.128)
β_0	0.432	(0.208)	−0.584	(0.689)	0.256	(0.674)
μ	0.248	(0.000)	0.668	(0.646)	0.467	(0.003)
η	−0.007	(0.719)	−0.017	(0.648)	−0.086	(0.002)
σ^2	0.020		0.017		0.034	
γ	0.957		0.962		0.975	
σ_u^2	0.019		0.016		0.034	
σ_v^2	0.001		0.001		0.001	
LL	82.690	(0.000)	83.333	(0.000)	64.698	(0.000)

	1999-2001		2002-2006		2007-2011	
	Coef	$P>\lvert z\rvert$	*Coef*	$P>\lvert z\rvert$	*Coef*	$P>\lvert z\rvert$
β_Y	0.871	(0.000)	1.059	(0.000)	0.942	(0.000)
β_K	−0.084	(0.253)	0.124	(0.015)	0.025	(0.734)
β_L	0.070	(0.188)	−0.196	(0.036)	0.111	(0.162)
β_M	−0.013	(0.829)	0.461	(0.001)	0.141	(0.121)
β_0	0.264	(0.577)	0.438	(0.332)	0.300	(0.630)
μ	0.350	(0.000)	0.241	(0.391)	0.108	(0.404)
η	0.010	(0.481)			−0.034	(0.260)
σ^2	0.036		0.086		0.017	
γ	0.987		0.985		0.951	
σ_u^2	0.036		0.085		0.016	
σ_v^2	0.000		0.001		0.001	
LL	55.154	(0.000)	70.508	(0.000)	60.919	(0.000)

ここで確率的費用フロンティアモデルによる各企業の効率性について確認する。表8－6は各期の費用効率が優れている企業順（1に近いほど効率的）に並べたものである。これを見ると，1980年代後半の好景気の時期には，板紙専業のレンゴーや山陽国策パルプ，三菱製紙や北越製紙など，洋紙と板紙を生産する企業が上位に並んでいる。好景気時の梱包用段ボール需要が好調であったため，板紙企業が効率順位の上位に並んだと推察される。

合併に注目すると，1993年の十條／山陽国策＝日本製紙の合併では，費用効率が上位にあった十條製紙は，業界トップであった山陽国策との合併により，合併後すぐに費用効率の順位を上昇させている。しかし日本製紙は1996年に費用効率は悪化してその後は持ち直すものの，費用効率が低位にあった大昭和製紙との合併で，最終期にはかなり効率順位を下げている。王子製紙は1993年の神崎製紙との合併時はほぼ効率順位に変化はないが，1996年の本州製紙との合併時は効率評価が大きく低下する。この期間には業界2強の効率性が低く算出されており，規模の経済性が比較的大きく計測された費用関数の結果とは矛盾している。その後も王子製紙の効率性は中位で推移している。

大王製紙の成果は費用効率においても際立っている。分析期間を分割した計測においても，費用効率の相対的評価は最上位にある。また費用効率においては特種製紙も目立っている。業界では小規模ながら，特殊紙における付加価値の大きさが費用効率に反映しているものと推察される。北越製紙，中越パルプ工業，三菱製紙，東海パルプなどの中堅企業の費用効率は，1990年代にはほぼ中位に位置しているが，2000年代になると相対的に順位は低位となる。

板紙企業のレンゴーは，1990年代には比較的上位に位置しているが，1999年のセッツとの合併以降，2000年代前半までは低位となっている。同時期の高崎／三興＝高崎三興の合併後の効率性は相対的に向上している。

さらにここではトランスログ型の確率的費用フロンティアモデルを用いて，1986年から2011年までの長期にわたる費用効率性の推計を行った結果を表8－7に示す。費用関数の計測に用いる変数はコブダグラス型の費用関数と同じ定義である。表に提示した費用フロンティアの計測結果を見ると，β_Yの係数値は正で有意であり，その値が1より小さいため，規模の経済性が発揮されて

表8－6　コブダグラス型 *SFA* 費用関数による企業別効率性の計測結果

1986-1989		1990-1992		1993-1995		1996-1998	
レンゴー	1.031	山陽国策	1.031	大王製紙	1.384	特種製紙	1.037
特種製紙	1.032	特種製紙	1.032	特種製紙	1.611	大王製紙	1.182
山陽国策	1.054	大王製紙	1.054	日本製紙	1.708	レンゴー	1.394
十條製紙	1.108	レンゴー	1.108	レンゴー	1.792	中越パルプ	1.471
三菱製紙	1.213	東海パルプ	1.213	中越パルプ	1.846	日本加工	1.492
北越製紙	1.250	十條製紙	1.250	東海パルプ	1.910	東海パルプ	1.499
東海パルプ	1.284	北越製紙	1.284	北越製紙	1.926	高崎製紙	1.515
中越パルプ	1.294	王子製紙	1.294	新王子製紙	1.946	北越製紙	1.532
紀州製紙	1.299	高崎製紙	1.299	三菱製紙	1.970	三菱製紙	1.540
大王製紙	1.326	三菱製紙	1.326	セッツ	2.023	紀州製紙	1.582
日本加工	1.338	三興製紙	1.338	高崎製紙	2.059	日本製紙	1.603
神崎製紙	1.345	中越パルプ	1.345	三興製紙	2.060	セッツ	1.614
高崎製紙	1.350	中央板紙	1.350	本州製紙	2.086	三興製紙	1.647
王子製紙	1.369	紀州製紙	1.369	日本加工	2.087	王子製紙	1.886
本州製紙	1.371	セッツ	1.371	紀州製紙	2.183	中央板紙	1.887
セッツ	1.384	日本加工	1.384	中央板紙	2.184	大昭和製紙	2.117
大昭和製紙	1.411	本州製紙	1.411	大昭和製紙	2.427		
三興製紙	1.442	神崎製紙	1.442				
中央板紙	1.502	大昭和製紙	1.502				

1999-2001		2002-2006		2007-2011	
大王製紙	1.026	特種製紙	1.028	大王製紙	1.020
特種製紙	1.034	大王製紙	1.030	三菱製紙	1.028
東海パルプ	1.341	日本製紙	1.270	レンゴー	1.097
中越パルプ	1.347	三菱製紙	1.304	王子製紙	1.196
日本製紙	1.392	王子製紙	1.344	日本製紙	1.213
高崎三興	1.423	レンゴー	1.387	中越パルプ	1.237
レンゴー	1.435	北越製紙	1.571	北越製紙	1.320
北越製紙	1.557	中越パルプ	1.647		
紀州製紙	1.581	紀州製紙	1.686		
日本加工	1.620	東海パルプ	2.217		
三菱製紙	1.680				
王子製紙	1.713				
大昭和製紙	1.951				

表8－7　トランスログ型 *SFA* 費用関数の計測結果（Time‐variant のケース）

	1986‐2011	
	Coef.	*P*>|*z*|
β_0	−4.848	(0.032)
β_Y	0.994	(0.001)
β_K	−0.368	(0.362)
β_L	1.950	(0.002)
β_M	−1.824	(0.000)
β_{YY}	0.034	(0.136)
β_{KK}	−0.075	(0.002)
β_{LL}	−0.296	(0.207)
β_{MM}	−0.187	(0.000)
β_{YK}	−0.015	(0.524)
β_{YL}	−0.087	(0.009)
β_{YM}	0.116	(0.000)

	1986‐2011	
	Coef.	*P*>|*z*|
β_{KL}	0.126	(0.418)
β_{KM}	−0.071	(0.131)
β_{LM}	0.021	(0.724)
μ	0.436	(0.000)
η	−0.014	(0.000)
σ^2	0.029	
γ	0.907	
σ_u^2	0.026	
σ_v^2	0.003	
LL	494.972	(0.000)

いることが明らかとなる。要素価格の推計値を見ると，β_Kとβ_Mがマイナスとなっているため，理論的な条件を満たしていない。μの値はここでも統計的に有意に平均がゼロではない切断正規分布を支持している。この計測では経時的に効率性が変動する（Time‐variant）トランスログ型費用フロンティアモデルによる計測を行っている。経年的な効率性の変化を示すηの値がマイナスとなっているため，分析期間を通じた業界の効率性は低下していると考えられる。

表8－8には分析期間において計測された企業別の効率性を掲げている。各期の効率性は変化するため，表に示した期間について平均値を計算している。ここでも大型合併に注目しながら各企業の効率性を観察すると，山陽国策パルプは当初から費用効率性が最上位で計測されているが，十條製紙はこれに比べるとやや効率性が劣っている。しかし合併後の費用効率性は向上しており，この合併は肯定的に評価できる。その後，日本製紙は1990年代を通じて費用効率は相対的に上位にあるが，2000年代になって大昭和製紙との合併を経て効率順位は低下している。

王子製紙を見ると，1993年の神崎製紙との合併で新王子製紙となった際には

表8－8　トランスログ型*SFA*費用関数による企業別効率性の計測結果

	1986-1992	1993-1995	1996-1998	1999-2001	2002-2006	2007-2011
山陽国策パルプ	1.047					
レンゴー(旧)	1.120	1.129	1.135			
特種製紙	1.129	1.139	1.145	1.152	1.161	
大王製紙	1.217	1.234	1.245	1.257	1.273	1.296
日本製紙		1.356	1.374	1.456		
三菱製紙	1.335	1.363	1.381	1.400	1.428	1.465
王子製紙(旧)	1.401					
レンゴー(新)				1.497	1.532	1.580
十條製紙	1.408					
紀州製紙	1.432	1.470	1.494	1.520	1.557	1.592
新王子製紙		1.482				
中越パルプ	1.449	1.488	1.513	1.541	1.579	1.632
高崎製紙	1.450	1.489	1.514			
東海パルプ	1.458	1.498	1.524	1.551	1.591	1.623
日本製紙(新)					1.620	1.677
北越製紙	1.486	1.529	1.557	1.587	1.630	1.688
日本加工製紙	1.508	1.553	1.583	1.609		
本州製紙	1.515	1.560				
王子製紙(新)			1.617	1.650	1.699	1.765
神崎製紙	1.567					
三興製紙	1.646	1.705	1.745			
中央板紙	1.680	1.744	1.786	1.875		
セッツ	1.727	1.796	1.842			
高崎三興				1.948		
大昭和製紙	1.792	1.869	1.920	1.955		

効率順位が低下している。こうした事実からも合併相手となる企業の効率性は合併後の成果に大きく影響することが明らかである。1996年の本州製紙との合併時には大きく費用効率を低下させており，相対的順位が両企業の合併前よりも低下している。このように費用面からのアプローチでは，日本製紙と王子製紙の合併効率の評価は，より明確になっている。

板紙企業のレンゴーも1999年の合併時以降は費用効率を下げており，高崎三興製紙の合併時も効率性の順位はそれ以前の両企業の状況よりも低下している。

この分析においても大王製紙の費用効率は経年的に優れており，最終期には業界で最も効率性が高くなっていることがわかる。その他の中堅企業を見ると，中越パルプと東海パルプは中位に，北越製紙はやや下位に位置している。

4　SFA の計測結果に関する考察

企業の生産効率や費用効率を相対的に比べる計量的な手法として，ここでは確率的フロンティアモデルを用いて，1990年代の製紙業界における合併の成果を評価した。確率的フロンティアモデルは，生産関数や費用関数を特定化し，効率的な企業をフロンティアに想定して，その他の企業の技術的な非効率性や資源配分の非効率性を計測する有用な手段である。パネルデータにも対応しており，経年的な効率性の変化も捉えることができるため，多様な分野の効率性分析に適用されている。

SFA 生産フロンティアモデルを用いた計測では，大半の大型合併のケースが成功的事例として評価されたが，*SFA* 費用フロンティアモデルを用いた計測では，日本製紙の合併事例は評価されるものの，王子製紙の合併は費用効率を低下させる結果となっている。これには合併相手となる企業の効率性が大きく関わっていること，また合併の評価にはある程度の時間が必要であり，長期的な評価が重要であることなどが明らかになった。

他方で注目すべきであるのは，すべての分析において，大王製紙の効率性が圧倒的に高いことである。大王製紙の効率性の要因はひとつの地域に立地した大規模な工場で，あらゆる種類の紙を生産しているところにあると考えられる。規模の経済性を発揮するだけでなく，多角化のメリットである範囲の経済性，また集積のメリットである密度の経済性を発揮していることが，大王製紙における効率性の源泉であると推察される。

しかし，確率的フロンティアモデルは特定化した関数を計測するため，ある程度多くのデータが必要となる。合併してサンプルが少なくなると，係数値の計測や有意性に影響を与えてしまう。また，分析期間を通じて各企業の効率順位に変化はないため，分析期間を合併時ごとに区切らなければならない。そうしたデメリットを克服するため，多様な手法での効率性評価が必要である。以下ではそのひとつとして，包絡分析法（*DEA*）による効率性の捉え方を展開する。

第9章
生産DEAによる製紙業界の効率性評価

1　生産面からのDEAモデル

さまざまな意思決定主体（Decision Making Unit：*DMU*）の活動における相対的効率性を評価する線形計画の手法として，包絡分析法（Data Envelopment Analysis：以下*DEA*）が用いられている。*DEA*は，分析対象となる*DMU*の投入と産出にかかる適当なウェイトを算出し，産出／投入の効率性指標を計算する方法である。このウェイトは，与えられた制約条件のもとで，当該*DMU*の効率値が最大になるように決められる。

*DEA*の嚆矢となった研究はCharnes et al.（1978）であり，彼らの提唱したモデルは，以後*DEA*の基本モデルとして，社会工学をはじめとしたさまざまな分野に適用されるようになった。内外を問わず，また幅広い専門領域での研究成果があるが，経済学関連の研究をいくつか取り上げて見ると，Ragan et al.（1988）ではアメリカの215の銀行について，1986年のデータに*DEA*を適用し，複数財のアウトプットを考慮した技術非効率の程度を計測している。また，Ferrier and Lovell（1990）でも，アメリカの575の金融機関について，1984年のデータによる*DEA*と*SFA*（Stochastic Frontier Analysis：*SFA*）を用いた技術非効率の推定を行っている。そして*DEA*による技術非効率の程度が*SFA*による計測値よりも平均的に小さいことを確認したが，これは*SFA*では関数形を特定化し統計的誤差を非効率の程度とする方法にその原因があると推察されている。

また日本における研究でも金融機関を取り上げたものが多く，刀根他

図9－1　*DEA* の概念図

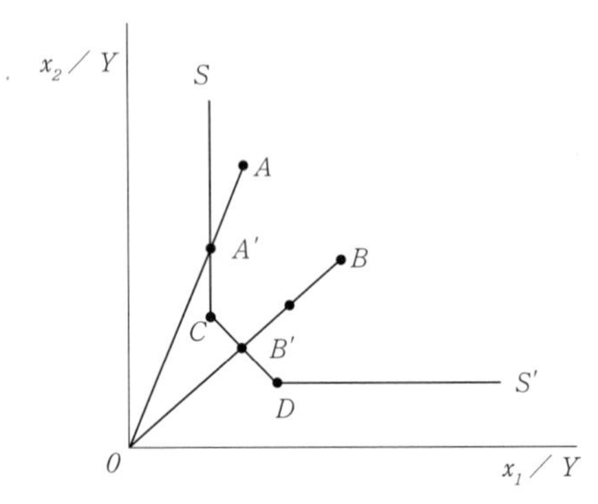

(1989) では1988年時点の都市銀行および有力地方銀行のデータを用いて *DEA* による効率性の測定を行っている。さらに刀根 (1993) では都市銀行および大手地方銀行をサンプルとして1987年から1991年までのパネルデータ分析を行い，資金調達における都市銀行の優位性と資金運用面での大手地方銀行の相対的な効率性を確認している。また高橋 (2003) でも都市銀行と大手地方銀行をサンプルとし，*DEA* によって合併・統合の効率性を測る試みがなされている。その結果，必ずしも合併が相対的な効率性を改善する結果とはならないことを示している。

このような先行研究をもとに，ここでは *DEA* による効率性分析を1990年代に合併を繰り返した製紙業界の相対的効率評価に適用し，合併の成否および個別企業の効率成果を検討したい。そのため，以下ではまず *DEA* の基本的な概念を説明し，*DEA* の生産面からの分析モデルを展開する[(1)]。

いま2種類の投入 (x_1, x_2) によって1種類の産出 (Y) を生み出す状況を考える。生産効率を考える場合，規模に関する収穫一定 (Constant Returns to Scale : *CRS*) を仮定すれば，それぞれの投入／産出を座標軸として図9－1のように A，B，C，D の各点に4つの *DMU* に関する観察値が描かれる。これらの点は4つの企業における投入と産出の組み合わせに関する実現値と解釈する。生産効率がよいというのは，より少ない投入で大きな産出を生み出すことであるから，A，B の実現値よりも，C，D の方が効率的であると判断できる。こうして図9－1のSS′のような生産フロンティアが描かれる。

Farrell (1957) の技術効率の指標に従えば，A 点を実現した企業の技術非効率の程度は OA'/OA であり，B 点を実現した企業のそれは OB'/OB である。し

(1)　以下の *DEA* 分析に関する基本概念は，Coelli et al. (1998) や末吉 (2001) などを参照。

かし，A点を実現していた企業が生産フロンティア上のA'を実現したからといって，それが最適な投入と産出の組み合わせになったとはみなせない。x_2の投入をさらに減らすことによりC点を実現すれば，より少ない投入によって生産フロンティア上の点を達成することができるからである。このように，投入指向型（input-oriented）な見方により定義されるこの余剰投入部分A′Cを，投入スラックと呼ぶ[(2)]。したがって，A点を実現している企業にとっては，C点を実現している企業の投入組み合わせが最適目標となる。B点を実現している企業にとっては，B′の点における投入の組み合わせが最適となりスラックは発生しない。しかしB′点はC点とD点の線形結合で表されるため，最適な投入の組み合わせ目標とする現実の企業としては複数の企業がモデル候補となる。

ここでDEAの具体的なモデルを提示する。いまk種類の投入物を用いてm種類の産出物を生産する企業がn社あったとしよう。この関係は$k\times n$の投入行列Xと，$m\times n$の産出行列Yとして解釈できる。DEAは産出／投入の生産効率を測る指標であるため，最も基本的なDEAは，規模に関する収穫一定（CRS）を仮定したうえで，産出のウェイトを$m\times 1$行のベクトルu，投入のウェイトを$k\times 1$行のベクトルvで表し，$(u^t y_j / v^t x_j) \leqq 1$および$u, v \geqq 0$の下で$(u^t y_i / v^t x_i)$を最大化させる分数計画法として定式化できる。しかしこの形式では無限大の解が存在するという問題に突き当たるため，これを回避する方法として産出のウェイトによる加重平均に$v^t x_i = 1$という制約を追加し，線形計画法によって表現したモデルが次のような基本モデルである。

$$
\begin{aligned}
& max_{u,v}(u^t y_i), \\
& s.t. \quad v^t x_i = 1, \\
& u^t y_i - v^t x_i \leq 0, \quad \mathrm{j} = 1, 2, \cdots n \\
& u, v \geq 0
\end{aligned}
\qquad (9.1)
$$

また，この双対形を示せば，

(2)　産出指向型の分析を用いれば，産出スラックについても同様に定義することができる。

$$min_{\theta,\lambda}\theta,$$
$$s.t.\quad -y_i+Y\lambda\geq 0,$$
$$\theta x_i-X\lambda\leq 0,$$
$$\lambda\geq 0 \qquad (9.2)$$

となる。ここでθはスカラー，λは$n\times 1$のベクトルである。$\theta<1$ならばそのDMUは非効率となるが，$\theta=1$でも，図9－1で説明したようなスラックが生じている場合がある。投入スラックは$IS=\theta x_i-X\lambda$で表され，産出スラックは$OS=Y\lambda-x_i$で表される。したがって，ISとOSは次の式を解くことによって得られる。

$$min_{\lambda,os,is}-(OS+IS),$$
$$s.t.\quad -y_i+Y\lambda-OS=0,$$
$$\theta x_i-X\lambda-IS=0,$$
$$\lambda\geq 0\ ,OS\geq 0,\ IS\geq 0 \qquad (9.3)$$

ここでOSは$m\times 1$の産出スラックベクトル，ISは$k\times 1$の投入スラックベクトルである。したがって，第1段階として（9.2）式を解きθを求めた後に，第2段階として（9.3）式を解くことになる。したがってDEA最適解は，$\theta=1$かつすべてのスラックがゼロの場合に効率的となる。

こうした規模に関する収穫一定（CRS）のモデルに対して，Banker et al.（1984）は，規模に関して収穫可変（Variable Returns to Scale : VRS）のモデルを提示した。図9－2は1種類の投入から1種類の産出を生み出す例を描き，CRSとVRSでのフロンティアの違いを説明したものである。図中P点のCRSによる効率性は$TE_{CRS}=AP_C/AP$で表されるが，VRSで測定すると効率性は$TE_{CRS}=AP_V/AP$となり，この比率をとった$TE_{CRS}/TE_{CRS}=AP_C/AP_V$が規模の効率性（$SE$）となる。また規模の弾力性（$\varepsilon$）は，

$$\varepsilon = \frac{ln(y)}{ln(x)} = \frac{y/x}{dy/_{dx}}$$

図９－２　*CRS* と *VRS*

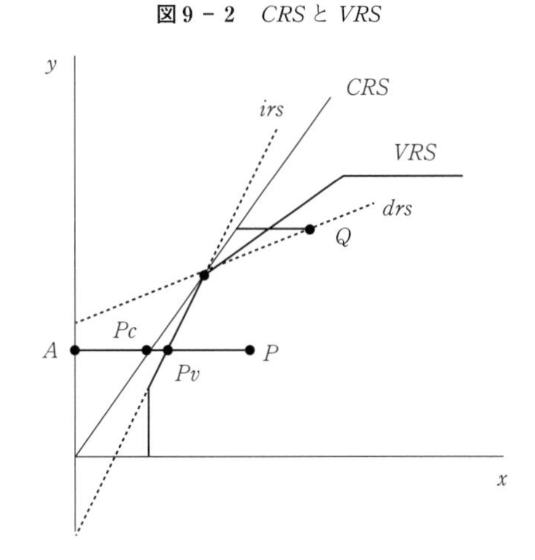

であり，平均生産物と限界生産物の比で表されるので，図中 Q 点では規模に関して収穫逓減（*DRS*），P_V 点では規模に関して収穫逓増（*IRS*）となる。

以上の概念を数式によるモデルで表現した場合，*VRS* モデルは *CRS* モデルに $\lambda=1$ の制約を加えた次のような式で表される。

$$\begin{aligned} & min_{\theta,\lambda}\theta, \\ & s.t. \quad -y_i + Y\lambda \geq 0, \\ & \qquad \theta x_i - X\lambda \leq 0, \\ & \qquad \lambda = 1 \\ & \qquad \lambda \geq 0 \end{aligned} \tag{9.4}$$

この *VRS* によって得られる技術効率性は，*CRS* モデルによって得られるものと同等であるかもしくは通常大きくなる。この *VRS* を使えば，規模による効率指標（Scale Efficiency）を計測することができる。

2　生産面のDEAを用いた製紙業界の効率性

ここで *DEA* を日本の製紙業界に適用し，合併を含む企業の効率性の推移を確認する。分析期間は1990年から2011年であり，産出物には売上高（Y）を，投入要素には資本（K），労働（L），原材料（M）を定義する。資本（K）は有価証券報告書の製造原価明細書に記載された償却対象有形固定資産で定義し，

表９－１　*DEA* の期間平均値

1990-1992	*CRS*	*VRS*	1993-1995	*CRS*	*VRS*	1996-1998	*CRS*	*VRS*
十條製紙	1.000	1.000	日本製紙	1.000	1.000	大王製紙	1.000	1.000
北越製紙	1.000	1.000	大王製紙	1.000	1.000	レンゴー	1.000	1.000
山陽国策	1.000	1.000	レンゴー	1.000	1.000	日本製紙	0.960	1.000
レンゴー	1.000	1.000	特種製紙	0.965	1.000	特種製紙	0.950	1.000
大王製紙	0.973	0.977	本州製紙	0.945	0.953	北越製紙	0.918	0.950
特種製紙	0.946	1.000	北越製紙	0.896	0.963	セッツ	0.878	0.974
東海パルプ	0.928	0.982	紀州製紙	0.888	1.000	中越パルプ	0.849	0.884
本州製紙	0.884	1.000	セッツ	0.838	0.967	紀州製紙	0.840	0.992
王子製紙	0.861	1.000	東海パルプ	0.814	0.960	東海パルプ	0.835	0.952
高崎製紙	0.855	1.000	大昭和製紙	0.758	0.764	大昭和製紙	0.824	0.837
セッツ	0.826	0.856	高崎製紙	0.757	1.000	高崎製紙	0.749	1.000
三興製紙	0.787	0.997	新王子製紙	0.756	0.758	王子製紙	0.735	1.000
大昭和製紙	0.781	0.796	三興製紙	0.751	1.000	三興製紙	0.656	0.945
中越パルプ	0.746	0.807	日本加工	0.744	0.894	日本加工	0.653	0.794
三菱製紙	0.703	0.709	中越パルプ	0.729	0.809	三菱製紙	0.643	0.647
紀州製紙	0.696	0.833	三菱製紙	0.661	0.665	中央板紙	0.534	0.983
神崎製紙	0.660	0.678	中央板紙	0.551	1.000			
日本加工	0.640	0.738						
中央板紙	0.628	0.944						

1999-2001	*CRS*	*VRS*	2002-2006	*CRS*	*VRS*	2007-2011	*CRS*	*VRS*
大王製紙	1.000	1.000	大王製紙	1.000	1.000	大王製紙	1.000	1.000
中央板紙	1.000	0.876	日本製紙	0.985	1.000	レンゴー	1.000	1.000
北越製紙	0.982	1.000	レンゴー	0.984	0.985	日本製紙	0.981	1.000
レンゴー	0.959	1.000	王子製紙	0.954	0.991	王子製紙	0.974	0.995
日本製紙	0.925	1.000	北越製紙	0.952	0.992	三菱製紙	0.912	0.987
特種製紙	0.864	1.000	特種製紙	0.841	1.000	北越製紙	0.901	0.945
王子製紙	0.834	1.000	三菱製紙	0.818	0.851	中越パルプ	0.866	0.971
大昭和製紙	0.797	0.801	中越パルプ	0.785	0.878	東海パルプ	0.831	1.000
紀州製紙	0.783	0.885	東海パルプ	0.750	1.000			
中越パルプ	0.776	0.861	紀州製紙	0.744	1.000			
東海パルプ	0.756	0.986						
三菱製紙	0.656	0.687						
高崎三興	0.624	0.852						
日本加工	0.575	0.876						

内閣府が刊行する『国民経済計算年報』の民間企業設備デフレータにより実質化している。また労働（*L*）は有価証券報告書に記載された期末従業員数を用いる。原材料（*M*）は製造原価明細書に計上された原材料費を，日本銀行算出による紙パルプ投入物価指数によってデフレートしている。産出物（*Y*）は売上高で定義し，日本銀行が提供する紙パルプ企業物価指数で実質化した。

分析対象とする企業は上場企業で，かつ当該期間の『紙・板紙統計年報（日本製紙連合会）』に掲載されている市場占有率が上位20社以内に持続的に存在する企業とする。サンプルとなる企業は，王子製紙（旧）→新王子製紙→王子製紙（新），十條製紙→日本製紙→日本製紙（新），本州製紙，大昭和製紙，大王製紙，三菱製紙，北越製紙，山陽国策パルプ，神崎製紙，中越パルプ，東海パルプ，三興製紙，紀州製紙，日本加工製紙，特種製紙の洋紙生産企業と，板紙専業であるレンゴー，セッツ，中央板紙，高崎製紙→高崎三興製紙，の24社である。

各年の生産面からの*DEA*を行った結果の期間平均値を表9－1に示している[(3)]。まず，1993年の十條／山陽国策の合併前には，十條製紙の効率性は*CRS*でも*VRS*でも1であり，山陽国策パルプも同様の効率性評価であった。合併後の日本製紙の効率性値は1であることから，もともと相対的に効率的な企業同士の合併で成功的な事例であったと判断される。

1993年に合併を行ったもうひとつの事例は王子／神崎である。合併前の効率性値は，王子製紙の*CRS*評価は0.861であり*VRS*では1であるが，神崎製紙は0.6程度の低い効率値であった。1993年に合併後，新王子製紙となった時点の効率値は0.75程度となり，合併前の王子製紙と比べると，相対的な効率性が低下している。さらに1996年の新王子／本州の合併では，効率値が0.95ほどあった本州製紙と，これより下位に位置していた新王子製紙の組み合わせであったが，合併直後の期間では*CRS*効率値を大きく低下させている。他方で*VRS*の結果は1となっているため，短期的な合併の成否については一概に捉えにくい結果である。

---

(3)　以下の*DEA*に関する分析結果はDEA Solver Pro15を用いて得られたものである。

1999年の板紙専業のレンゴー／セッツの合併では，合併前のレンゴーの効率値は*CRS*でも*VRS*でも１で最も効率的な企業として評価されていたが，相対的な評価が中位にあったセッツとの合併後もレンゴーの効率値は高位を維持しているため成功的な事例であると認識できる。同年に合併した板紙を主力とする高崎／三興の合併を見ると，高崎製紙は合併以前の*CRS*の効率順位は低く*VRS*評価は高かったが，三興製紙は両方の効率値とも低く評価されていた。1999年の合併で高崎三興製紙となった際の効率性は合併前よりも低くなっている。

そのほか，この期間に合併に関わらなかった企業を見ると，大王製紙はほぼすべての年で効率指標が１であり，この効率指標からは日本の製紙業界で最も効率的な企業であると判断される。また北越製紙は2009年に紀州製紙と合併するが，この事例は分析対象に含めておらず，北越製紙の効率値は分析期間を通じて高位から中位にある。他方，三菱製紙は期間を通じて効率性は相対的に低い。東海パルプは*CRS*で見ると効率性は中位から低位となるが，*VRS*では一貫して最も効率的な企業であると評価される。東海パルプは相対的に生産規模が小さいため，*VRS*の可変的な企業規模評価の違いが効率性に大きく関係していることが推察される。

このように，生産面からの*DEA*を用いて，1990年代の製紙業界再編に関する効率性を検証した結果，合併事例として成功的であったのは，十條／山陽国策＝日本製紙のケースであると判断される。他方，王子製紙が経験した王子／神崎＝新王子と新王子／本州＝王子の２つのケースでは，相対的な効率性の向上は明らかではなく成功的であるとは判断できない。

3　DEA-Super Efficiency モデル

先に分析したように，生産面からの基本的な*DEA*によって算出された効率指標では，最も効率的であると判断される企業が複数評価され，それら企業間の効率性の比較をすることが難しい。こうした問題を改善するため，ここではTone（2002a）で提示された最も効率的であると評価された企業間の効率性を比較することが可能となる *DEA-Super Efficiency* モデルによる分析を試みる。

Super Efficiency モデルでは，まず *CRS* などの基本的なモデルによって計測され，効率値1と判断された当該の *DMU* を除いた生産可能集合（Production Possibility Set＝PPS）を作る。そして当該 *DMU* とその生産可能集合との距離を測る。もしその距離が小さければ，当該 *DMU* はほかの *DMU* とは大差がないと判断される。逆にもし距離が大きければ，ほかの効率的な *DMU* より優れていると考えられる。

問題はこの距離をどうやって測るかということだが，その判定には Tone（2001）によって提示された Slacks-Based Measure of efficiency（*SBM*）という評価方法が応用されている。この *SBM* による効率性の評価では，文字通りスラックを考慮した効率値が測定される。Tone（2002a）の *Super-SBM-I-C* モデル（Super-efficiency Slacks-Based Measure model in Input oriented CRS）は，まず *SBM* によって効率性を評価するため，与えられたスラックに対して指標 δ が定義され，これについての分数計画問題が次のように定式化される。[(4)]

［*Super-SBM-C*］モデル

$$\delta^* = \min_{\bar{x},\bar{y},\lambda} \frac{\frac{1}{m}\sum_{i=1}^{m}\bar{x}_i/x_{io}}{\frac{1}{s}\sum_{r=1}^{s}\bar{y}_r/y_{ro}}$$

$$\begin{aligned} s.t.\quad & \bar{x} \geq \sum_{j=1,\neq o}^{n}\lambda_j x_j \\ & \bar{y} \leq \sum_{j=1,\neq o}^{n}\lambda_j y_j \\ & \bar{x} \geq 0,\ \bar{y} \leq y_0,\ \bar{y} \geq 0,\ \lambda \geq 0 \end{aligned} \tag{9.5}$$

ここで，$\bar{x}_i = x_{io}(1+\phi_i)\,(i=1,\cdots m)$，$\bar{y}_r = y_{ro}(1-\psi_r)(r=1,\cdots s)$ である。この線形計画問題は，次のように，ϕ，ψ，λ を使って書き換えることができる。

(4)　以下のモデルの展開については，Cooper et al.（2006）にしたがっている。

［$Super\text{-}SBM\text{-}C'$］モデル

$$\delta^* = \min_{\phi,\psi,\lambda} \frac{1+\frac{1}{m}\sum_{i=1}^{m}\phi_i}{1-\frac{1}{s}\sum_{r=1}^{s}\psi_r}$$

$$\begin{aligned} s.t. \quad & \sum_{j=1,\neq 0}^{n} x_{ij}\lambda_j - x_{io}\phi_i \leq x_{io} \quad (i=1,\cdots,\mathrm{m}) \\ & \sum_{j=1,\neq 0}^{n} y_{rj}\lambda_j + y_{ro}\psi_r \geq y_{ro} \quad (r=1,\cdots,\mathrm{s}) \\ & \phi_i \geq 0(\forall i),\psi_r \geq 0(\forall r),\lambda_j \geq 0(\forall j) \end{aligned} \qquad (9.6)$$

さらにこの式は次のようなCharnes-Cooper変換によって，正のスカラー変数τを用いた線形計画問題へ変換できる。

［LP］モデル

$$\tau^* = \min t + \frac{1}{m}\sum_{i=1}^{m}\Phi_i$$

$$\begin{aligned} subject\ to \quad & t - \frac{1}{s}\sum_{r=1}^{s}\Psi_r = 1 \\ & \sum_{j=1,\neq o}^{n} x_{ij}\Lambda_j - x_{io}\Phi_i - x_{io}t \leq 0 \quad (i=1,\cdots,m) \\ & \sum_{j=1,\neq o}^{n} y_{rj}\Lambda_j + y_{ro}\Psi_r - y_{ro}t \geq 0 \quad (r=1,\cdots,s) \\ & \Phi_i \geq 0(\forall i),\Psi_r \geq 0(\forall r),\Lambda_j \geq 0(\forall j) \qquad (9.7) \\ & \delta^* = \tau^*,\ \lambda^* = \Lambda^*/t^*,\ \phi^* = \Phi^*/t^*,\ \psi^* = \Psi^*/t^*, \end{aligned}$$

ここで，$\bar{x}_{io}^* = x_{io}(1+\Phi_i^*)\ (i=1,\cdots m)$，$\bar{y}_{ro}^* = y_{ro}(1-\Psi_i^*)(r=1,\cdots s)$である。さらにこれを投入指向型のモデルに変換したものは，次のように定義される。

［$Super\text{-}SBM\text{-}I\text{-}C$］モデル

$$\delta_I^* = \min_{\phi,\lambda} 1 + \frac{1}{m}\sum_{i=1}^{m}\phi_i$$

$$\begin{aligned} s.t. \quad & \sum_{j=1,\neq o}^{n} x_{ij}\lambda_j - x_{io}\phi_i \leq x_{io} \quad (i=1,\cdots,m) \\ & \sum_{j=1,\neq o}^{n} y_{rj}\lambda_j \geq y_{ro} \quad (r=1,\cdots,s) \\ & \phi_i \geq 0(\forall i),\lambda_j \geq 0(\forall j) \end{aligned} \qquad (9.8)$$

表９－２　*Super - efficiency* モデルの数値例

	x_1	x_2	y	*CCR*	*SBM*	*Super-SBM*
A	2	4	10	1.000	1.000	1.500
B	4	2	10	1.000	1.000	1.250
C	8	1	10	1.000	1.000	1.125
D	10	1	10	1.000	0.900	0.900
E	4	3	10	0.857	0.833	0.833
F	6	2	10	0.857	0.833	0.833
G	5	4	10	0.667	0.650	0.650
H	8	3	10	0.600	0.583	0.583

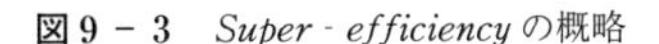

図９－３　*Super - efficiency* の概略

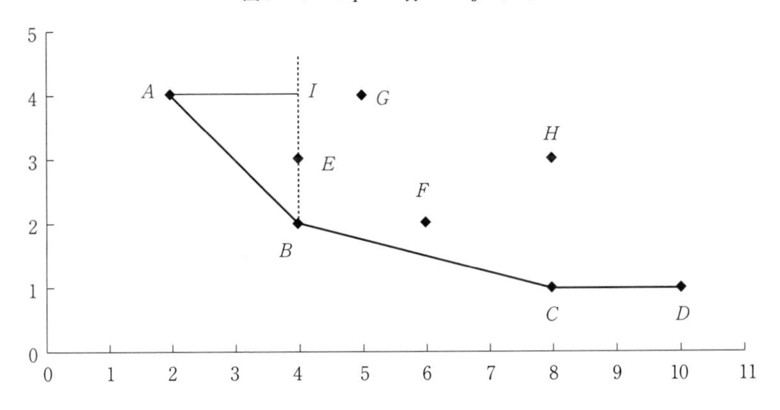

こうして記述される *Super-SBM-I-C* モデルについて，簡単な例を用いて分析方法の概略を説明する[(5)]。いま２つの入力x_1とx_2および１つの出力y（簡単化のため値をすべて10とする）をもつ８個の *DMU* からなる生産可能性集合を考える。そしてこれら８個の *DMU* の投入・産出の組み合わせは，表９－２のようになるものとしよう。

Super-efficiency を計算するため，まず *CRS-I* モデルによって効率値を計

(5)　この *Super-efficiency* モデルの概略説明は，計測ソフト DEA Solver pro のマニュアルを参考にしている。

測する。その結果が表９－２の *CRS* 欄に記されている。*CRS* モデルでは *DMU* *D* は，*C* に対して x_1 の２という値にスラックがあるにもかかわらずその効率値を１と判定している。これを解決するために *SBM-I-C* モデルによって効率値を計測する。*SBM-I-C* モデルではこのスラックが考慮され，*D* の効率値は0.9と判定される。したがって *A*，*B*，*C* の３つの *DMU* が真の効率的 *DMU* となる。図９－３にはこの問題の生産可能集合と効率的フロンティアを示している。ここで DMU_A の *Super-efficiency* の計測を考える。図９－３に示したように，A を除いた点線で囲んだ生産可能集合を描き，点 (x_1', x_2', y') をそれに属する点とする。入力ベクトルにおける A と点 (x_1', x_2', y') の間の距離は，次式によって定義される。

$$(x_1'/x_{1A} + x_2'/x_{2A}) / 2$$

ここで分母の２は入力の個数である。さらに，*E* と P' の間の距離を，次の線形計画問題の最適目的関数値として定義する。

$$\min\ (x_1'/x_{1A} + x_2'/x_{2A}) / 2$$
$$\text{subject to}\quad x_1' \geq x_{1A},\ x_2' \geq x_{2A},\ y' = y_A,\ (x_1', x_2', y') \in P'$$

最適解は図９－３の *I*，すなわち，$x_1'=4$，$x_2'=4$，$y'=10$ となり，その距離は $(4/2+4/4)/2=1.5$ と計算される。同様に，*B* と *C* の *Super-efficiency* も計測することができる。表９－２に示したように，この例では効率値の順位はアルファベット順となっていることがわかる。

4　DEA-Super Efficiency モデルを用いた効率性分析

以下では *DEA-Super-SBM-I-C* モデルを用いて，1990年代以来企業合併や統合が盛んな製紙業界における企業の相対的効率性を，多角化を考慮した複数アウトプットのモデルで計測する。分析期間や対象企業は，先の*DEA*による計測と比較する意味でも同一である。投入（*X*）と産出（*Y*）のデータも先の分析と同様に3つの投入要素と1つの産出物を想定している。

ここでは3つの投入要素と各社の売上高のみを1つの産出物として用いた投入指向型の計測モデルである*DEA-Super-SBM-I-C*モデルによって計測を試みた。この計測結果を表9－3に示している。分析期間は大型合併があった3年ごとの平均値を示しており，1990年から1992年を第Ⅰ期，1993年から1995年を第Ⅱ期，1996年から1998年を第Ⅲ期，1999年から2001年までを第Ⅳ期，第Ⅴ期は2002年から2006年，第Ⅵ期は2007年から2011年までとしている。

まず大型合併が始まる以前の第Ⅰ期には，板紙とその加工品を生産するレンゴーが効率順位のトップで，北越製紙，十條製紙，山陽国策パルプ，特種製紙までが効率値1を超えており，大王製紙はこれらの企業に次ぐ効率値となっている。多角化度の高い東海パルプと業界大手である本州製紙，王子製紙が中位の順位となっている。大手企業である大昭和製紙の順位はそれよりも低位にある。合併前の神崎製紙の効率値はさらに低いことがわかる。

第Ⅱ期には王子／神崎＝新王子製紙，十條／山陽国策＝日本製紙の大型合併が行われるが，新王子製紙は第Ⅰ期の効率値が低かった神崎製紙との合併後，相対的順位に大きな変化はないものの効率値は少し低下している。もともと効率値が高く計測された山陽国策パルプと合併を行った日本製紙の効率値は1を超えており，順位も上昇している。その意味ではこの合併が成功であったことが窺われる。規模も大きく多角化度も高い大王製紙がこの時期にトップとなり，板紙専業のレンゴーや雑種紙に独自性をもつ特種製紙も上位を維持しているほか，生産効率のよい設備を導入した北越製紙も上位に位置している。

第Ⅲ期には新王子／本州＝王子製紙の大型合併があったが，第Ⅰ期から第Ⅱ期にかけて効率値が上昇した大手企業である本州製紙との合併後，王子製紙の効率値は大幅に低下している。その後の効率値の動きからは，この時期における王子製紙の効率性の低下は，合併直後における生産要素の調整期であると推察できる。効率値が1前後となる上位3社は第Ⅱ期と同様である。

また第Ⅳ期は板紙企業であるレンゴー／セッツ＝レンゴーと高崎／三興＝高

表9－3　*DEA-Super-SBM-I-C* モデルによる効率性順位（売上高を産出物としたケース）

第Ⅰ期	1990-1992	第Ⅱ期	1993-1995	第Ⅲ期	1996-1998
レンゴー	1.315	大王製紙	1.132	レンゴー	1.114
北越製紙	1.097	日本製紙	1.094	大王製紙	1.101
十條製紙	1.060	レンゴー	1.078	日本製紙	0.980
山陽国策	1.034	特種製紙	1.047	セッツ	0.883
特種製紙	1.029	本州製紙	0.837	特種製紙	0.841
大王製紙	0.920	北越製紙	0.757	紀州製紙	0.719
東海パルプ	0.791	紀州製紙	0.738	東海パルプ	0.697
本州製紙	0.760	新王子製紙	0.730	中越パルプ	0.695
王子製紙	0.758	東海パルプ	0.728	北越製紙	0.674
高崎製紙	0.710	セッツ	0.726	王子製紙	0.666
三興製紙	0.686	日本加工	0.680	大昭和製紙	0.655
セッツ	0.678	三興製紙	0.679	三興製紙	0.618
中越パルプ	0.633	中越パルプ	0.668	高崎製紙	0.617
大昭和製紙	0.630	高崎製紙	0.658	日本加工	0.595
紀州製紙	0.603	大昭和製紙	0.652	三菱製紙	0.573
神崎製紙	0.600	三菱製紙	0.610	中央板紙	0.480
三菱製紙	0.592	中央板紙	0.526		
日本加工	0.583				
中央板紙	0.547				

第Ⅳ期	1999-2001	第Ⅴ期	2002-2006	第Ⅵ期	2007-2011
大王製紙	1.120	大王製紙	1.196	レンゴー	1.375
レンゴー	0.965	レンゴー	0.992	大王製紙	1.086
北越製紙	0.901	日本製紙	0.943	日本製紙	0.961
日本製紙	0.898	王子製紙	0.869	王子製紙	0.932
王子製紙	0.761	北越製紙	0.781	三菱製紙	0.857
紀州製紙	0.694	三菱製紙	0.710	北越製紙	0.760
特種製紙	0.690	中越パルプ	0.614	中越パルプ	0.739
東海パルプ	0.659	東海パルプ	0.599	東海パルプ	0.687
中越パルプ	0.655	紀州製紙	0.587		
大昭和製紙	0.627	特種製紙	0.545		
三菱製紙	0.610				
高崎三興	0.569				
日本加工	0.533				

崎三興の合併が実現するが，それまで効率値が 1 以上であったレンゴーの効率値には大きな変化はない。高崎製紙，三興製紙の両企業は，合併前から効率値順位は低位にあり，合併後の効率値および順位にも大きな変化はない。

さらに第Ⅴ期には日本／大昭和＝日本製紙の統合があるが，それまで効率値が低位にあった大昭和製紙との合併後，日本製紙の効率値は変わらず上位で，業界内の相対的な位置に大きな変化は見られない。その後，2000年代を通じて効率順位に変化はない。

全体を見ると，大王製紙が効率値でも期間を通じて最上位にある。大王製紙は四国中央市の大規模臨海工場で多品種の紙を生産している。この生産形態が多角化された製品の生産調整を容易にし，多角化に伴うさまざまなコストを軽減しているものと推察される。板紙とその加工品を生産しているレンゴーも効率値が一貫して高い。板紙に特化しているレンゴーでは，専業の優位性が効率性に反映しているものと解釈できる。

中越パルプや東海パルプも多品種の洋紙を生産しており多角化度は高いものの，効率順位は中位から下位に位置しており，売上高をひとつの産出物として生産効率性を評価した場合には，規模と範囲の経済性に勝る上位企業の効率性には及ばないことがわかる。

DEA の特徴は関数型を定義しないため，複数のアウトプットにおける効率性評価ができる点である。その意味では，生産関数や費用関数の推定から得られるパラメトリックなアプローチと一線を画している。こうした *DEA* の利点を生かし，ここでは産出物（Y）のデータを複数とし，紙生産物の種類を，「新聞巻取紙」,「印刷・情報用紙」,「包装・衛生・雑種紙」,「板紙」,「加工品その他」としたモデルで計測を試みる。つまり多角化の効率性を考慮して，資本，労働，原材料の 3 つの投入要素と，5 つの産出物による投入指向型の *DEA-Super-SBM-I-C* モデルでの効率値を計測する。

具体的な分析データは，まず分析期間において『紙・板紙統計年報（日本製紙連合会)』から得られたそれぞれの製品別，企業別生産量を得る。さらに経済産業省の『生産動態統計年報（各年版)』に掲載された各年における紙製品のそれぞれの国内販売額を国内需要量で割った値を「名目単価」として，これを紙パルプ産出物価指数でデフレートしたものを「実質価格」とする。これを各企業が生産する洋紙と板紙の生産量に掛けて品種別生産額を算出し，さらに実質化した売上高から品種別生産額を引いたものを「加工品その他」と定義している。つまりそれぞれのデータは各年において生産された品種別生産量を実質価格によって金額ベースにした数値として利用している。これは生産量のみで計測した場合，紙の種類によって重量の意味が異なることを避けることと，加工品他の生産割合が大きい企業の実態を反映させるためである。

こうしたデータによって，産出物を５つにした計測の結果を表９－４に示している。このモデルとデータで計測した場合，生産物の種類が同様になる企業同士が，効率値を計測する場合の参照集合になるため，多角化の程度に応じて似たような製品ポートフォリオをもつ企業同士の効率値を計測し，相対的な順位を示すことになる。計測結果を見ると，サンプル数が少ないこともありほとんどの企業で効率値は１を越えていることからも，*Super-efficiency* モデルでないとそもそも効率順位を比較できないことが明らかになる。

まず計測結果全体を概観すると，多角化度の高い企業では大王製紙が，板紙とその加工品のみを生産する専業企業としての位置づけではレンゴーが，期間を通じて高い効率値を示している。これは先ほどの産出を売上高のみで行った計測モデルと同様の結果である。

多角化度が中位であったサンプルの中では，東海パルプが群を抜いて高い効率値となっており，同程度の多角化指数をとった中越パルプも高い効率値をとっているのが特徴的である。また北越製紙と紀州製紙も多角化指数は相対的に中位にあったが，一貫して効率値が高いことがわかる。多角化度は低位であった企業では，日本加工製紙の効率値が中位となっており，先ほどの売上高のみを産出物としたモデルでは低位に順位付けされたところが相違点である。

期間ごとに大型合併を考慮して効率値の変化を検討すると，第Ⅰ期には，板紙とその加工品を生産するレンゴーが効率順位のトップであり，次いで東海パルプ，紀州製紙，北越製紙，中越パルプ，など相対的に業界中規模の企業効率が高い。大手企業の効率評価を見ると，王子製紙の順位は中位であるが，次期に合併する神崎製紙はかなり低位に存在している。十條製紙の効率性は５財の

表9－4　*DEA-Super-SBM-I-C* モデルによる効率性順位（5種類の産出物を用いたケース）

第Ⅰ期	1990-1992	第Ⅱ期	1993-1995	第Ⅲ期	1996-1998
レンゴー	2.155	大王製紙	1.652	東海パルプ	2.153
東海パルプ	1.691	レンゴー	1.646	レンゴー	1.881
紀州製紙	1.372	東海パルプ	1.588	大王製紙	1.669
十條製紙	1.361	紀州製紙	1.480	セッツ	1.310
北越製紙	1.335	中越パルプ	1.353	北越製紙	1.308
中越パルプ	1.277	日本製紙	1.340	特種製紙	1.256
日本加工	1.230	北越製紙	1.335	中越パルプ	1.247
大王製紙	1.209	特種製紙	1.275	日本製紙	1.220
三興製紙	1.170	日本加工	1.219	紀州製紙	1.219
山陽国策	1.151	セッツ	1.124	大昭和製紙	1.131
特種製紙	1.105	高崎製紙	1.095	日本加工	1.073
王子製紙	1.087	本州製紙	1.092	高崎製紙	0.993
セッツ	1.084	新王子製紙	1.063	三興製紙	0.932
高崎製紙	1.016	大昭和製紙	1.047	王子製紙	0.850
大昭和製紙	0.997	三興製紙	1.043	三菱製紙	0.796
中央板紙	0.986	中央板紙	0.997	中央板紙	0.677
本州製紙	0.978	三菱製紙	0.793		
神崎製紙	0.912				
三菱製紙	0.797				

第Ⅳ期	1999-2001	第Ⅴ期	2002-2006	第Ⅵ期	2007-2011
東海パルプ	2.189	東海パルプ	2.539	レンゴー	3.159
レンゴー	1.902	レンゴー	2.040	東海パルプ	1.885
大王製紙	1.647	大王製紙	1.591	中越パルプ	1.411
高崎三興	1.555	紀州製紙	1.463	三菱製紙	1.327
北越製紙	1.391	特種製紙	1.442	北越製紙	1.301
特種製紙	1.331	北越製紙	1.355	大王製紙	1.269
紀州製紙	1.314	中越パルプ	1.177	日本製紙	1.152
中越パルプ	1.229	日本製紙	1.167	王子製紙	1.067
大昭和製紙	1.196	王子製紙	1.046		
日本製紙	1.148	三菱製紙	1.034		
日本加工	1.129				
王子製紙	0.956				
三菱製紙	0.844				

モデルで見ても上位にあり，次期合併する山陽国策パルプは中位で評価されている。大昭和製紙と本州製紙の効率値は１に近いものの，効率順位は低位である。

第Ⅱ期を見ると，神崎製紙と合併してできた新王子製紙は，第Ⅰ期とほぼ同様の効率性と相対的な順位を保っていることがわかる。山陽国策パルプと合併した日本製紙は，やや効率性が低下している。両企業とも大型合併であると考えられるが，多角化の状況にあまり変化がなかったため，業界内の相対的な生産効率にも変化が見られなかったものと推察される。大王製紙，レンゴー，東海パルプの効率性評価はこの時期においても高く評価されている。

ところが第Ⅲ期の新王子／本州＝王子製紙の合併が効率性に及ぼす効果を見ると，合併後の王子製紙は効率値をかなり低下させている。この合併によって王子製紙の多角化度は高まったが，産出物を売上高とした先のモデルでも同様に効率値は低下しているため，合併後の生産要素の調整や製品ポートフォリオをうまく調整できなかったことの反映ではないかと考えられる。

その後，第Ⅳ期以降の2000年代を通じて，王子製紙の効率値は低位である。前期に合併した板紙企業であるレンゴー／セッツ＝レンゴーの効率値は，合併後においても相対的に高い生産効率を維持している。また，高崎／三興＝高崎三興でも効率性が上昇しているため，板紙専業の高崎製紙が洋紙も生産している三興製紙と合併することによって，板紙生産の規模拡大と製品多様化における効率評価が，５財で評価するモデルにおいて強く影響したものと推察される。

また第Ⅴ期以降の2000年代では，日本製紙と大昭和製紙の統合があったが，日本製紙の効率性評価は経年的に低下している。このモデルにおいては，東海パルプや大王製紙など多品種生産企業が上位に評価されるとともに，売上高モデルと同様に，レンゴーにおける専業の生産性上昇が認められる。

5　生産 DEA による効率性の考察

本章では製紙業界の合併と多角化が効率性に及ぼす効果を分析するために，*DEA* の生産アプローチによってその評価を試みた。しかし，基本的な *DEA*

モデルでは分析した場合，ベストパフォーマーであると評価される企業が，サンプルのほとんどとなってしまうことが多い。そこで，最も効率的な主体間の比較も行うことができる *DEA Super-efficiency* モデルを採用し，多角化の程度も考慮した産業内の相対的な効率性の計測を行った。

その結果，企業別の効率値については，大王製紙があらゆるパターンの計測において相対的に高い効率性を示した。大王製紙は四国中央市にある大規模な工場で多品種の紙を生産している。この生産形態は多角化のメリットである製品ポートフォリオや人的資本の蓄積，輸送コストの削減や財務面のシナジー効果を発揮しやすい環境にある。また，ひとつの工場に集中した生産体制は，多角化のデメリットであるモニタリング・コストやインフォメーション・コストを軽減する効果をもつと考えられる。さらには合併が相次いでいる業界再編の波にのまれず，業務提携戦略のみで合併を行わなかったことが，インフルエンス・コストの排除にもつながっていると推察される。

東海パルプにも同様のことが当てはまる。東海パルプも主要な1カ所の工場で多品種の紙を生産しており，業界では小規模でありながらも，この生産形態が効率性を保つ重要な要因になっているものと考えられる。また北越製紙は規模こそ中位であるが，最新鋭の設備を有する生産効率が高い企業として知られており，2006年7月に話題になった王子製紙の北越製紙に対する買収劇にも独立を貫いたが，その後は大王製紙と資本・業務の提携を行っている。

中位企業が上位2強に対峙する生き残り戦略は，製品の多様化と多品種生産における効率性の維持である。その意味では大王・北越連合や特種東海グループは，相対的に優れた生産効率を維持し，多品種生産によって効率的な資源配分を達成するポートフォリオ戦略によって，多様な市場動向を見極めながら，生産調整を迅速かつ柔軟に行うことが効率性維持の鍵になろう。

板紙とその加工品を生産しているレンゴーも効率値が一貫して高いが，専業の経済性を生かす意味でも，加工品の付加価値を高め競争力をもつことが重要な戦略となる。

日本の製紙業界において，王子製紙，日本製紙の上位2強グループは，規模の経済性の発揮，その他中位企業は資本・業務提携を通じたゆるやかな連携で独自の効率性を保ちながら，多品種生産において発生するさまざまなコストを排除した範囲の経済性や，洋紙あるいは板紙の生産においてそれぞれの企業の製品における専業の優位性を発揮させることが重要である。

第10章
費用DEAとシミュレーション・データによる合併効率の評価

1 費用DEAのフレームワーク

1990年代初頭に始まったいわゆるバブル崩壊による景気後退以来，日本経済は低迷し，企業を取り巻く経営環境も劇的に変化している。先の見えない長引く不況の中で，製紙業界が効率性向上のために選択した戦略は，規模の経済性と範囲の経済性を発揮できる合併であった。

ここでは合併と多角化を視点に，製紙業界の規模と範囲の経済性の効果を，決定論的なアプローチである*DEA*による費用効率分析を試みる。費用面からの*DEA*モデルで考慮される資源配分の非効率性は，Farrell（1957）によってその計測概念が提唱され，1980年代半ばには，線形計画法による計測方法の展開が進んだ。ここで費用*DEA*モデルを，Cooper et al.（2006）での説明に沿って概観する。[(1)]

*DEA*で費用効率を捉える際には，生産面からの分析で計測される技術非効率に加えて，図10－1に示したように要素価格を考慮した資源配分の非効率性の概念が加わる。図中のI-I'は2つの投入要素（x）を用いて等量の産出物を生産した場合のフロンティアを表し，このフロンティアに内包される部分が生産可能な集合となる。たとえば点Gでの投入要素の組み合わせによって産出が行われる時の技術効率性は，生産フロンティア上に位置する点Eを参照点として，次のように定義される。

(1) 詳細については，Cooper et al.（2006）pp.258-281を参照。

図10－1　費用 *DEA* モデルの概念

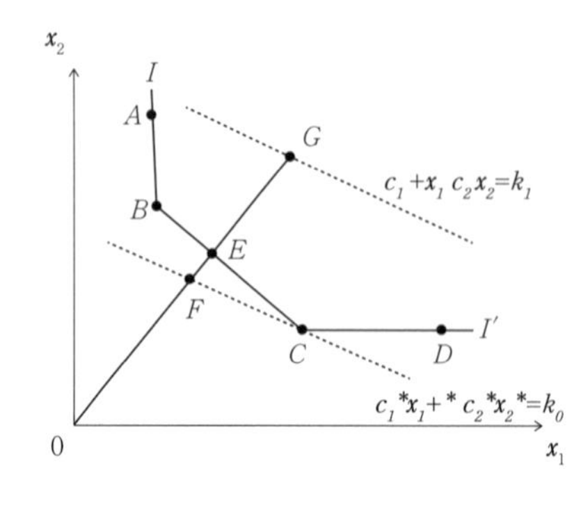

$$0 \leq \frac{d(O,E)}{d(O,G)} \leq 1 \qquad (10.1)$$

ここで要素価格を c とし，要素投入量をxとした等費用曲線を考慮して，図中の点Gに対応する等費用曲線 $c_1x_1+c_2x_2=k_1$を描く。すると技術非効率が解消されたE点からさらに総費用を削減し，等費用曲線を$c_1^*x_1^*+c_2^*x_2^*=k_0$（$k_0<k_1$）まで平行移動させることが，資源配分の効率性を達成する意味でも効率的な点となる。この最適生産量となる点Cを求める定式化は，次のような線形計画問題として表現できる。

$$cx^* = \min_{x,\lambda}\ cx$$
$$\text{subject to} \quad x \geq X\lambda$$
$$y_0 \leq Y\lambda \qquad \lambda \geq 0 \qquad (10.2)$$

ここで c は要素価格ベクトルである。ここでは点Eと点Fとの距離が，「資源配分の非効率性」を表す。

$$0 \leq \frac{d(O,F)}{d(O,E)} \leq 1 \qquad (10.3)$$

このように，*DEA* における「費用効率性」は，「技術効率性」と「資源配分の効率性」を合わせた，次のような評価指標となる。

$$0 \leq \frac{d(O,F)}{d(O,G)} = \frac{cx^*}{cx_0} \leq 1,\quad \frac{d(O,E)}{d(O,G)} \cdot \frac{d(O,F)}{d(O,E)} = \frac{d(O,F)}{d(O,G)} \qquad (10.4)$$

しかしTone（2002b）やCooper et al.（2006）で指摘されるように，費用効率モデルを使うと，事業体に費用の格差があるにもかかわらず，同一の費用と資源配分の非効率が生じることになる。費用効率性のモデルでは，たとえば2つの企業が同じ産出量であり，一方が他方の2倍の入力単価cがかかる場合に，2つの企業は同一の費用効率をもつと判定されてしまう。

このように，費用*DEA*の基本モデルにおいては，企業間での投入要素の単価の違いを考慮できないが，Tone（2002b）ではこれを改良する*New-Cost*モデルを提示している[(2)]。ここでは費用*DEA*による効率指標の計測を試みるため，まず手法として採用する*DEA New-Cost*モデルをTone（2002b）にしたがって概観する。

いまn社の企業がs種類の産出物を生産するのにm種類の投入要素を用いるケースを想定すると，次のような費用ベースの生産可能性集合P_cを設定できる。

$$P_C=\{(\bar{x},y)\mid \bar{x}\geq \overline{X}\lambda,\quad y\leq Y\lambda,\quad \lambda\geq 0\}\qquad \lambda=(\lambda_1,\cdots,\lambda_n)$$
$$\overline{X}=\{\overline{x_1},\cdots\overline{x_n}\}\in R^{m\times n},\quad \overline{x_j}=(c_1x_1,\cdots,c_{mj}x_{mj})^T \tag{10.5}$$

ここで産出は$Y=(y_1,\cdots y_n)\in R^{s\times n}$であり，投入要素は$C=(c_1,\cdots c_n)$で表現される。また投入要素は$\overline{X}=\{\overline{x_1},\cdots\overline{x_n}\}\in R^{m\times n}$，$\overline{x_j}=(c_1x_1,\cdots,c_{mj}x_{mj})^T$であり，$\overline{X}$と$C$の行列は非負である。また，$\overline{x_{ij}}=(c_{ij}x_{ij})(\forall(i,j))$の要素は同次性をもつ単位となる。この生産可能性集合P_cに基づいて定義された技術効率性$\overline{\theta^*}$は，次のような線形計画法の最適解として得ることができる。

$$\overline{\theta^*}=\min_{\bar{\theta},\lambda}\bar{\theta}$$
$$\text{subject to}\quad \overline{\theta x}_o\geq \overline{X}\lambda$$
$$y_o\leq Y\lambda$$
$$\lambda\geq 0 \tag{10.6}$$

(2) *New-Cost*モデルの詳細については，Tone（2002b）やCooper et al.（2006）pp.246-252を参照。

また$e \in R^m$を成分がすべて1となる行ベクトルとし，$\overline{x^*}$を次の線形計画問題の最適解と表現する。

$$\overline{ex_O^*} = \min_{\bar{x},\lambda} \quad e\bar{x}$$
$$\text{subject to} \quad \bar{x} \geq \overline{X}\lambda$$
$$y_O \leq Y\lambda$$
$$\lambda \geq 0 \qquad (10.7)$$

すると新たな費用効率性$\overline{\gamma^*}$は，次のように定義される。

$$\overline{\gamma^*} = \frac{\overline{ex_O^*}}{\overline{ex_O}} \qquad (10.8)$$

このモデルは*DEA*のなかでも規模に関する収穫一定（Constant Returns to Scale : *CRS*）モデルとして知られている。このモデルをCooper et al.（2006）に提示されているように，次のような定式化を行うと，規模に関する収穫可変（Variable Returns to Scale : *VRS*）モデルに拡張することができる。[3]

$$\min \sum_{i=1}^{m} c_i x_i$$
$$\text{subject to} \quad x_i \geq \sum_{i=1}^{n} x_{ij}\lambda_j$$
$$y_{rO} \leq \sum_{i=1}^{n} y_{rj}\lambda_j$$
$$L \leq \sum_{i=1}^{n} \lambda_j \leq U$$
$$\lambda_j \geq 0 \qquad \forall j \qquad (10.9)$$

この線形計画問題における最適解である(x^*, λ^*)に基づけば，費用効率性は次のように表すことができる。

(3)　このモデルの記述はCooper et al.（2006）pp.274-275に記載されているものを参考にしている。

$$E_C = \frac{cx^*}{cx_O} \qquad (10.10)$$

この定式化において，$L=0$，$U=0$とおけば，規模に対して収穫一定の*DEA-New-Cost-CRS*モデルとなる。また，$L=U=1$と設定して（10.10）式を解けば，規模に関する収穫可変の*DEA-New-Cost-VRS*モデルでの指標を得ることができる。それぞれ，投入指向モデルと産出指向モデルがあるが，以下の実証分析では投入指向モデルを採用し，*DEA-New-Cost-Input-Oriented-CRS*モデルを用いて費用効率指標を算出する。

2　費用DEAによる製紙業の効率性分析

これまで展開した*DEA-New-Cost*モデルを用いて，それぞれの企業における相対的な費用効率を計測する。DEAは関数を規定しないが，計測モデルとして，資本（K），労働（L），原材料（M）の3つの投入要素から生産量（Y）を生み出す生産関数$Y=f(K,L,M)$を前提に，*DEA*は関数関係に規定されないことにも注意しながら，その双対定理から得られた次のような費用関数を想定する。

$$C=C(Y,w_K,w_L,w_M) \qquad (10.11)$$

C：総費用　Y：生産量（売上高）　w_K：資本コスト　w_L：賃金率
w_M：原材料価格

総費用を具体的に計算式として書き直すと，$C=w_KK+w_LL+w_MM$となる。分析期間は1990年から製造原価明細書の詳細データを得ることができる2011年までである。[(4)] 分析対象とする企業は生産アプローチと対比できるよう同一とし，当該期間の『紙・板紙統計年報（日本製紙連合会）』に掲載されている市場占有率が上位20社以内に持続的に存在する上場企業である，王子製紙（旧）→新王子製紙→王子製紙（新），十條製紙→日本製紙→日本製紙（新），本州製紙，大昭和製紙，大王製紙，三菱製紙，北越製紙，山陽国策パルプ，神崎製紙，中越パルプ，東海パルプ，三興製紙，紀州製紙，日本加工製紙，特種製紙の洋紙生産企業と，板紙専業であるレンゴー，セッツ，中央板紙，高崎製紙→高崎三興製紙の延べ24社となる。

費用アプローチで使用した生産要素価格については，資本コスト（w_K）を減価償却率（減価償却／償却対象有形固定資産）で定義し，賃金（w_L）は従業員給与と製造原価明細書に記された労務費を足し合わせた金額を期末従業員数で除した値を用いている。さらに原材料価格（w_M）は原材料費を『紙・板紙統計年報』から得られる各企業の洋紙・板紙の生産量で割った値を用いている。これらの財務データはすべて有価証券報告書に記載されたデータを『日経 NEEDS 企業・財務データ』から得た数値であり，データの実質化は2000年を基準としている。産出物（Y）は売上高で定義し，日本銀行が提供する紙パルプ企業物価指数で実質化した。

ここで生産量に売上高のみを用いた *DEA-New-Cost-Input-Oriented-CRS* モデルを用いた分析結果を提示する[(5)]。各年の計測値を産出し，大きな合併時期ごとに平均値を算出した結果を表10－1に示している。これを見ると，大型合併以前の1990年から1992年の費用効率性の平均値では，山陽国策パルプが最も高く評価され，多品種の洋紙と板紙を大規模工場で生産する大王製紙と板紙専業のレンゴーが0.9以上の効率値でそれに続いている。大手企業では十條製紙の効率値が上位にあり，相対的に規模は小さいが雑種紙に強い特種製紙の効率性も高い。

この時期，業界最大手であった王子製紙の効率性もこれらの企業に続く上位に評価されている。大手に比べると規模は小さいが，東海パルプは多品種の洋紙と板紙を生産しており，効率値も上位企業に続いている。

効率値が0.7程度と評価された中位の企業では，最新鋭の設備を標榜する北

---

(4)　既に前章でも説明したように，分析期間を1990年度から2011年度までの22年間としているのは，財務諸表から製造原価明細書のデータを得ることができた期間であること，さらに2012年度以降は持株会社化によって王子製紙のデータを得ることができないためである。

(5)　この分析には DEA SolverPro15を用いている。

表10－1　*DEA-New-Cost-CRS*モデルによる計測結果（売上高での期間別計測）

1990-1992		1993-1995		1996-1998	
山陽国策	0.988	大王製紙	1.000	大王製紙	1.000
大王製紙	0.966	日本製紙	0.894	日本製紙	0.843
レンゴー	0.907	レンゴー	0.791	レンゴー	0.773
十條製紙	0.886	特種製紙	0.785	特種製紙	0.739
特種製紙	0.845	新王子製紙	0.738	王子製紙	0.712
王子製紙	0.805	中越パルプ	0.705	中越パルプ	0.708
東海パルプ	0.790	本州製紙	0.690	東海パルプ	0.671
北越製紙	0.737	北越製紙	0.682	セッツ	0.648
本州製紙	0.729	東海パルプ	0.681	三菱製紙	0.647
三菱製紙	0.726	三菱製紙	0.679	北越製紙	0.645
中越パルプ	0.717	セッツ	0.636	高崎製紙	0.612
セッツ	0.694	日本加工	0.616	三興製紙	0.609
三興製紙	0.693	三興製紙	0.614	紀州製紙	0.597
高崎製紙	0.680	高崎製紙	0.605	日本加工	0.578
中央板紙	0.659	紀州製紙	0.596	大昭和製紙	0.566
紀州製紙	0.659	大昭和製紙	0.582	中央板紙	0.515
日本加工	0.652	中央板紙	0.564	平均	0.679
神崎製紙	0.641	平均	0.698	標準偏差	0.116
大昭和製紙	0.631	標準偏差	0.113		
平均	0.758				
標準偏差	0.109				

1999-2001		2002-2006		2007-2011	
大王製紙	1.000	大王製紙	1.000	大王製紙	1.000
日本製紙	0.798	日本製紙	0.693	三菱製紙	0.883
特種製紙	0.702	レンゴー	0.674	レンゴー	0.837
レンゴー	0.692	王子製紙	0.652	日本製紙	0.822
王子製紙	0.679	特種製紙	0.646	王子製紙	0.818
中越パルプ	0.633	三菱製紙	0.617	紀州製紙	0.782
東海パルプ	0.587	中越パルプ	0.605	中越パルプ	0.768
北越製紙	0.584	北越製紙	0.574	東海パルプ	0.763
三菱製紙	0.568	東海パルプ	0.569	北越製紙	0.722
高崎三興	0.558	紀州製紙	0.495	平均	0.822
紀州製紙	0.515	平均	0.652	標準偏差	0.077
大昭和製紙	0.510	標準偏差	0.128		
日本加工	0.503				
平均	0.641				
標準偏差	0.134				

越製紙や大手の一角である本州製紙，洋紙と板紙ともに生産する中堅企業の三菱製紙と中越パルプ工業がランキングされている。板紙が主力のセッツ，三興製紙や高崎製紙，中央板紙の効率値がこの時期には相対的に低位に評価されている。洋紙を生産する企業としては，神崎製紙や日本加工製紙，また業界大手の大昭和製紙の効率性は相対的に低い評価となった。

王子／神崎＝新王子と十條／山陽国策＝日本製紙の大型合併のあった1993年から1995年の平均効率値を見ると，合併後の日本製紙の効率値は合併前の十條製紙よりも向上している。これは費用率性が高く評価されていた山陽国策パルプとの合併が功を奏したと考えられる。神崎製紙との合併によって誕生した新王子製紙も効率性順位は上昇しているが，効率性が低位にあった神崎製紙との合併の影響で，効率値は合併前よりもやや低下している。

1996年には新王子／本州＝王子製紙の合併によって再び王子製紙の商号が復活するが，この合併を費用効率から判断したところ，効率値は低下しているが，合併前の王子製紙の費用効率は高く，本州製紙も中位にあったため，合併後における業界内の相対的な効率順位に大きな変化はない。

1999年には板紙専業であるレンゴー／セッツ＝レンゴーと高崎／三興＝高崎三興の合併があったが，両企業とも効率値はやや低下するものの，効率順位に変化はない。

大王製紙はこの時期以降，効率値が１となって業界でもっとも費用効率が高く評価されている。また，板紙専業のレンゴーや特種製紙の効率値も分析期間を通じて効率順位は上位を維持している。大王製紙では大規模工場での一貫した多品種生産による規模と範囲の経済性が実現し，レンゴーや特種製紙では専業の優位性が発揮されたことを相対的な費用効率の側面からも確認できる。

2000年以降，製紙業界の合従連衡によって主要企業数が減るが，最終期に三菱製紙の費用効率の改善が観察されている。それ以外の企業については相対的効率性に大きな変化はない。

次に，同じ *DEA New-Cost* アプローチによって，好景気の1980年代を含む長期の費用効率評価を試みる。分析期間は1986年から2011年であり，産出物がひとつのケースでは売上高を，投入要素にはこれまで同様に資本，労働，原材料を考慮したプールド・データによる計測を行う。

また複数産出物における効率評価が可能な*DEA*の利点を生かして，多角化を考慮した分析も併用する[(6)]。紙は一般に「洋紙」と「板紙」に大別することができたが，「洋紙」は用途に合わせて，「新聞巻取紙」，「印刷・情報用紙」，「包装用紙」，「衛生用紙」，「雑種紙」に大別されている。ここでは生産アプローチと同様に，それぞれの実質化した製品単価を乗じてこれをウェイトとして売上高との差異を計算し，これを加工品の生産と想定した。その結果，生産物を「新聞巻取紙」，「印刷・情報用紙」，「包装・衛生・雑種紙」，「板紙」，「その他加工品」の５種類に区分し，５財のケースとして計測を行っている。これらの計測結果を表10－２に掲載している。

計測された費用効率性を見ると，まず売上高を産出物としたケースでは，クロスセクション分析と同様に大王製紙，山陽国策パルプ，レンゴー，特種製紙の費用効率が上位にランキングされている。また1993年の合併後に設立された日本製紙と新王子製紙の効率値も，長期的に評価した場合には費用効率が高く，その後の新王子／本州＝王子製紙（新），日本／大昭和＝日本製紙（新）の大型合併も上位に評価されている。板紙企業の合併についても，レンゴー（新）や高崎三興製紙のケースでも効率順位に大きな変化はない。

このように長期的視点からも，業界大手の王子製紙と日本製紙の合併については規模の経済性の実現による肯定的な評価ができ，中堅では規模と範囲の経済性を発揮した大王製紙，雑種紙に特化していた特種製紙，板紙企業ではレンゴーの効率値が高く，専業の効率性を確認することができた。こうした統計的事実からも，1990年代に繰り返された製紙業界における一連の合併は，成功的事例として評価できる。

---

(6)　多角化を考慮する場合，変数に比べてサンプルが少なくなるため，クロスセクションによる分析を行っても効率値がすべて１と評価されるケースが発生してしまう。そのため，ここではプールド・データによって多くのサンプルによる計測を行っている。*SFA*ではパラメトリックな計測であるため分散不均一性を考慮したが，*DEA*はノンパラメトリックな分析であるため，ここでは変数を実質化することによって各期の状況に関する変化を考慮するに止めている。

表10－2　*DEA-New-Cost-CRS* モデルによる長期の計測結果

1986 - 2011（産出：売上高のケース）	
大王製紙	0.820
山陽国策パルプ	0.770
日本製紙	0.748
レンゴー	0.671
十條製紙	0.666
特種製紙	0.634
新王子製紙	0.631
レンゴー(新)	0.629
王子製紙	0.627
王子製紙(新)	0.613
日本製紙(新)	0.612
三菱製紙	0.582
中越パルプ	0.578
東海パルプ	0.574
北越製紙	0.555
セッツ	0.541
本州製紙	0.541
高崎三興	0.531
高崎製紙	0.529
三興製紙	0.507
日本加工製紙	0.502
紀州製紙	0.501
大昭和製紙	0.492
神崎製紙	0.481
中央板紙	0.480
平均	0.593
標準偏差	0.089

1986 - 2011（産出：5財のケース）	
日本製紙(新)	0.971
山陽国策パルプ	0.963
東海パルプ	0.962
中越パルプ	0.956
セッツ	0.952
レンゴー	0.951
大王製紙	0.945
日本製紙	0.943
レンゴー(新)	0.937
北越製紙	0.935
高崎三興	0.934
日本加工製紙	0.915
王子製紙	0.907
特種製紙	0.907
三興製紙	0.893
高崎製紙	0.891
新王子製紙	0.875
紀州製紙	0.874
十條製紙	0.862
三菱製紙	0.849
中央板紙	0.844
王子製紙(新)	0.831
神崎製紙	0.760
大昭和製紙	0.748
本州製紙	0.717
平均	0.893
標準偏差	0.069

3　製紙業界合併なかりせば

製紙業界に関する一連の実証研究においては，これまで規模と範囲の経済性の計測に加え，産業内の相対的な効率性を測る方法として，*SFA*（Stochastic Frontier Analysis：確率的フロンティアモデル）や *DEA*（Data Envelopment Analysis：包絡分析法）を採用して合併の評価を試みた。これらの手法では，投入と産出のデータから最も効率的であると考えられる点を結んだものを効率フロンティアとし，生産効率と費用効率をフロンティアからの乖離度で測ることによって効率性が評価される。したがって，合併前の産業内における効率値と，合併後の値を比較することにより合併前後の効率性の変化を捉え，合併後に相対的な効率値が改善していれば，合併は成功であると評価した。

しかし，現実のデータをもとにして投入・産出を定義し，産業内の効率性を比較しているため，合併当事者となった存続企業と被合併企業が合併しなかった状況を想定して，合併後の効率性を比較するということまでは検討していない。

このような課題を克服するため，ここではシミュレーションによって合併が行われなかった時の仮想的データを作成し，これら架空のデータと合併後の実際のデータを生産効率・費用効率の両面から *DEA* による分析を行うことで，合併後に存続した企業と，合併を行わなかったケースでの比較を行い，合併の成否についての評価を試みる。

このシミュレーション分析の費用効率指標の算出には，既に用いた *DEA New-Cost* モデルを用いる。さらにここでは合併しなかったケースのデータを，仮想的にモンテカルロ・シミュレーションによって作成する。分析対象企業と変数の加工方法とは先の分析と同様である。

ここで，シミュレーション・データの作成方法を説明する。いま，企業 A と企業 B が合併して企業 C が設立された際には，合併後に存在するのは企業 C のデータのみである。もし合併が行われていなければ，という視点で合併の評価を行うためには，合併が行われなかった場合の企業 A^V と企業 B^V の仮想的データを，何らかの方法によって作成しなければならない。

そこで，以下のようなモンテカルロ・シミュレーションを行うことにより，企業 A^V と企業 B^V に関する架空のデータを作成した。

$$Data_t^{AV} = Data_{t-1}^{A} \times GR_t \times Random[N \sim (\mu, \sigma)] \qquad (10.12)$$

表10－3　費用 *DEA* の計測結果(売上高シミュレーション上位40%～50%の平均値を用いたケース)

第Ⅰ期	1990-1992	第Ⅱ期	1993-1995	第Ⅲ期	1996-1998
山陽国策	1.000	大王製紙	1.000	大王製紙	1.000
大王製紙	0.958	山陽国策(消)	0.925	山陽国策(消)	0.876
レンゴー	0.920	日本製紙	0.890	日本製紙	0.851
十條製紙	0.902	十條製紙(消)	0.861	十條製紙(消)	0.816
特種製紙	0.870	レンゴー	0.823	レンゴー	0.777
王子製紙	0.791	特種製紙	0.811	特種製紙	0.755
東海パルプ	0.771	新王子製紙	0.749	王子製紙(消)	0.717
高崎製紙	0.736	王子製紙(消)	0.733	新王子製紙(消)	0.715
三菱製紙	0.726	中越パルプ	0.706	中越パルプ	0.695
本州製紙	0.721	本州製紙	0.693	王子製紙	0.685
北越製紙	0.708	三菱製紙	0.684	東海パルプ	0.661
中越パルプ	0.702	東海パルプ	0.680	高崎製紙	0.659
セッツ	0.689	北越製紙	0.672	本州製紙(消)	0.652
三興製紙	0.681	高崎製紙	0.664	三菱製紙	0.642
紀州製紙	0.665	セッツ	0.649	セッツ	0.640
中央板紙	0.665	日本加工	0.618	北越製紙	0.616
日本加工	0.647	三興製紙	0.612	紀州製紙	0.594
神崎製紙	0.638	紀州製紙	0.608	三興製紙	0.591
大昭和製紙	0.619	神崎製紙(消)	0.596	日本加工	0.571
		大昭和製紙	0.580	神崎製紙(消)	0.569
		中央板紙	0.578	大昭和製紙	0.562
				中央板紙	0.515

第Ⅳ期	1999-2001	第Ⅴ期	2002-2006	第Ⅵ期	2007-2011
大王製紙	1.000	大王製紙	1.000	大王製紙	0.999
日本製紙	0.806	山陽国策(消)	0.750	山陽国策(消)	0.900
山陽国策(消)	0.798	日本製紙(消)	0.727	三菱製紙	0.889
十條製紙(消)	0.742	十條製紙(消)	0.695	日本製紙(消)	0.883
レンゴー(消)	0.730	日本製紙	0.682	特種製紙(消)	0.843
特種製紙	0.722	レンゴー(消)	0.679	十條製紙(消)	0.833
レンゴー	0.700	特種製紙	0.660	王子製紙	0.831
王子製紙	0.686	王子製紙	0.654	日本製紙	0.830
新王子製紙(消)	0.654	レンゴー	0.639	レンゴー(消)	0.809
王子製紙(消)	0.653	三菱製紙	0.619	中越パルプ	0.771
中越パルプ	0.630	新王子製紙(消)	0.616	王子製紙(消)	0.735
セッツ(消)	0.600	王子製紙(消)	0.614	新王子製紙(消)	0.735
本州製紙(消)	0.594	中越パルプ	0.598	北越紀州製紙	0.709
高崎三興	0.590	高崎三興(消)	0.580	高崎三興(消)	0.706

東海パルプ	0.581	セッツ(消)	0.563	東海パルプ(消)	0.699
北越製紙	0.576	北越製紙	0.562	レンゴー	0.693
三菱製紙	0.569	東海パルプ	0.561	セッツ(消)	0.683
三興製紙(消)	0.543	本州製紙(消)	0.559	本州製紙(消)	0.667
紀州製紙	0.521	三興製紙(消)	0.512	三興製紙(消)	0.612
神崎製紙(消)	0.519	紀州製紙(消)	0.508	紀州製紙(消)	0.606
大昭和製紙	0.515	日本加工(消)	0.499	日本加工(消)	0.595
中央板紙(消)	0.512	大昭和製紙(消)	0.494	大昭和製紙(消)	0.588
日本加工(消)	0.511	神崎製紙(消)	0.487	神崎製紙(消)	0.580
高崎製紙(消)	0.503	高崎製紙(消)	0.468	高崎製紙(消)	0.559
		中央板紙(消)	0.404	中央板紙(消)	0.492

注:表中の(消)は合併後消滅した企業を示す

変数$Data_t^{A^V}$は合併後のt期における企業A^Vのデータであり，これは合併前期の変数である。$Data_{t-1}^{A}$の値に当該年度の洋紙需要量成長率（GR_t）を掛け，これに平均がμで標準偏差がσの正規分布を用いた乱数（Random）を乗じて作成している。この平均値には，経済産業省の『生産動態統計年報（各年版）』から得た紙計の生産量の成長率を合併前の実データが得られる売上高に乗じた値を用いている。例えば，1993年に合併した十條／山陽国策＝日本製紙のケースでは，消滅した山陽国策パルプの1993年における売上高のデータを作成するために，1992年の山陽国策パルプの売上高に1993年に至る紙生産量（産業レベル）の成長率－1.027を乗じる。翌年の1994年の値は，この1993年の予測値に翌年までの紙生産成長率－1.023を乗じることによって算出している。

さらに標準偏差σには，当該企業の合併後10年間の紙生産量成長率の標準偏差を用いており，この平均値と標準偏差を用いてシミュレーションを10,000回試行している。生産要素とそれぞれの要素価格については，洋紙を生産する企業は洋紙生産量の成長率を，板紙専業の企業には板紙生産量の成長率を適用して仮想データを作成している。さらに売上高については分布の高位40%から50%，降順で4001番目から5000番目のデータの平均値を用いて，合併して消滅した企業の効率値が向上するケースを比較対象とする。つまり消滅企業の売上高が平均以上に好転したケースを敢えて想定して合併の効率性評価を試みた。

表10－3は費用面からの効率性分析として，*DEA-New-Cost-CRS* モデルに

よって計測した結果を示している[7]。実際には*DEA*指標の算出は1年ごとに行っているが，大型合併があった時期に分割して効率値の期間平均値を算出している。1990年から1992年を第Ⅰ期，十條／山陽国策＝日本製紙と王子／神崎の合併が行われた1993年から1995年を第Ⅱ期，王子／本州＝新王子の合併があった1996年から1998年を第Ⅲ期，板紙企業であるレンゴー／セッツ＝レンゴーと，高崎／三興＝高崎三興が合併して板紙市場の構造変化があった1999年から2001年までを第Ⅳ期，日本製紙／大昭和製紙＝日本製紙の合併が完了する2002年から2006年を第Ⅴ期，2007年の東海パルプ／特種製紙＝特種東海製紙（ここでは必要なデータが得られなかったため両企業とも消滅企業として扱う）と2009年の北越／紀州＝北越紀州製紙の合併があった2007年から2011年を第Ⅵ期と区分している。なお表中には合併して消滅した企業のシミュレーションによる評価値を，企業名に「(消)」を付けて示している。

第Ⅰ期の時点では山陽国策パルプがフロンティアとなり，大王製紙，レンゴー（板紙），十條製紙，特種製紙，王子製紙までの効率値は比較的高く評価されている。これらの企業に続いて効率値が中位であるのは，東海パルプ，高崎製紙（板紙），三菱製紙，本州製紙，北越製紙，中越パルプとなっている。

第Ⅱ期には，もともと効率値が上位にあった企業同士の合併で発足した十條／山陽国策＝日本製紙（1993年合併）は，ともに効率性が高い企業同士の合併であったが，合併後もほぼ効率順位を下げることなく上位にとどまっている。王子／神崎＝新王子製紙についても，ほぼ同様に効率性順位を維持しているため，相対的に低位に観察された神崎製紙との合併であったにもかかわらず，短期に成果が出ている事例である。

第Ⅲ期の1996年に合併した新王子／本州＝王子製紙の効率順位は，シミュレーションで変数を作成した新王子製紙（消）に比べると，存続企業である王子製紙の方が低位になっている。その意味では合併に伴う合理化が短期的には実現できていない。しかし，1999年からの第Ⅳ期以降は，王子製紙の効率性は新王子製紙（消）や本州製紙（消）よりも徐々に高くなることから，長期的に

(7)　この計測にはDEA-PRO（SAITECH社）を用いている。*CRS*はConstant Returns to Scaleの略で，規模に関して収穫一定のモデルで効率性を算出したこと意味する。

は合併による効率性改善が認められる。

1999年からの第Ⅳ期は，板紙専業企業の合併時期となる。レンゴー／セッツ＝レンゴーについては，相対的に下位にあったセッツとの合併で，レンゴーの効率性順位がやや下がっていることがわかる。高崎／三興＝高崎三興製紙の合併評価は，高崎製紙の効率順位がもともと中位であり，三興製紙は下位であったが，ちょうどその中間あたりの効率順位として評価されている。シミュレーション値よりは高位にあるため，その意味では合併効果が認められる。高崎三興製紙が存在するのはこの時期のみである。

日本／大昭和＝日本製紙は2001年の統合後，2003年には正式に合併する。この合併時期を含む2002年からの第Ⅴ期を見ると，それまで効率性が高位であった日本製紙の相対的な効率性順位はやや低下する。日本製紙の効率性は，第Ⅳ期にはもとの十條製紙や過去に合併した山陽国策のシミュレーションによる効率値よりも高い効率値となっていた。しかし効率値がそれまで低位にあった大昭和製紙との合併を経て，存続会社となった日本製紙は合併に関わった被合併企業や合併前日本製紙の仮想的な効率値と比べても相対的に下位となる。また次期の第Ⅵ期にもこの状況は変化しないが，日本製紙の相対的な効率値自体は改善している。王子製紙は仮想的な自企業のサンプルよりも最終的に上位となることがわかる。

この間，大型合併を行わなかった中堅企業に着目すると，分析期間を通じて大王製紙の効率値はほぼトップを維持しており，産業内の相対的な費用効率で評価すれば，大王製紙は相対的に効率性の高い企業であることがわかる。他の効率性分析では上位にあった北越製紙は，この分析では中位に評価されている。三菱製紙は分析期間の後半で効率値の順位を上昇させており，効率性の改善が窺われる。中越パルプ工業の効率性は分析期間を通じて中位に評価されているが，分析最終期のⅥ期には効率順位が上昇している。

このように費用*DEA*の分析からは，総じて消滅した企業の効率性が存続企業の評価よりも低位に固まっていることから，一連の合併のほとんどのケースは成功的な事例であると判断できる。また，大型合併ではあるが相対的にその規模が小さい王子／神崎＝新王子製紙と十條／山陽国策＝日本製紙のケースでは，比較的短期間で合併による効率性改善が観察されたが，合併規模が大きい新王子／本州＝王子製紙においては，合併の効率性向上にはタイムラグが生じている。もうひとつの大規模合併である日本／大昭和＝日本製紙に関しては，長期的に見れば効率順位を大きく下げているわけではないが，合併前の日本製紙（消）の効率性を上回ることはなく，大昭和製紙の非効率であった側面が長期的に残存していることが確認される。つまり，大型合併になるほど合併効果の実現には，ある程度の調整期間を要することがわかる。

4　合併の効率性が収益性に与える影響

合併が企業利益率に及ぼす影響は，市場シェアの拡大を通じた価格効果（市場支配力仮説）と，規模の経済性の発揮などによる生産性の改善（効率性仮説）に求められる。ここでは製紙業界各社の利益率を市場シェアと先に計算した費用効率性で説明し，さらに費用効率の改善は生産規模の拡大によってもたらされるという枠組みによって，合併が各社の利益率に及ぼす影響を確認する。そこで次のような連立方程式体系での計測を試みる。

$$Profit=\alpha_1+\beta_1\,DEAC+\beta_2\,Share+\sum d_i\,Dummy \qquad (10.13)$$

$$DEAC=\alpha_2+\beta_3\,lnQ+\sum d_i\,Dummy \qquad (10.14)$$

Profit：粗利益率（売上総利益／売上高）『日経 NEEDS 企業・財務データ』
Share：マーケット・シェア『紙・板紙統計年報』の各社紙生産量より作成
DEAC：費用 *DEA* で計測した各社時系列の費用効率指標
lnQ：各社紙生産量（トン）の対数値『紙・板紙統計年報』
Dummy：合併ダミー

それぞれの式には合併効果を測定するダミー変数を採用している。粗利益率の変動を説明する（10.13）式で用いる費用 *DEA* の効率指標は，各社の時系列でみた投入と産出の費用効率性をあらためて計測したものを用いる。投入要素と産出データの作成方法については，前節で用いた費用 *DEA* の定義と同様である。(10.13) 式ではこの効率指標に加え，企業のマーケット・シェアと利益率との関係を考慮している。さらに (10.14) 式では効率指標を動かす要因として，規模の経済性を考慮した各社の紙生産量を説明変数に用いている。(10.13) 式と (10.14) 式を完全情報最尤法によってシステム推計を行う[(8)]。分析期間は1978年度から王子製紙の単独決算データが『日経NEEDS企業・財務データ』の有価証券報告書の数値として得られる2011年度である。分析対象企業は，合併を行った企業では，王子製紙，日本製紙，北越製紙，合併を行っていない企業として，大王製紙，三菱製紙，中越パルプ工業を取り上げている。計測結果は表10－4に示した通りである。

これを見ると，まず (10.13) 式の利益率の決定式における費用効率性の係数値は，三菱製紙と中越パルプ工業以外の企業の計測において統計的に1％有意で正となっている。他方，マーケット・シェアの係数値は負で有意であるか，または正であっても統計的有意性は得られていない。つまり，製紙企業の収益性に与える要因としては，市場シェア拡大よりも効率性の向上が大きな影響力をもつことがわかる。

さらに連立方程式体系によって費用効率性の変動要因を分析した (10.14) 式の計測結果では，全ての企業で生産規模の係数値には有意に正の係数値が得られている。このように，製紙企業では生産量の増大による費用効率の向上を通じた利益率の上昇が観察されることから，スケール・メリットが効率性に影響を及ぼし，収益性を改善するという因果関係を統計的に確認できる。

さらに企業ごとの合併効果を，ダミー変数の係数値によって確認する。王子製紙の2つの合併ダミーは，1993年の神崎製紙と1996年の本州製紙との合併時である。日本製紙の合併ダミーは1993年の山陽国策パルプとの合併時と，2002年の大昭和製紙との合併時を考慮した2003年ダミーを用いている。北越紀州製紙の合併ダミーは2009年の北越／紀州製紙の合併を反映している。

---

(8)　*DEA* 費用効率性指標は上限が1となるため，本来ならシステム推計において変数の検閲の問題が発生するが，ここでは効率値が1となる年の割合が小さいとみなし検閲の対処を施していない。

表10－4　利益率と効率性の回帰分析結果

王子製紙		
*Eqation*1	*Coefficient*	*Prob.*
α_1	−0.002	(0.989)
β_1	0.300	(0.000)
β_2	0.390	(0.566)
Dummy93	−0.046	(0.181)
Dummy96	−0.122	(0.007)
*Eqation*2	*Coefficient*	*Prob.*
α_2	−4.249	(0.001)
β_3	0.289	(0.000)
Dummy93	0.050	(0.248)
Dummy96	0.161	(0.000)

日本製紙		
*Eqation*1	*Coefficient*	*Prob.*
α_1	0.194	(0.087)
β_1	0.222	(0.000)
β_2	−0.820	(0.363)
Dummy93	0.014	(0.793)
Dummy03	0.042	(0.763)
*Eqation*2	*Coefficient*	*Prob.*
α_2	−7.350	(0.000)
β_3	0.465	(0.000)
Dummy93	0.081	(0.024)
Dummy03	0.261	(0.000)

北越製紙		
*Eqation*1	*Coefficient*	*Prob.*
α_1	0.117	(0.000)
β_1	0.136	(0.000)
β_2	−1.060	(0.188)
Dummy09	0.002	(0.975)
*Eqation*2	*Coefficient*	*Prob.*
α_2	−14.231	(0.000)
β_3	0.878	(0.000)
Dummy09	0.078	(0.810)

大王製紙		
*Eqation*1	*Coefficient*	*Prob.*
α_1	0.255	(0.000)
β_1	0.102	(0.000)
β_2	−1.760	(0.000)
*Eqation*2	*Coefficient*	*Prob.*
α_2	−10.920	(0.000)
β_3	0.681	(0.000)

中越パルプ工業		
*Eqation*1	*Coefficient*	*Prob.*
α_1	0.117	(0.001)
β_1	−0.008	(0.927)
β_2	2.636	(0.219)
*Eqation*2	*Coefficient*	*Prob.*
α_2	−15.377	(0.000)
β_3	0.945	(0.000)

三菱製紙		
*Eqation*1	*Coefficient*	*Prob.*
α_1	0.207	(0.000)
β_1	0.026	(0.495)
β_2	−0.737	(0.307)
*Eqation*2	*Coefficient*	*Prob.*
α_2	−13.070	(0.000)
β_3	0.805	(0.000)

計測結果からこれらの合併ダミーの係数値を検討すると，(10.13) 式の利益率の変動を説明する式においては，王子製紙では1996年ダミーが負で１％有意であるほかは統計的有意性がない。他方，(10.14) 式の効率性に関する計測式においては，王子製紙と中規模の神崎製紙との合併を考慮した1993年ダミーは，正ではあるものの統計的な有意性が得られていない。しかし，規模の大きい本州製紙との合併を捉えた1996年ダミーは正で１％有意となっている。

日本製紙のケースでは，効率性に関する (10.14) 式の計測結果を見ると，合併ダミーはともに１％有意に正となっており，二度の合併は費用効率を改善するものではあったことが明らかであるが，(10.13) 式で利益率を計測した場合，合併ダミーは正となったが統計的有意性には裏付けられていない。さらに，業界中位の山陽国策パルプとの合併時の1993年ダミーよりも，規模の大きい大昭和製紙との合併があった2003年ダミーの方が係数値は大きく，効率性や収益性に与える効果自体は大きいことがわかる。北越紀州製紙の合併ダミーについても正の係数値が得られているが統計的有意性がない。

これらの分析結果から，製紙企業の合併効果は大規模企業ほど大きな効率性の改善が発揮されること，さらには企業収益率の上昇をもたらすのは，シェア増大がもたらす市場支配力効果ではなく，規模の経済性を生かした効率性の向上による生産力効果であることが確認できる。

5　費用DEAによる効率性の考察

ここでは1990年代以来，合併が相次ぐ日本の製紙業界について合併の成否を費用効率の側面から *DEA* によって評価することを試みた。製紙業界の合併による市場構造と市場成果の変化については，既に見たように1990年代以降の合併によって市場集中度は大幅に上昇しているが，紙製品の価格水準は概して経年的に低下しており，その意味では寡占化による弊害は認められない。

合併による費用効率の変化を *DEA* の費用アプローチによって確かめたところ，クロスセクション分析による短期的な効果としては，多少の変動はあるものの，大型合併後の効率性向上や業界内の相対的順位に改善を認めることができる。また分析期間を長期にしてプールド・データによる計測を行った場合にも，王子製紙や日本製紙などの業界大手企業では効率性が向上しており，合併による規模の経済性の効果が認められ肯定的な評価ができる。また上位2強に次ぐ大王製紙は経年的に費用効率が優れており，大規模工場での生産による「規模と範囲の経済性」の発揮を費用効率性の側面からも支持できる。雑種紙の生産に特化していた特種製紙や板紙専業のレンゴーでも，分析期間を通じて費用効率が優れていたため，専門的な財に特化した生産による「専業の効率性」も確認することができる。こうした検証から，1990年代に繰り返された製紙業界における一連の合併は，総じて成功的事例であると評価した。

しかし，これまでの関連研究では，合併前後の実際のデータを用いて効率指標を算出していたため，合併によって経年的にサンプルは減り，*DEA* による計測にも限界があった。そこで，合併企業と被合併企業がそれぞれ合併せずに存続した場合のデータをシミュレーションによって作成し，合併が実現した後の実際のデータと，合併が行われなかった場合との効率性比較を試みた。このような手法を用いることで，合併事例が増えるほどサンプルも増えるという利点もある。

DEA による費用効率性分析の結果，大手企業と中堅企業の合併では，存続する大手企業から見れば，短期的には合併相手の効率性に多少の影響を受けるが，長期的には効率性は改善する。業界大手同士の合併効果においては，合併相手企業の生産性が低位にある場合には合併後の効率性が低下し，効率性の改善には長期にわたる調整費用が生じると推察される。しかし，合併後に存続した企業の費用効率値を大きく低下させなかったという意味では，製紙業界における一連の合併は総じて肯定的に評価できるだろう。また，合併を行っていない大王製紙は，地域集積型の生産設備を背景に，大規模多品種生産による高い効率性を維持している。

製紙業界では紙の国内需要が縮小し合理化が課題となっているが，原料調達，生産，流通を含めた規模と範囲の経済性の機能が効率性向上の条件となる。さらに効率性の向上と利益率の改善に関する要因分析を行ったところ，製紙業の一連の合併が市場シェアの拡大を通じた価格効果ではなく，規模の経済性を生かした企業効率の改善によって企業利益率の向上につながっていることも検証された。

しかし，合併による資本設備の合理化には，時間を通じた調整費用を考慮しなければならず，長期的な動学的最適化を前提とした分析が必要になる。また，企業レベルの合併が行われても，従来の工場が存続するのであれば，合併効果の源泉は工場レベルでの効率性に求めなければならない。これらの課題を克服するために，以下では動学的 *DEA* と *Network DEA* による分析を試みる。

第11章
動学的DEAとネットワークDEAを用いた工場別効率性分析

1　動学的DEAのフレームワーク

Charnes et al.（1978）によって提示された*DEA*は，同種の生産物を産出する企業群の相対的な生産性や効率性を計測する手法であり，静学的なモデルとして分析方法が展開されてきた。*DEA*の開発当初は，時間を通じた効率性の変化を測る方法として，*Window*分析や*Malmquist*指数を用いた分析が提示された。[(1)] それらの分析方法は，時間の流れを考慮しているものの，多期間における資本設備の調整費用などは無視され，それぞれの期間について局所的な最適化を目的とした分析に焦点が当てられている。

しかし現実には，長期における設備投資計画は企業にとって重要な課題である。短期における最適化モデルでは，長期にわたる企業の最適化行動を適切に評価することができない。異時点間の効率性の変化は，*DEA*において長く関心の集まる問題であった。

こうした計測上の課題を解決するために，Sengupta（1995）とFäre and Grosskoph（1996b）は，それぞれ独立に動学的モデルを提唱して分析を行った。Sengupta（1995）では最適投資の一階条件を形式的に*DEA*に導入しているのみであるが，Färe and Grosskoph（1996b）ではネットワークモデルという概念が提示され，さまざまな異時点間の投入物と産出物の代替関係を含めたモデリングが行われている。Färe and Grosskoph（1996b）による分析は，その後，

(1)　*Window*分析や*Malmquist*指数を用いた分析については，刀根（1993）や末吉（2001）などの説明が詳しい。

Nemoto and Goto（2003），Sueyoshi and Sekitani（2005），Chen（2009）などで展開された。こうした先行研究をもとに，連続的な多期間における経済主体の carry-over activity をモデルに組み込んだのが Tone and Tsutsui（2010）である。

Tone and Tsutsui（2010）は，Pastor et al.（1999）や Tone（2001）で提示されたスラックに基づいた効率性評価の枠組みでそれまでのモデルを拡張し，リンクと呼ばれる carry-over activity をモデルに組み込んでいる。以下では Tone and Tsutsui（2010）に従い，*Dynamic DEA* モデルの分析方法を展開する。[(2)]

伝統的な *DEA* モデルでは，クロスセクションデータによって投入と産出の効率性を扱っていたが，Tone and Tsutsui（2010）では，n 企業のデータが T 期にわたって観察されるパネルデータを想定し，t 期から $t+1$ 期（今期から次期）にリンク（carry-over）する変数を考慮して，動学的な *DEA* モデルを展開している。そこではリンクのパターンとして，次のような４つのケースが考慮されている。

まず，望ましいリンク（good link）として，獲得した利益が次期に有効に繰り越されるようなケースが想定され，望ましくないリンク（bad link）としては，前期の損失や在庫が今期に悪影響を及ぼしてしまうようなケースが取り上げられている。また，任意のリンク（free link）を設定するケースとしては，企業が自由に戦略変数を操作できるような場合であり，これに対して固定したリンク（fixed link）とは，企業がコントロールすることができないような所与の変数をモデルに組み込むケースである。

いま，n 社の企業（$j=1,\cdots,n$）が T 期間（$t=1,\cdots,T$）にわたって，m 種類の可変的な投入要素$x_{ijt}(i=1,\cdots,m)$と，p 種類の固定的な（任意には決められない）投入要素$x^{P}_{ijt}(\mathrm{i}=1,\cdots,p)$を用いて，$s$ 種類の産出$y_{ijt}(\mathrm{i}=1,\cdots,s)$と，$r$ 種類の固定的な産出物$y^{P}_{ijt}(\mathrm{i}=1,\cdots,r)$が生み出されるケースを想定する。そこで good link をz^{G}，bad link をz^{B}，free link をz^{F}，fixed link をz^{P}として４種類のカテゴリーのリ

(2)　以下の *Dynamic DEA* モデルの展開については，Tone and Tsutsui（2010）pp.146-149の叙述に依存している。

ンクをそれぞれz^G, z^B, z^F, z^Pで表す。これらを期間tにおけるJ社のi番目の要素という形式で表せば，たとえばgood linkのケースで表現すると，$z^G(i=1,\cdots,nG;j=1,\cdots,n,t=1,\cdots,T)$とすることができる。ここで$nG$というのは，good linkの数を表しており，これらがT期間において観察されることになる。

いまjを企業数（$j=1\cdots n$），Tを期間（$t=1\cdots T$）で複数の投入と産出を考慮したそれぞれの企業の生産可能領域は，次のように表すことができる（以下すべて$t=1\cdots T$）。

$$
\begin{array}{ll}
x_{it}\geq\sum_{j=1}^{n}x_{ijt}\lambda_j^t \quad (i=1,\cdots,m) & x_{it}^P=\sum_{j=1}^{n}x_{ijt}^P\lambda_j^t \quad (i=1,\cdots,p) \\
y_{it}\leq\sum_{j=1}^{n}y_{ijt}\lambda_j^t \quad (i=1,\cdots,s) & y_{it}^P=\sum_{j=1}^{n}y_{ijt}^P\lambda_j^t \quad (i=1,\cdots,r) \\
z_{it}^G\leq\sum_{j=1}^{n}z_{ijt}^G\lambda_j^t \quad (i=1,\cdots,nG) & z_{it}^B\geq\sum_{j=1}^{n}z_{ijt}^B\lambda_j^t \quad (i=1,\cdots,nB) \\
z_{it}^F:free \quad (i=1,\cdots,nF) & z_{it}^P=\sum_{j=1}^{n}z_{ijt}^P\lambda_j^t \quad (i=1,\cdots,nP) \\
\lambda_j^t\geq 0 \quad (j=1,\cdots,n\ ) & \sum_{j=1}^{n}\lambda_j^t=1
\end{array}
\tag{11.1}
$$

λはt期におけるそれぞれの部門の大きさを示すベクトル$\lambda^t\in R^n(t=1,\cdots,T)$である。また$nB$や$nF$, nPはそれぞれbad link, free link, fixed linkの数である。最後の制約式は規模に関する収穫可変（Variable Returns to Scale : VRS）モデルを表すが，この制約式を省けば，規模に関して収穫一定(Constant Returns to Scale : CRS）モデルとなる。また，t期と$t+1$期のリンク（carry-over）は，次のような条件式によって表すことができる。

$$
\sum_{j=1}^{n}z_{ijt}^{\alpha}\lambda_j^t=\sum_{j=1}^{n}z_{ijt}^{\alpha}\lambda_j^{t+1} \quad (\forall i\ ;\ \ t=1,\cdots,T-1) \tag{11.2}
$$

ここでαは，good, bad, free, fixed linkを表す。これらの表現を生産に関して用いれば，ある企業体$o(o=1,\cdots,n)$の生産活動を，スラックsを用いて次のように表現することができる。

$$x_{iot}=\sum_{j=1}^{n}x_{ijt}\lambda_j^t+s_{it}^- \quad (i=1,\cdots,m) \qquad x_{iot}^P=\sum_{j=1}^{n}x_{ijt}^P\lambda_j^t \quad (i=1,\cdots,p)$$
$$y_{iot}=\sum_{j=1}^{n}y_{ijt}\lambda_j^t-s_{it}^+ \quad (i=1,\cdots,s) \qquad y_{iot}^P=\sum_{j=1}^{n}y_{ijt}^P\lambda_j^t \quad (i=1,\cdots,r)$$
$$z_{iot}^G=\sum_{j=1}^{n}z_{ijt}^G y\lambda_j^t-s_{it}^G \quad (i=1,\cdots,nG) \qquad z_{iot}^B=\sum_{j=1}^{n}z_{ijt}^B\lambda_j^t+s_{it}^B \quad (i=1,\cdots,nB)$$
$$z_{iot}^F=\sum_{j=1}^{n}z_{ijt}^F\lambda_j^t+s_{it}^F \quad (i=1,\cdots,nF) \qquad z_{iot}^P=\sum_{j=1}^{n}z_{ijt}^P\lambda_j^t \quad (i=1,\cdots,nP)$$
$$\sum_{j=1}^{n}\lambda_j^t=1 \quad \lambda_j^t\geq 0,\ s_{it}^-\geq 0,\ s_{it}^+\geq 0,\ s_{it}^G\geq 0,\ s_{it}^B\geq 0,\ s_{it}^F:free \ (\forall i,t) \tag{11.3}$$

ここでs_{it}はスラック変数であり，それぞれ投入超過，産出不足，リンク不足，リンク超過，リンクの乖離を表す。

こうした前提のもとで，全期間にわたる効率性（overall efficiency）を，λとsを変数として考慮した，投入指向モデルによって評価する。投入指向モデルの全期間における効率性は次のようになる。

$$\theta_o^*=min\frac{1}{T}w^t\left[1-\frac{1}{m+nB}\left(\sum_{i=1}^{m}\frac{w_{\bar{i}}s_{\bar{it}}}{x_{iot}}+\sum_{i=1}^{nB}\frac{s_{it}^B}{z_{iot}^B}\right)\right] \tag{11.4}$$

(11.4）式は，(11.2）式と（11.3）式の制約のもとで最適化する目的関数であり，w^tと$w_{\bar{i}}$は投入iのt期におけるウェイトを表している。wは次の（11.5）式の条件を満たしながら，その重要性に応じて外生的に決定される。

$$\sum_{t=1}^{T}w^t=T \quad ,\sum_{i=1}^{m}w_{\bar{i}}=m \tag{11.5}$$

もし，すべてのウェイトが同一であれば，それぞれwは任意のtに関して1となる。この目的関数は，投入指向のスラック基準の評価法（Slack Based Measure : *SBM*）モデルに基づいており，投入超過だけでなく，望ましくないリンク（bad link）を扱うこともできる。

(11.4）式の大括弧の中はt期における投入とリンクとの間で発生したスラックによって測られた効率性を表し，もしすべてのスラックが0であれば括弧内は1となるので，その値は0から1をとる。したがって，(11.4）式はすべての期間における効率性の加重平均となっており，投入指向の全期間における効率性と考えることができる。いま，(11.2) 式と (11.3) 式の制約のもとでの (11.4) 式の最適解を，それぞれの変数の肩に＊をつけて表すと，投入指向の各期間における効率性は次のように表現できる。

$$\theta_{ot}^{*}=1-\frac{1}{m+nB}\left(\sum_{i=1}^{m}\frac{w_i^{-}s_{iot}^{-}}{x_{iot}}+\sum_{i=1}^{nB}\frac{s_{iot}^{B}}{z_{iot}^{B}}\right) \tag{11.6}$$

この式によって投入指向の各期間の効率性が計算される。全期間の効率性は，次のような各期間の効率性の加重平均となっている。

$$\theta_{o}^{*}=\frac{1}{T}\sum_{i=1}^{T}w^{t}\theta_{ot}^{*} \tag{11.7}$$

この効率性指標によって計算される指標を用いて，製紙業界の企業レベルの効率性の計測と，工場レベルの効率性の計測を試みる。[3]

2　動学的 DEA を用いた企業レベルの効率性分析

これまで展開した *DEA* の動学化概念を用いて，生産面からみた企業レベルの *Dynamic DEA* による効率性分析を行う。まず生産アプローチに必要な変数はこれまで同様であり，資本 (*K*) は有価証券報告書の製造原価明細書に記載された償却対象有形固定資産で定義し，内閣府が刊行する『国民経済計算年報』の民間企業設備デフレータにより実質化している。また労働 (*L*) は有価証券報告書に記載された期末従業員数を用いる。原材料 (*M*) は製造原価明細書に計上された原材料費を，日本銀行算出による紙パルプ投入物価指数によってデフレートしている。産出物 (*Y*) は売上高で定義し，日本銀行が提供する

(3) (11.3) 式に表れたスラックでフリーリンクを用いる場合，s_{it}^{F}は調整スコアが計算される。詳細については Tone and Tsutsui (2010) pp.149-150を参照。

紙パルプ企業物価指数で実質化した。

分析期間はこれまでの分析同様に1990年から2011年までであり，分析対象とする企業もこれまで同様に，財務指標が得られる上場企業であり，分析期間の『紙・板紙統計年報（日本製紙連合会）』に掲載されている市場占有率が上位20社以内に経続的に存在する企業とした。こうして選ばれた企業は，王子製紙（旧）→新王子製紙→王子製紙（新），十條製紙→日本製紙→日本製紙（新），本州製紙，大昭和製紙，大王製紙，三菱製紙，北越製紙，山陽国策パルプ，神崎製紙，中越パルプ，東海パルプ，三興製紙，紀州製紙，日本加工製紙，特種製紙の洋紙を生産する企業と，板紙専業であるレンゴー，セッツ，中央板紙，高崎製紙→高崎三興製紙，の延べ24社である。ここでは規模に関する収穫一定の（Constant Returns to Scale：*CRS*）モデルで，投入指向型の *Dynamic DEA* モデルでの計測を試みる[(4)]。投入については，長期における企業の動学的最適化による意思決定を反映し，ここでは資本設備（*K*）をリンク（carry-over）する変数として考慮して，労働（*L*）を一般の投入要素として扱う。

このモデルを用いた企業レベルの効率性分析の結果は，表11－1に示した通りである。動学的 *DEA* はサンプル企業の欠損値があると，当該期間における相対的な比較ができないため，実際の分析では大型合併が行われた期間ごとに分割して計測を行っている。

まず大型合併が始まる以前の第Ⅰ期には，十條製紙，山陽国策パルプ，大王製紙，北越製紙の効率値が１となっており，次いで特種製紙，板紙および加工品専業のレンゴーの効率評価が高い。王子製紙と製品の種類が多い東海パルプも比較的効率評価は高い。そのほかの大手企業に注目すると，本州製紙も効率順位は中位に位置するが，大手企業では大昭和製紙は相対的に効率評価が低い。

第Ⅱ期にあたる1993年には，王子／神崎＝新王子製紙，十條／山陽国策＝日本製紙の大型合併が行われる。神崎製紙の第Ⅰ期における効率値は相対的に低く，新王子製紙として合併した後は，当初の王子製紙の順位と比べると効率値

(4)　規模に関して収穫が可変（*VRS*）モデルは，さまざまな規模に応じて効率性の高い企業を柔軟に評価できるメリットがあるが，効率値が１となる企業が多くなるため，ここでは規模に関して収穫不変（*CRS*）モデルの計測結果を提示している。

表11－1　企業レベルの動学的 DEA の計測結果

第Ⅰ期	1990-1992	第Ⅱ期	1993-1995	第Ⅲ期	1996-1998
十條製紙	1.000	日本製紙	1.000	大王製紙	1.000
山陽国策	1.000	大王製紙	1.000	特種製紙	1.000
大王製紙	1.000	特種製紙	1.000	日本製紙	0.986
北越製紙	1.000	北越製紙	0.762	中越パルプ	0.809
特種製紙	0.908	レンゴー	0.756	北越製紙	0.771
レンゴー	0.887	東海パルプ	0.740	セッツ	0.755
東海パルプ	0.847	本州製紙	0.721	東海パルプ	0.753
王子製紙	0.845	中越パルプ	0.711	レンゴー	0.738
本州製紙	0.749	新王子製紙	0.695	王子製紙	0.715
高崎製紙	0.740	大昭和製紙	0.655	大昭和製紙	0.707
中越パルプ	0.738	高崎製紙	0.652	高崎製紙	0.678
セッツ	0.727	セッツ	0.633	三興製紙	0.607
大昭和製紙	0.707	三菱製紙	0.600	三菱製紙	0.597
三興製紙	0.676	日本加工製紙	0.585	日本加工製紙	0.568
三菱製紙	0.654	三興製紙	0.584	紀州製紙	0.564
神崎製紙	0.614	中央板紙	0.539	中央板紙	0.526
中央板紙	0.611	紀州製紙	0.510		
日本加工製紙	0.593				
紀州製紙	0.574				

第Ⅳ期	1999-2001	第Ⅴ期	2002-2006	第Ⅵ期	2007-2011
大王製紙	1.000	大王製紙	1.000	大王製紙	1.000
北越製紙	1.000	日本製紙	0.991	王子製紙	0.999
日本製紙	0.958	北越製紙	0.981	日本製紙	0.998
王子製紙	0.784	王子製紙	0.968	北越製紙	0.949
レンゴー	0.735	三菱製紙	0.791	三菱製紙	0.915
中越パルプ	0.714	レンゴー	0.770	東海パルプ	0.884
東海パルプ	0.684	中越パルプ	0.720	中越パルプ	0.871
大昭和製紙	0.658	東海パルプ	0.690	レンゴー	0.852
特種製紙	0.647	特種製紙	0.614		
三菱製紙	0.629	紀州製紙	0.511		
高崎三興製紙	0.613				
日本加工製紙	0.522				
紀州製紙	0.499				

が低下している。これとは逆に，第Ⅰ期で効率値が高く評価された山陽国策パルプと合併した日本製紙の効率値は1となっており，この合併が効率性の視点からは成功であったと評価できる。

第Ⅲ期の1996年には，新王子／本州＝王子製紙の大型合併があるが，王子製紙の効率値は同程度であった本州製紙との合併後，やや上昇している。この合併効果についてはより慎重に長期的な動向を確認しなければならない。

第Ⅳ期の1999年には板紙企業であるレンゴー／セッツ＝レンゴーと高崎／三興＝高崎三興の合併が行われている。この期間，レンゴー／セッツの合併はもともと効率値が同程度の企業同士であるが，合併前の効率性を維持している。高崎／三興の合併では相対的なランキングにはあまり変化が見られないが効率値自体は低下している。また，第Ⅴ期には日本／大昭和＝日本製紙の統合があるが，それまで効率値が低位にあった大昭和製紙との合併にもかかわらず，日本製紙の効率値は高いことがわかる。

全体を見ると，大王製紙がすべての期間において効率値が1となっており，北越製紙も紀州製紙と合併を行った第Ⅵ期以外は一貫して効率値が上位にある。三菱製紙は相対的に効率水準が低く計測されている。中堅企業の東海パルプや中越パルプは2000年代に入るまで効率性は中位である。こうした計測結果はこれまで提示した効率性分析の結果と一致しており，*Dynamic DEA* によって得られた結果は，従来の実証研究と整合性のあるものとなっている。

しかし，こうした企業レベルの計測では，1990年代に起こった大型合併の影響で，長期にわたる連続的なデータを得ることができず，本来の *Dynamic DEA* がもつ長期的な動学的最適化行動を分析するという特徴を生かしきれていない。さらにはもともとサンプル企業が少ないこともあり，各期の効率性が1と評価される企業が多数見られるという欠点がある。

このような課題と問題点を解決するため，以下では合併前後も存続する工場レベルのデータを用いた *Dynamic DEA* による効率性分析を試みる。

3　動学的DEAを用いた工場レベルの効率性分析

製紙業界は1990年代に企業レベルの大型合併を繰り返したが，工場レベルで見れば，それぞれの企業における工場のほとんどは資本設備や労働者を引き継ぎ，製品の種類も合併前とほぼ変わらず生産を存続している。したがって，*Dynamic DEA* モデルが想定するような長期にわたる効率性分析を適用するには，サンプル数を増やす意味でも工場レベルの効率性を測ることが望ましい。

日本製紙連合会が編纂する『紙・板紙統計年報』には，工場レベルの生産量が掲載されており，各企業の有価証券報告書にはそれぞれの工場における機械設備や従業員数のデータが記載されている。以下ではこれらのデータを用いて，*Dynamic DEA* による工場レベルの効率性評価を試みる。

まず，各工場が生産する製品として，紙の種類を新聞用紙，印刷・情報用紙，包装用紙，衛生用紙，雑種紙，板紙の6種類に分類し，『紙・板紙統計年報』から生産量のデータを得る。この生産量に製品別単価を掛けて足し合わせた総生産額を求め，紙パルプ製品の国内企業物価指数で実質化して生産額を求めている。

ここでは工場の存廃によってサンプル数が変化する時期を考慮して，分析期間を1990年から2000年と，2001年から2010年に分割する。サンプルとなる工場は，それぞれの期間に継続的に存続し上記のデータを得ることができるものに限定している。分析に入る前に，分析対象となった工場の生産規模を比較するために，この値を最小規模の特種製紙岐阜工場を1に基準化して1990年時点の生産規模と2000年時点の規模を計算して表11－2に掲載している。これを見ると，大王製紙の三島川之江工場は，サンプル中の最小規模の工場に比べると，1990年の生産額でみておよそ140倍，2000年時点では300倍の生産規模を誇っている。この大王製紙三島川之江工場と，王子製紙苫小牧工場が生産規模においては群を抜いている。1990年代以降，繰り返された企業レベルで見た大型合併は，被合併企業が有していた大規模工場の様子など，効率性に関わるさらに重要な点が見出される。

また，工場ごとにその生産品目はさまざまであるため，多角化の度合いを確認するために，多角化度を表す *Berry* 指数を工場ごとに計算した。Berry 指数の定義は，$1-H$（H は総生産額に占める当該財生産額の比率を2乗して足し合わせた製品ハーフィンダール指数）であるので，この数値が高いほど多角化度が高いということになる。ここでは紙の種類を「新聞巻取紙」,「印刷・情報用紙」,「包装用紙」,「衛生・雑種紙」,「板紙・その他加工品」の5種類に分類し，『紙・板紙統計年報（日本製紙連合会）』から得られたそれぞれの生産量を得た。さらに『紙・パルプ統計年報（経済産業省）』の国内販売額／販売数量で得た名目単価を紙パルプ価格指数（日本銀行）でデフレートして実質単価を計算している。これをそれぞれの生産量に掛けることで生産金額を算出している。さらにこの合計額が売上額と大きく乖離する場合は，その他加工品の金額に加えている。

こうして得られた定義により，年度ごとに計算した *Berry* 指数の平均値を表11－3に示している。これを見ると，中越パルプ工業の高岡工場や日本製紙（旧山陽国策パルプ）の勇払工場と旭川工場の多角化度が高い。日本製紙は山陽国策パルプとの合併時に多品種生産工場を吸収していることがわかる。次いで東海パルプの島田工場や中越パルプの川内工場の多角化度も高い。王子製紙の春日井工場や日本製紙（旧大昭和製紙）の白老工場，さらに大王製紙の三島川之江工場，紀州製紙の紀州工場がこれに続いている。

他方，多角化度の低い工場ではいずれも印刷・情報用紙が専業であるケースが多く，王子製紙の神崎工場や，特種製紙の岐阜工場，日本製紙の勿来工場の多角化指数がゼロとなっている。なおサンプルとした工場の規模と多角化指数の相関係数を計算すると両時点で0.2程度であり，規模と多角化に強い相関はないものと判断できる。

こうした前提のもとで，工場別のデータを用いた *Dynamic DEA* による効率性分析を試みる。工場レベルの分析で用いるモデルは，規模に関して収穫一定の，投入指向型モデル（*Dynamic DEA Input Oriented Model*）による計測方法を用いる。[(5)] 計測に用いる生産量のデータについては，産出（Y）には複数の生産物の生産額を計算して，それぞれ1財のケースと複数財のケースを計測する。

表11－2　生産額でみた工場別規模

最終企業名	当初企業名	工場名	規模指数(1990年)	規模指数(2000年)
大王製紙	大王製紙	三島川之江	138	311
王子製紙	王子製紙	苫小牧	108	211
日本製紙	大昭和製紙	富士鈴川	76	141
日本製紙	大昭和製紙	石巻	74	158
王子製紙	神崎製紙	富岡	64	127
王子製紙	王子製紙	春日井	63	151
日本製紙	大昭和製紙	白老	56	109
三菱製紙	三菱製紙	八戸	52	139
日本製紙	大昭和製紙	岩沼	45	107
日本製紙	十條製紙	釧路	45	80
北越製紙	北越製紙	新潟	40	145
日本製紙	山陽国策	岩国	37	112
中越パルプ	中越パルプ	高岡	36	102
東海パルプ	東海パルプ	島田	35	77
日本製紙	十條製紙	八代	33	81
中越パルプ	中越パルプ	川内	29	53
日本製紙	山陽国策	旭川	28	52
紀州製紙	紀州製紙	紀州	27	51
日本製紙	山陽国策	勇払	27	64
王子製紙	王子製紙	呉	26	54
王子製紙	王子製紙	米子	24	131
王子製紙	王子製紙	日南	22	48
王子製紙	本州製紙	富士	21	56
王子製紙	王子製紙	江別	20	48
三菱製紙	三菱製紙	中川	14	20
日本製紙	十條製紙	伏木	13	23
王子製紙	本州製紙	江戸川	13	15
王子製紙	神崎製紙	神崎	13	4
日本製紙	山陽国策	小松島	10	21
三菱製紙	三菱製紙	高砂	8	15
北越製紙	北越製紙	市川	8	16
王子製紙	本州製紙	中津	7	11
特種製紙	特種製紙	三島	6	9
紀州製紙	紀州製紙	大阪	6	8
王子製紙	本州製紙	岩渕	5	8
日本製紙	十條製紙	勿来	3	7
北越製紙	北越製紙	長岡	3	6
特種製紙	特種製紙	岐阜	1	1

表11－3　生産額でみた工場別多角化度

最終企業名	当初企業名	工場名	多角化度(1990年)	多角化度(2000年)
中越パルプ	中越パルプ	高岡	0.729	0.640
日本製紙	山陽国策	旭川	0.695	0.533
日本製紙	山陽国策	勇払	0.643	0.653
東海パルプ	東海パルプ	島田	0.635	0.636
中越パルプ	中越パルプ	川内	0.618	0.516
王子製紙	王子製紙	春日井	0.598	0.524
日本製紙	大昭和製紙	白老	0.558	0.469
大王製紙	大王製紙	三島川之江	0.548	0.564
紀州製紙	紀州製紙	紀州	0.524	0.366
王子製紙	王子製紙	呉	0.522	0.520
王子製紙	王子製紙	江別	0.516	0.487
日本製紙	十條製紙	八代	0.497	0.499
王子製紙	本州製紙	江戸川	0.496	0.423
王子製紙	本州製紙	富士	0.493	0.454
紀州製紙	紀州製紙	大阪	0.482	0.473
三菱製紙	三菱製紙	中川	0.473	0.359
日本製紙	大昭和製紙	富士鈴川	0.459	0.411
日本製紙	大昭和製紙	岩沼	0.448	0.405
特種製紙	特種製紙	三島	0.439	0.350
北越製紙	北越製紙	長岡	0.435	0.481
王子製紙	神崎製紙	富岡	0.407	0.311
北越製紙	北越製紙	市川	0.332	0.321
王子製紙	本州製紙	岩渕	0.321	0.422
王子製紙	王子製紙	苫小牧	0.318	0.284
日本製紙	十條製紙	釧路	0.313	0.226
三菱製紙	三菱製紙	高砂	0.277	0.186
王子製紙	王子製紙	日南	0.243	0.205
王子製紙	王子製紙	米子	0.221	0.486
日本製紙	十條製紙	伏木	0.165	0.277
日本製紙	山陽国策	小松島	0.163	0.109
日本製紙	大昭和製紙	石巻	0.121	0.152
三菱製紙	三菱製紙	八戸	0.113	0.067
北越製紙	北越製紙	新潟	0.103	0.065
王子製紙	本州製紙	中津	0.084	0.141
日本製紙	山陽国策	岩国	0.081	0.061
王子製紙	神崎製紙	神崎	0.000	0.000
日本製紙	十條製紙	勿来	0.000	0.000
特種製紙	特種製紙	岐阜	0.000	0.000

投入要素は有価証券報告書からデータが得られる資本設備と労働のみであり，工場レベルの使用原材料については，データが得られないため除外する。具体的には，資本設備（*K*）のデータは有価証券報告書に工場別で記載されている機械装置（機械装置および運搬具）を内閣府の民間総固定資本デフレータで実質化した値を使用し，労働（*L*）は工場別労働者数を用いる。産出（*Y*）については『紙・板紙統計年報（日本製紙連合会）』から得られる工場別の各製品生産量にそれぞれの単価をかけたものを紙パルプの企業物価指数で実質化しており，これまでの計測で用いたデータと加工方法は同様である。

生産物は売上高「新聞巻取紙」，「印刷・情報用紙」，「包装用紙」，「衛生・雑種紙」，「板紙・その他加工品」の5種類である。それぞれの名目単価を経済産業省の『紙・パルプ統計年報』から国内販売額／国内販売量で計算し，これを日本銀行の紙パルプ企業物価指数でデフレートして実質化し，5種類の紙の実質生産額を産出物とした場合（5財モデル）と，その合計額を用いて1種類の産出物（1財モデル）を用いた場合に分類して，*Dynamic DEA* による効率性の評価を試みる[(6)]。

ここでは1財モデルと5財モデルにおいて，規模に関する収穫不変（*CRS*）のケースと規模に関する収穫可変（*VRS*）のケースで計測を行っている。工場レベルの計測においては，企業別の計測に比べると比較的多くのサンプル数が確保できるが，分析期間を1990年から2010年まで長期にした場合，必要なデータを得ることができる工場数は27工場とやや少なくなる。そこで分析期間を1990年から2000年として，38工場のサンプルによる計測を試みた。両期間の計測結果に大きな差異はなかったため，表11－4には1990年から2000年の分析期間で規模に関する収穫一定（*CRS*）モデルで計測した時間を通じた効率性（Overall Score）が高い工場順に計測結果を示している[(7)]。

計測結果を表11－2の工場規模および表11－3の多角化指数と対応しながら

(5)　この動学的*DEA*の計測もSIETECH社のDEA Pro15を用いている。

(6)　実際には2種類，3種類，4種類とすべての製品の組み合わせを定義して計測を行っているが，ほぼ5種類の生産物の計測結果と同様の結果が得られたので，ここではより多くの種類についての分析結果を提示している。

(7)　分析期間を2010年までにした場合にも，サンプルは少なくなるが相対的な効率性に大きな相違はなかった。

検討する。まずこの分析期間においては，最新鋭の設備を有し，印刷・情報用紙の生産としては国内最大規模を誇る北越製紙の新潟工場の効率性が最も高く評価されている。これに次いで規模は中位で多角化指数の高い東海パルプの島田工場の効率性が評価されている。日本製紙（大昭和製紙）の岩沼工場や王子製紙の苫小牧工場の効率性も高いが，これらの工場規模は大きく多角化度は中程度に分類されている。

大王製紙の三島川之江工場は四国中央市にある最大規模の臨海工場であり，すべての種類の製品が生産されているため多角化指数も高く，高い効率値で評価されている。これに続く日本製紙の釧路工場は，もとから日本製紙合併後の存続企業である十條製紙の工場であり，規模は比較的大きいが多角化指数はさほど高くはない。次いで効率性指標に登場する中越パルプの高岡工場の規模は中位であるが多角化指数は最も高い。さらに見ると，日本製紙（大昭和製紙）の石巻工場，三菱製紙の八戸工場，日本製紙（大昭和製紙）の富士鈴川工場は，規模は比較的大きいが多角化指数は低い工場であるが，効率性のランキングでは比較的高位に位置している。都心近くの千葉県に位置する北越製紙の市川工場は *CRS*（1財）モデルではここで登場することになるが，生産性の高い設備で高機能紙を生産しており，*VRS*（1財）モデル，*CRS*（5財）モデル，*VRS*（5財）モデルでは最も効率性が高い工場として評価され，この分析結果が現実の技術力や生産性を反映していることがわかる。

CRS モデルと *VRS* モデルの効率性評価を比べると，最も規模の小さい特種製紙の岐阜工場で，*CRS* モデルの評価は最低位であるのに，*VRS* モデルの効率評価が最高位の1となっていることがわかる。これは *VRS* モデルが規模に関する収穫を可変に捉えて評価していることから，規模の小さい工場群で相対的に効率性が高く評価されたことによるものである。また多角化度が高い工場ほど評価軸も多くなるため，東海パルプの島田工場や日本製紙（山陽国策）の旭川工場や勇払工場などで，1財モデルよりも5財モデルで多角化している工場の効率性評価が高くなっていると考えられる。

ほかにも1財モデルと5財モデルで多角化に関する評価軸が効率性の結果に反映した工場があり，王子製紙の呉工場や江別工場，また中越パルプの川内工

表11－4　工場別動学的*DEA*の計測結果

最終企業名	当初企業名	工場名	*CRS*(1財)	*VRS*(1財)	*CRS*(5財)	*VRS*(5財)
北越製紙	北越製紙	新潟	1.000	1.000	1.000	1.000
東海パルプ	東海パルプ	島田	0.989	1.000	1.000	1.000
日本製紙	大昭和製紙	岩沼	0.799	0.853	0.971	0.981
王子製紙	王子製紙	苫小牧	0.775	1.000	1.000	1.000
大王製紙	大王製紙	三島川之江	0.738	1.000	0.902	1.000
日本製紙	十條製紙	釧路	0.728	0.763	0.985	0.996
中越パルプ	中越パルプ	高岡	0.651	0.691	0.909	0.918
日本製紙	大昭和製紙	石巻	0.607	0.716	0.725	1.000
三菱製紙	三菱製紙	八戸	0.557	0.599	0.615	0.802
日本製紙	大昭和製紙	富士鈴川	0.553	0.649	0.799	0.951
北越製紙	北越製紙	市川	0.536	1.000	1.000	1.000
日本製紙	大昭和製紙	白老	0.534	0.573	0.649	0.673
王子製紙	王子製紙	春日井	0.533	0.616	0.877	0.973
王子製紙	王子製紙	呉	0.520	0.594	0.991	0.998
中越パルプ	中越パルプ	川内	0.519	0.581	0.904	0.924
日本製紙	十條製紙	八代	0.507	0.530	0.591	0.646
王子製紙	神崎製紙	富岡	0.501	0.560	0.878	0.952
王子製紙	王子製紙	江別	0.495	0.612	0.972	0.997
王子製紙	王子製紙	米子	0.487	0.505	0.809	0.814
日本製紙	山陽国策	旭川	0.485	0.546	0.952	1.000
日本製紙	山陽国策	勇払	0.485	0.529	0.879	0.902
王子製紙	本州製紙	富士	0.407	0.457	0.544	0.566
日本製紙	山陽国策	小松島	0.398	0.641	0.491	0.850
日本製紙	山陽国策	岩国	0.393	0.401	0.466	0.472
王子製紙	本州製紙	江戸川	0.382	0.597	0.555	0.666
日本製紙	十條製紙	伏木	0.379	0.559	0.464	0.740
紀州製紙	紀州製紙	紀州	0.346	0.396	0.520	0.567
王子製紙	王子製紙	日南	0.308	0.377	0.432	0.506
三菱製紙	三菱製紙	中川	0.198	0.299	0.648	0.693
紀州製紙	紀州製紙	大阪	0.182	0.534	0.559	0.889
北越製紙	北越製紙	長岡	0.161	0.803	0.300	0.923
王子製紙	本州製紙	岩渕	0.151	0.515	0.246	0.628
王子製紙	本州製紙	中津	0.145	0.348	0.696	0.816
特種製紙	特種製紙	三島	0.144	0.393	0.269	0.537
三菱製紙	三菱製紙	高砂	0.140	0.268	0.203	0.372
王子製紙	神崎製紙	神崎	0.110	0.192	0.157	0.252
日本製紙	十條製紙	勿来	0.083	0.333	0.102	0.375
特種製紙	特種製紙	岐阜	0.053	1.000	0.075	1.000

場などでは，１財モデルよりも５財モデルの効率性が相対的に高くなっている。

このように *DEA* による効率性の分析は，規模の経済性と範囲の経済性がある程度効率性に反映されるものの，規模に関する収穫可変の *VRS* モデルでは，その特性から規模が最大となる大王製紙三島川之江工場，あるいは最小となる特種製紙の岐阜工場が過度に評価される傾向があることに注意しなければならない。同様に，多角化を考慮して複数の産出を想定した場合には，多角化度が高い工場で効率値が高く評価されることにも注意が必要である。

ここで分析した *DEA* の効率値は，技術力を反映するとともに生産規模と多品種生産に起因すると考えられる。そこで効率性の要因を規模と多角化に求めるため，*DEA* によって得られた効率指標を被説明変数に，説明変数にはそれぞれの工場における製品の生産量に単価を掛けて足し合わせた実質総生産額に対数をとった値と *Berry* 指数によって定義された多角化度を用いて，効率性の決定因に関する回帰分析を試みる。

分析期間は1990年から2010年であるが，工場によってはデータが途中で得られないものもあるため，全体としてのサンプル数は662のアンバランスなパネルデータとなる。*Dynamic DEA* によって求められた効率性の値を *Efficiency* とし，総生産額を *Scale* とし，多角化指数を *Scope* で表現すれば，計測すべき回帰式は次のように表すことができる。

$$Efficiency = \alpha + \beta Scale + \gamma Scope + \mu$$

［*Efficiency*：効率指標　*Scale*：総生産額　*Scope*：多角化指数　μ：誤差項］

それぞれの期間について，単一生産物での効率指標を用いたケース（*Y*1）と複数生産物（*Y*5）のケース，またそれぞれ *CRS* と *VRS* の効率値について分析を行った結果を表11－5に提示している。固定効果モデルと変量効果モデルの結果をハウスマン検定によって判断した結果，単一生産物の計測では固定効果モデルが採用され，複数財生産物の計測では変量効果モデルが採用される。ここではそれぞれ採用されたモデルによる係数値（*Coefficient*）と統計的な有意確率（*Prob*：*p* 値）を示している。

表11－5　効率性の要因に関するパネル分析

Dependent V.	*DEACRS(Y1)*		*DEACRS(Y5)*		*DEAVRS(Y1)*		*DEAVRS(Y5)*	
Model	*Fixed Effect Model*		*Fixed Effect Model*		*Random Effect Model*		*Random Effect Model*	
	Coefficient	*Prob.*	*Coefficient*	*Prob.*	*Coefficient*	*Prob.*	*Coefficient*	*Prob.*
Constant	－0.203	(0.399)	－0.741	(0.000)	0.672	(0.010)	0.262	(0.150)
Scale	0.085	(0.000)	0.126	(0.000)	0.014	(0.581)	0.045	(0.014)
Scope	－0.485	(0.000)	0.376	(0.000)	－0.464	(0.000)	0.252	(0.000)
Hausman Test (d.f.＝2)	*Chi-Sq. Stat.*	*Prob.*	*Chi-Sq. Stat.*	*Prob.*	*Chi-Sq. Stat.*	*Prob.*	*Chi-Sq. Stat.*	*Prob.*
	26.691	(0.000)	4.283	(0.118)	9.691	(0.008)	0.743	(0.690)

DEACRS（*Y*1）モデルの結果を見ると，規模の係数値は正であり1％水準で統計的有意性がある。また多角化の係数値は負で有意に得られている。*DEAVRS*（*Y*1）モデルでは規模の係数値に有意性はないものの正であり，多角化の係数値は有意に負である。つまり規模に関する収穫不変（*CRS*）の効率値は，単一生産物モデルでは文字通り規模の経済性を捉えやすく，範囲の経済性を反映しにくい。逆に複数財生産物を定義した*DEACRS*（*Y*5）モデルの計測結果では，*DEACRS*（*Y*5）モデルと*DEAVRS*（*Y*5）モデルも，ともに生産規模の係数値は有意に正で，多角化指数の係数値は1％水準で正となっている。つまり規模の経済性も範囲の経済性もともに効率性に対する説明力があるが，係数値は生産規模よりも多角化指数の方が大きいことから，自明ではあるが多品種生産の効果をより強く反映した効率性指標であることがわかる。

こうした企業レベルの効率性分析と工場レベルの分析との関係は，同一企業におけるネットワークによる効果を含めた分析を行うことが重要である。これを分析する手法として，ネットワーク*DEA*があげられる。以下ではネットワーク*DEA*に動学的な要素を取り入れた，*Network Dynamic DEA*を用いた発展的な分析を展開する。

4　Network Dynamic DEAのフレームワーク

これまで展開したTone and Tsutsui（2010）では，経済主体の長期的な最適

化行動を想定した *Dynamic DEA* モデルによる効率性分析の手法を定式化した。子会社が親会社に部品を供給するようなシステムを念頭においてグループ企業としての効率性を測る *DEA* の手法として，既に Tone and Tsutsui（2009）では *Network DEA* が提示されている。この２つのモデルを組み合わせ，ネットワークをもつ企業の動学的な計画問題として発展させたモデルが，Tone and Tsutsui（2014）で展開された *Network Dynamic DEA* である。

ここでは先に展開した動学的な企業レベルの効率性と工場レベルでの効率性の関係を *Network Dynamic DEA* モデルで捉え，工場と企業とのネットワーク関係を加味した効率性分析を行い，工場レベルと企業レベルのネットワークの枠組みで製紙業における合併の成否を検証する。さらに製紙工場における効率性の要因が，長期における動態的な規模の経済性と範囲の経済性の機能を明らかにする。

伝統的な *DEA* では企業間のネットワークを考慮したモデルは提示されていなかったが，Färe and Grosskopf（2000）によって *Network DEA* が提唱され，その後，Sexton and Lewis（2003）により２段階の *DEA* を多段階に拡張されさまざまな分野の分析に応用されている。

しかし，上記の *DEA* モデルは，いわゆる伝統的な *DEA* モデルである *CRS*（Constant Returns to Scale：規模に関する収穫不変）と *VRS*（Variable Returns to Scale：規模に関する収穫可変）が前提となっている。*Radial* モデルと呼ばれるこの種の分析方法は，投入－産出が比例的に変化するという仮定に依拠している。もし投入要素として労働を増やした時，資本や原材料は代替可能であり，投入要素がすべて比例的に変化するという仮定は強すぎるという欠点が指摘される。

この点を補足するために，Tone and Tsutsui（2009）ではスラックを基準とした計測モデル（slack-based measure : *SBM*）による分析で組織の内部構造を含めた効率性を評価する *Network DEA* の方法が提示されている。このモデルは，例えば労働・資本・原材料などの投入物が比例的に変化しないようなケースにも適応しており，より一般的な分析方法と解釈できる。企業の内部構造を取り込んだ *Network DEA* と，企業の長期的計画を想定した *Dynamic DEA* モデルを合成した分析方法が，Tone and Tsutsui（2014）で提示された *Network*

図11－1　Network Dynamic DEA　モデルの概念図

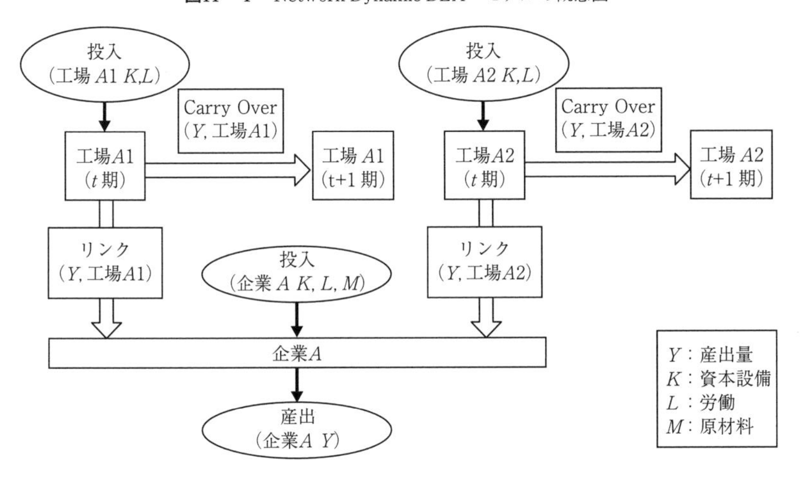

Dynamic DEA である。以下では Tone and Tsutsui (2014) にしたがい *Network Dynamic DEA* モデルの分析方法を展開する。[(8)]

まず，Tone and Tsutsui (2014) の *Network Dynamic DEA* モデルのフレームワークを図11－1で示している。モデルとして概観すると，K部門 ($k=1,\cdots,K$) からなるn ($j=1,\cdots,n$) だけの数の主体について，T期間 ($t=1,\cdots,T$) にわたる効率性を計測するケースを想定する。m_kとr_kを部門kへの投入と産出の数とし，部門kから部門hに至るリンクを (k, h) で示し，このリンクの集合をL ($L=1,\cdots,L_{kh}$) とする。この時，観測データを以下のように表す（変数はすべて正の実数とする）。

x_{ijk}^{t}：期間tにおける部門kに属する主体jのi番目の投入要素

y_{ijk}^{t}：期間tにおける部門kに属する主体jのi番目の産出物

$z_{j(kh)l}^{t}$：期間tにおける主体jのk部門からh部門への中間財で

　“kh”はkからhへリンクしている中間財の数 ($l=1,\cdots,L_{kh}$)

$z_{jkl}^{(t,t+1)}$：期間tから$t+1$期への主体jのキャリーオーバーした中間財で，

(8)　以下の *Network Dynamic DEA* モデルの展開については，Tone and Tsutsui (2014) pp.126-129の叙述に依拠している。

L_{kh}はk部門からキャリーオーバーした要素の数（$l=1,\cdots,L_k$）

このとき，生産可能性集合は次のように表すことができる。

$x_k^t \geq \sum_{j=1}^n x_{jk}^t \lambda_{jk}^t \ (\forall k, \forall t)$

$y_k^t \leq \sum_{j=1}^n y_{jk}^t \lambda_{jk}^t \ (\forall k, \forall t)$

$z_{(kh)l}^t \geq, =, \leq \sum_{j=1}^n z_{j(kh)l}^t \lambda_{jk}^t \ (\forall l, \forall (kh)_l, \forall t)$：$t$期の$k$部門からの産出

$z_{(kh)l}^t \geq, =, \leq \sum_{j=1}^n z_{j(kh)l}^t \lambda_{jh}^t \ (\forall l, \forall (kh)_l, \forall t)$：$t$期の$h$部門からの投入

$z_{kl}^{(t,t+1)} = \sum_{j=1}^n z_{jkl}^{(t,t+1)} \lambda_{jk}^t \ (\forall k_l, \forall k, t=1,\cdots,T-1)$

：t期からのキャリーオーバー

$z_{kl}^{(t,t+1)} \geq, =, \leq \sum_{j=1}^n z_{jkl}^{(t,t+1)} \lambda_{jk}^{t+1} \ (\forall k_l, \forall k, t=1,\cdots,T-1)$

：$t+1$期へのキャリーオーバー

$$\sum_{j=1}^n \lambda_{jk}^t = 1 \quad (\forall k, \forall t), \quad \lambda_{jk}^t \geq 0 \quad (\forall j, \forall k, \forall t) \tag{11.8}$$

ここでλ_k^tはt期におけるk部門の大きさを示すベクトルである。上記モデルはVRSモデルを表しているが，CRSモデルを仮定する場合には，$\sum_{j=1}^n \lambda_{jk}^t = 1$の制約を除けばよい。

リンクについては，後の計測でフリーリンクを想定しているので，この形式を取り上げると，任意の（k, h）と任意のtについて次のように定義される。[9]

$$Z_{(kh)free}^t \lambda_h^t = Z_{(kh)free}^t \lambda_k^t \qquad (\forall (k,h) free, \forall t) \tag{11.9}$$

ここで$Z_{(kh)free}^t = (z_{1(kh)free}^t, \cdots, z_{n(kh)free}^t)$である。この場合，現在のリンクの値が最適なリンクの値と比べて多いか少ないかを判断する。スラックは，$z_{o(kh)free}^t = Z_{(kh)free}^t \lambda_k^t + s_{o(kh)free}^t$である。また，キャリーオーバーの制約は次の通りである。

(9)　Tone and Tsutsui（2014）で想定されているリンクの種類としては，free のほかに，fixed, input, output リンクといった種類も用いることができるモデルになっている。

$$\sum_{j=1}^{n} z_{jkl\alpha}^{(t,t+1)} \lambda_{jk}^{t} = \sum_{j=1}^{n} z_{jkl\alpha}^{(t,t+1)} \lambda_{jk}^{t+1} \qquad (\forall k, \forall k_l \,;\, t=1,\cdots,T-1) \quad (11.10)$$

さらにキャリーオーバーについては，例えばフリーキャリーオーバーでは s をスラックとして次のような制約が加わる。

$$z_{okl,free}^{(t,t+1)} = \sum_{j=1}^{n} z_{jkl,free}^{(t,t+1)} \lambda_{jk}^{t} + s_{okl,free}^{(t,t+1)} \qquad (k_l=1,\cdots,nfree_k \,;\, \forall k, \forall t) \quad (11.11)$$

最終的にここで用いる投入指向型（input‐oriented）モデルの場合に関する最適化の目的関数は次のように表現できる。[10]

$$\theta_o^* = min \frac{\sum_{t=1}^{T} W^t \left[\sum_{t=1}^{K} w^k \left\{ 1 - \frac{1}{m_k + linkin_k + nbad_k} \left(\sum_{i=1}^{m_k} \frac{s_{iok}^{t-}}{x_{iok}^{t}} + \sum_{(kh)_l=1}^{linkin_k} \frac{s_{o(kh)_l in}^{t}}{z_{o(kh)_l in}^{t}} + \sum_{k_l=1}^{nbad_k} \frac{s_{ok_l bad}^{(t,t+1)}}{z_{ok_l bad}^{(t,t+1)}} \right) \right\} \right]}{\sum_{t=1}^{T} W^t \left[\sum_{t=1}^{K} w^k \left\{ 1 - \frac{1}{r_k + linkout_k + ngood_k} \left(\sum_{i=1}^{r_k} \frac{s_{rok}^{t+}}{y_{rok}^{t}} + \sum_{(kh)_l=1}^{linkout_k} \frac{s_{o(kh)_l out}^{t}}{z_{o(kh)_l out}^{t}} + \sum_{k_l=1}^{ngood_k} \frac{s_{ok_l good}^{(t,t+1)}}{z_{ok_l good}^{(t,t+1)}} \right) \right\} \right]} \quad (11.12)$$

ここで t 期のウェイトである W は，$\sum_{t=1}^{T} W^t = 1$，$W^t \geq 0$ であり，部門 k のウェイトとなる w は，$\sum_{k=1}^{K} w^k = 1$，$w^k \geq 0$ である。[11] 以下ではこの *Network Dynamic DEA* モデルを用いて製紙業界の工場レベルの効率性の計測を試みる。

5　Network Dynamic DEA を用いた工場レベルの効率性評価

ここでは先に展開したモデルを用いて，日本の製紙業における工場レベルの効率値と企業レベルの効率値をリンクさせる *Network Dynamic DEA* による効率性分析を試みる。分析期間は1990年から2011年までである。分析対象となる企業（工場）は，後の分析結果にあげる通りであるが，分析期間の初期時点では38の工場がサンプルとなっている。

---

(10)　その他のキャリーオーバーについての定義は，Tone and Tsutsui（2014）を参照のこと。

(11)　各期の効率性（period efficiency）の計算やモデルの詳細については，Tone and Tsutsui（2014）p.128を参照。

このようなサンプルを用いて，投入指向型の *Network Dynamic DEA* モデルによる効率性計測を試みる。投入要素については，動学的最適化を想定した企業の長期計画を反映し，工場レベルでは資本設備（K）をキャリーオーバーする変数とし，労働（L）を一般の投入要素として扱う。また企業レベルの変数は，資本（K），労働（L），原材料（M）の3要素を考慮する。

DEA に用いる投入のデータについて，工場レベルの投入要素は，有価証券報告書の工場に関する設備の状況から得られる機械装置および運搬具を資本（K）とし，従業員数を労働（L）とした2種類を用いている。企業レベルでは資本，労働，原材料の3つの投入要素を用いている。具体的な変数の作成方法については前節までの分析同様である。デフレータ等のマクロデータについては，『日経マクロ経済データ』から入手している。

以上の変数を用いて，*Network Dynamic DEA* モデルによる工場レベルの変数を企業レベルの変数にリンクさせた効率分析を行った結果を表11－6に示している。これを見ると，全期間のすべてのモデルを通じて大王製紙の三島川之江工場の効率性が最も高い。大王製紙の三島川之江工場は，臨海の大規模工場としてこれまで提示した分析においても高い効率性が認められてきたが，工場レベルと企業レベルの操業をネットワークとして捉え，資本設備を動学的に多期間にリンクさせた *Network Dynamic DEA* モデルにおいても，効率性が最も高く評価されていることを確認できる。

また日本製紙においては，小松島工場，旭川工場，勇払工場など，もとは山陽国策パルプの工場であった事業体の効率値が高く算出されている。他方，岩沼，白老，石巻，富士鈴川など，もとの大昭和製紙の工場の効率性が低く評価されている。企業レベルでの効率性を検討した際に，1993年の十條／山陽国策＝日本製紙の合併の効率性が高く評価される一方で，2002年の日本／大昭和＝日本製紙の合併後の効率性は低くなっていたが，企業レベルと工場レベルとの効率性をひとつのネットワークで捉えた時に，工場レベルの効率性にもその要因が窺われる。

王子製紙の工場では，もとから王子製紙の工場であった江別，呉，日南，米子などの工場の効率性が高く評価されている。1993年の王子／神崎＝新王子の

表11－6　*Network Dynamic DEA* による計測結果

最終企業名	当初企業名	工場名	*CRS*(*Y*1)	*VRS*(*Y*1)	*CRS*(*Y*5)	*VRS*(*Y*5)
大王製紙	大王製紙	三島川之江	0.869	1.000	0.953	1.000
日本製紙	山陽国策	小松島	0.639	0.791	0.737	0.910
王子製紙	王子製紙	江別	0.638	0.744	0.725	0.860
王子製紙	王子製紙	呉	0.617	0.706	0.691	0.804
北越製紙	北越製紙	市川	0.598	0.991	0.693	0.995
北越製紙	北越製紙	長岡	0.580	0.902	0.659	0.905
王子製紙	王子製紙	日南	0.576	0.644	0.628	0.711
日本製紙	山陽国策	旭川	0.564	0.640	0.609	0.694
日本製紙	山陽国策	勇払	0.562	0.629	0.606	0.682
王子製紙	王子製紙	米子	0.560	0.618	0.602	0.673
王子製紙	本州製紙	岩渕	0.555	0.729	0.602	0.801
日本製紙	十條製紙	伏木	0.555	0.718	0.591	0.784
王子製紙	本州製紙	江戸川	0.548	0.720	0.590	0.784
日本製紙	十條製紙	勿来	0.542	0.666	0.569	0.717
王子製紙	王子製紙	苫小牧	0.535	0.576	0.562	0.612
王子製紙	王子製紙	春日井	0.533	0.572	0.559	0.607
日本製紙	十條製紙	釧路	0.532	0.628	0.553	0.667
王子製紙	本州製紙	中津	0.528	0.644	0.562	0.697
日本製紙	山陽国策	岩国	0.528	0.564	0.549	0.588
北越製紙	北越製紙	新潟	0.527	0.636	0.554	0.638
日本製紙	十條製紙	八代	0.525	0.600	0.541	0.630
特種製紙	特種製紙	岐阜	0.515	1.000	0.569	1.000
王子製紙	本州製紙	富士	0.506	0.582	0.529	0.622
特種製紙	特種製紙	三島	0.500	0.696	0.521	0.696
東海パルプ	東海パルプ	島田	0.495	0.974	0.507	0.984
中越パルプ	中越パルプ	川内	0.493	0.620	0.511	0.646
王子製紙	神崎製紙	神崎	0.489	0.552	0.512	0.578
中越パルプ	中越パルプ	高岡	0.480	0.574	0.493	0.595
王子製紙	神崎製紙	富岡	0.479	0.527	0.497	0.547
日本製紙	大昭和製紙	岩沼	0.440	0.566	0.460	0.600
三菱製紙	三菱製紙	高砂	0.436	0.531	0.449	0.555
三菱製紙	三菱製紙	中川	0.433	0.521	0.446	0.543
日本製紙	大昭和製紙	白老	0.427	0.513	0.443	0.538
三菱製紙	三菱製紙	八戸	0.421	0.468	0.434	0.485
日本製紙	大昭和製紙	石巻	0.419	0.488	0.435	0.508
日本製紙	大昭和製紙	富士鈴川	0.417	0.484	0.434	0.504
紀州製紙	紀州製紙	大阪	0.365	0.633	0.377	0.656
紀州製紙	紀州製紙	紀州	0.352	0.464	0.357	0.483

合併で王子製紙となった神崎工場，富岡工場，さらに1996年の新王子／本州＝王子製紙の合併で王子製紙の傘下となった岩渕，江戸川，中津，富士工場などの効率値は相対的に低い。企業レベルでの効率性分析において，これらの合併後に効率性の改善効果が認められなかったことも，この分析結果に現れている。

このように，同じ変数で分析した先の *Dynamic DEA* モデルでの計測結果と比較すれば，日本製紙と王子製紙の合併効果を工場レベルで捉えた時に，*Network Dynamic DEA* の計測では合併時の分析期間を区切ったわけではないにもかかわらず，長期の工場レベルデータを用いても企業レベルの合併効果が反映されている点で明らかな違いを確認できる。

北越製紙の市川工場や長岡工場の効率値は高く評価されている。ともに多様な洋紙を生産効率の高い設備で産出する工場である。北越製紙の工場が高い効率性を発揮できるのは，高性能設備の生産技術によるところが大きいと判断できる。東海パルプの島田工場や中越パルプの川内工場，高岡工場，また特種製紙の岐阜工場と三島工場の効率値は，他の分析結果に比べると比較的に低い評価となっている。三菱製紙の工場や紀州製紙の工場については，他の分析と同様に効率値が下位となった。

6　工場レベルの動学的ネットワーク DEA の含意

ここでは1990年代以来，ダイナミックな業界の再編が続いている日本の製紙業について，資本設備の動学的調整を考慮した *Dynamic DEA* による分析を行うとともに，そこから得られた工場レベルの効率値の説明要因を規模の経済性と範囲の経済性に求めるため，総生産額と多角化度のパネルデータを作成し分析を試みた。*Dynamic DEA* の計測では業界中堅の北越製紙や東海パルプ，大王製紙の工場における効率値が高く評価された。また業界大手の王子製紙と日本製紙の工場においては，大規模工場の効率性が高くなった。さらには東海パルプの島田工場や中越パルプの高岡工場など，多様な製品を生産する工場の効率性も高く評価されている。その意味では，*Dynamic DEA* は工場単体として長期的な生産効率を捉える指標であると解釈できる。そこでこの効率値の決定因を規模と多角化に求めるために回帰分析を行ったところ，単一生産物による効率値は生産規模に影響を受けること，また複数生産物を想定した効率性の評価は規模と多角化の双方に因果関係を認めることができるが，多角化の要因が強く影響していることがわかった。

さらに工場を企業のネットワーク組織であると捉えた *Network Dynamic DEA* によって効率性を分析したところ，大規模な合併時における企業レベルでの効率性分析の結果と整合的な工場レベルの効率値を得ることができた。*Network Dynamic DEA* を用いることによって，分析期間を合併時に分割することなく，企業レベルの合併効果にリンクさせた長期にわたる工場レベルの効率値を計測できたことになる。

本来，合併の効果は，長期的には資本設備の合理化に反映されるが，短期的には原料の一括調達や従業員の削減などに現れると考えられる。効率性分析によって得られた効率値が長期的な資源配分の問題を反映しているのか，あるいは短期的な要素投入の調整結果であるのかを解明することが，以降の課題となる。

第12章
一般化費用関数を用いた規模と範囲の経済性と効率性の評価

1　一般化費用関数による配分非効率推計の理論

要素価格の変化にしたがって生産要素が柔軟に代替されない場合や，そもそも要素価格が硬直的である場合，企業の費用最小化は実現されず，資源配分に歪みが発生し生産活動に非効率が伴う。通常，生産関数や費用関数を用いて実証分析を試みる場合には，こうした資源配分の非効率性は考慮されていない。経済理論に従えば，この資源配分の非効率性は，要素価格と限界代替率が等しくならない状況で説明される。

資源配分の非効率性に関する実証分析の嚆矢である Lau and Yotopoulos (1971) はコブダグラス型の利潤関数を定式化し，投入と産出の技術的な関係である技術非効率と要素価格と限界代替率の不一致から生じる資源配分の非効率性を区別して計測を試みた。さらに Toda (1976) では Diewert (1971) によって提案された一般化レオンチェフ型費用関数を用いて，産業レベルの費用関数による配分の非効率性を推計している。これを複数生産物と生産要素に拡張して計測したのが Lovell and Sickles (1983) である。

こうした一連の研究に大きな進展を与えたのが，トランスログ型の一般化費用関数モデルによって資源配分の非効率性を固定的な係数で捉え，限界代替率と価格比の乖離を表すパラメータとして推計した Atkinson and Halvorsen (1984) である。企業は非効率性を含めた仮想的なシャドーコストを最小化する投入を選択し，その際に想定される要素価格はシャドー価格と解釈される。

Atkinson and Halvorsen (1984) の手法は，企業ごとの非効率性を推計した

Atkinson and Halvorsen（1990）に展開された。そこでは米国の民間電力会社のデータを用いて，住宅用出力の価格は限界コストよりも低く，商業・工業用出力価格は限界コストよりも高いことが示されている。さらに米国の航空会社について分析した Atkinson and Cornwell（1994）では，パネルデータを用いた技術効率性と資源配分の効率性を計測するモデルに拡張されている。

一般化費用関数を用いた実証分析は規制産業に適用されることが多い。これは規制された産業は概して費用最小化行動を行わず，新古典派的な費用関数による特定化をすると歪みが生じるからである。規制された公益事業体においては，規制による配分の非効率を検出することができない。いわゆる *Averch-Johnson* 効果の存在を確かめるために，一般化費用関数によるアプローチが用いられてきた。

Atkinson and Halvorsen（1984）のモデルをもとに，日本の産業を対象にした研究には，電力産業を分析した小林（1996）や，都市ガス産業の配分の非効率性を検出した衣笠（2002），また水道事業を分析対象にした中山（2003）がある。しかし，一般化費用関数を用いた分析はモデルが複雑であり，非効率性を表す係数値を求めるには計測上の工夫を要するため，一般的なトランスログ費用関数を用いた効率性の実証研究に比べると数が圧倒的に少ない。

そこで1990年代に合併や統合が相次いだ製紙業界の生産性と効率性について行ってきた一連の研究に一般化費用関数による分析を適用し，規模の経済性の有無と企業レベルでの資源配分の非効率性の検出を試みる。[1]

新古典派経済理論においては，技術的条件である生産関数が投入要素ベクトルをXとして$Y=F(X)$で与えられた時，生産要素間の技術的限界代替率と要素価格比が等しいことが企業の利潤最大化条件となる。

$$\frac{F_j}{F_i}=\frac{w_i}{w_j} \qquad i=1,\cdots,n \qquad j=1,\cdots,n \qquad i\neq j \tag{12.1}$$

(1)　一般化費用関数に関する理論展開は，Atkinson and Halvorsen（1984）のほか，これをもとに理論展開を提示している小林（1996）や衣笠（2005）にしたがっている。

ここでF_iは限界生産力$F_i = \partial F(X)/X_i$であり，w_iは要素価格を表す。この条件の下では，企業にとって費用最小化が実現している。しかし，現実には資源配分の非効率性が生じているとすれば，生産要素間の技術的限界代替率は要素価格比に等しくならない。これを表現するために，Lau and Yotopoulos (1971) にならい，非効率性をθ_iとしてシャドー価格w_i^sを次式のように設定する。

$$w_i^s = \theta_i w_i \qquad (12.2)$$

θは現実の市場価格との乖離を表すダイバージェンス・パラメータである。投入要素の配分の非効率性が存在しない場合，シャドー価格は市場価格に等しいと考えられる。この時$w_i^s = w_i$であり$\theta_i = 1$となる。配分の非効率性が存在する場合，$\theta_i \neq 1$となる。もしθ_iが1より大きければ$w_i^s > w_i$となり，投入要素X_iは過小投入されているということになる。逆にもしθ_iが1より小さければ$w_i^s < w_i$となり，投入要素X_iは過大投入されていることがわかる。そこで (12.1) 式を非効率性が含むかたちで書き換えると，次のように表現できる。

$$\frac{F_j}{F_i} = \frac{w_i^s}{w_j^s} \qquad i, j = 1, \cdots, n \qquad i \neq j \qquad (12.3)$$

この時，企業がすべての生産要素について，シャドーコスト$\sum_{i=1}^{n}(\theta_i w_i)X_i$を最小化することを費用最小化条件と考えることができる。これを前提に，複数の生産要素Xから生産物Yを生み出すケースのシャドー費用関数は，生産要素価格ベクトルをW^sとすれば，$C^s = f(Y, W^s)$と表記できる。すると企業の実際の要素需要関数は，シャドー費用関数にShephardのレンマを適用して次のように求めることができる。

$$\frac{\partial C^s}{\partial \theta_i w_i} = X_i \qquad (12.4)$$

つまり，企業の実際の総費用C^Aは次のように表現できる。

$$C^A=\sum_i w_i X_i=\sum_i w_i\left(\frac{\partial C^s}{\partial \theta_i w_i}\right) \tag{12.5}$$

また，第i要素のシャドーコストシェアS_i^sは次式で表される。

$$S_i^s=\frac{w_i^s X_i}{C^s}=\frac{\theta_i w_i X_i}{C^s} \tag{12.6}$$

これより，

$$X_i=\frac{S_i^s C^s}{\theta_i w_i} \tag{12.7}$$

となるので，(12.7) 式を (12.5) 式に代入すると，次の (12.8) 式が得られる。

$$C^A=C^s\sum_i\frac{S_i^s}{\theta_i} \tag{12.8}$$

(12.8) 式の両辺に対数をとると，以下のようになる。

$$lnC^A=lnC^s+ln\left(\sum_i\frac{S_i^s}{\theta_i}\right) \tag{12.9}$$

ここで計測のために，シャドー費用関数$C^s=f(Y,W^s)$をテイラー展開して2次近似で特定化すると，次のようなトランスログ型のシャドー費用関数を得ることができる。

$$\begin{aligned}ln\,C^s=&\alpha_0+\alpha_Y(ln\,Y)+\sum_i\alpha_i(ln\,\theta_i w_i)+\frac{1}{2}\beta_{YY}(ln\,Y)^2\\&+\sum_i\beta_{iY}(ln\,\theta_i w_i)(ln\,Y)+\frac{1}{2}\sum_i\sum_j\beta_{ij}(ln\,\theta_i w_i)(ln\,\theta_i w_j)\end{aligned} \tag{12.10}$$

ただし，ここではこの関数にYoungの定理を適用しているため，$\beta_{ij}=\beta_{ji}$である。(2) また，シャドー費用関数の要素価格に関する1次同次性を仮定するため，その条件は以下のようになる。

$$\textstyle\sum_i\alpha_i=1,\ \sum_i\beta_{iY}=0,\ \sum_i\beta_{ij}=0 \qquad i,j=1,\cdots,n \qquad i\neq j \tag{12.11}$$

さらに，(12.10) 式をシャドー価格に関して対数微分し，Shephardのレンマを適用すると，コストシェア方程式が次のように与えられる。

$$\begin{aligned}&\frac{\partial lnC^s}{\partial(\theta_i w_i)}=\frac{\theta_i w_i}{C^s}\frac{\partial C^s}{\partial\theta_i w_i}=\frac{\theta_i w_i X_i}{C^s}\\&=S_i^s=\alpha_i+\textstyle\sum_i\beta_{ij}(ln\,\theta_i w_i)+\beta_{iY}(ln\,Y)\end{aligned} \tag{12.12}$$

ここで，現実の総費用関数C^Aを対数表記で$ln\,C^A$と定義した (12.9) 式に，これまで展開したシャドー費用関数 (12.10) 式と非効率性を表した (12.12) 式を代入すると，次のようなトランスログ型の現実の総費用関数を得る。

$$\begin{aligned}ln\,C^s=&\alpha_0+\alpha_Y(ln\,Y)+\textstyle\sum_i\alpha_i(ln\,\theta_i w_i)+\frac{1}{2}\beta_{YY}(ln\,Y)^2+\sum_i\beta_{iY}(ln\,\theta_i w_i)(ln\,Y)\\&+\frac{1}{2}\textstyle\sum_i\sum_j\beta_{ij}(ln\,\theta_i w_i)(ln\,\theta_j w_j)+ln\left(\sum_i\frac{\alpha_i+\sum_j\beta_{ij}(ln\,\theta_j w_j)+\beta_{iY}(ln\,Y)}{\theta_i}\right)\end{aligned} \tag{12.13}$$

これらの定式化を前提にすると，現実の要素シェア$S_i^A=\frac{w_i X_i}{C^A}$は，(12.7) 式と (12.8) 式を代入すると次のように表すことができる。

(2) Youngの定理とは，多変数関数において偏微分を行う順序を交換できるという，二階導関数の対称性を意味する定理である。

$$S_i^A = \frac{S_i^s / \theta_i}{\sum_i S_i^s / \theta_i} \tag{12.14}$$

これに（12.12）式を用いて置き換えると，現実のシェア方程式を次のように表現できる。

$$S_i^A = \frac{\dfrac{\alpha_i + \sum_j \beta_{ij} (ln\,\theta_j w_j) + \beta_{iY} (ln\,Y)}{\theta_i}}{\sum_i \dfrac{\alpha_i + \sum_j \beta_{ij} (ln\,\theta_j w_j) + \beta_{iY} (ln\,Y)}{\theta_i}} \tag{12.15}$$

こうして，配分の非効率性を含めた一般化費用関数は，現実の総費用関数（12.13）式とコストシェア方程式（12.15）式を連立させた体系によって計測される。コストシェア方程式をすべて足し合わせると１になるため，実際の計測ではいずれか１本の方程式を除いて行うことになる。

これらの計測式を用いれば，規模の経済性と Allen-Uzawa の偏代替弾力性を算出して生産要素間の代替性を確かめることができる。規模の経済性は，生産量に対する現実の総費用の弾力性で表されるため，次のように定義できる。

$$\frac{\partial ln C^A}{\partial ln Y} = \alpha_Y + \beta_{YY} (ln\,Y) + \sum_i \beta_{iY} (ln\,\theta_i w_i) + \frac{\sum_i \beta_{iY} / \theta_i}{\sum_i S_i^s / \theta_i} \tag{12.16}$$

したがって，（12.16）式から得られる値が１以下である時，規模の経済性が存在すると確認できる。また，Allen-Uzawa の偏代替の弾力性は，複数の生産要素間の代替可能性を表し，投入物の要素価格比率が１％上昇した時に，投入比率が何％変化するかを表している。偏代替弾力性をσ_{ij}と表すと，２つの投入要素が代替的であればσ_{ij}は正の値となり，補完的であればσ_{ij}は負の値をとる。いま生産要素iに対する需要の自己価格弾力性をη_{ii}で定義し，これに（12.7）式を代入すると次のように表すことができる。

$$\eta_{ii}=\frac{\partial X_i/X_i}{\partial w_i/w_i}=\frac{\partial X_i}{\partial w_i}\frac{w_i}{X_i}=\frac{S_i^s(S_i^s-1)+\beta_{ii}}{S_i^s} \quad (12.17)$$

となる。また，交叉弾力性も同様に定義すると次のようになる。

$$\eta_{ij}=\frac{\partial X_j/X_j}{\partial w_i/w_i}=\frac{\partial X_j}{\partial w_i}\frac{w_i}{X_j}=\frac{S_i^sS_j^s+\beta_{ij}}{S_i^s} \quad (12.18)$$

さらに，Allen-Uzawa の偏代替の弾力性は，次式で定義される。

$$\sigma_{ii}=\frac{\eta_{ii}}{S_i^s}=\frac{\beta_{ii}+S_i^{s2}-S_i^s}{S_i^{s2}}\ ,\ \sigma_{ij}=\frac{\eta_{ij}}{S_i^s}=\frac{\beta_{ij}+S_i^sS_j^s}{S_i^sS_j^s} \quad (12.19)$$

以下ではこの一般化費用関数を日本の製紙業界に適用し，配分非効率性の計測を試みる。

2 一般化費用関数による配分非効率の実証分析

これまで展開した一般化費用関数の計測モデルを用いて，製紙業界における規模の経済性と配分の非効率性および要素代替の程度を推定する。分析期間は第1次オイルショック後の比較的安定しているデータが得られる1975年度から2011年度までである。費用関数を計測するため，$C=C(Y,w_K,w_L,w_M)$を想定する。総費用（C）は$C=w_KK+w_LL+M$で算出している。

費用関数の計測に必要な生産要素価格については，資本コスト（w_K）を減価償却率（減価償却／償却対象有形固定資産）で定義し，賃金（w_L）は従業員給与と製造原価明細書に記された労務費を足し合わせた金額を期末従業員数で除した値を用いている。さらに原材料価格（w_M）は原材料費を『紙・板紙統計年報』から得られる各企業の洋紙・板紙の生産量で割った値を用いている。これらの財務データはすべて有価証券報告書に記載されたデータを『日経 NEEDS 企業・財務データ』から得た数値であり，データの実質化はこれまでの分析同様に2000年を基準としている。

分析対象とする企業は，王子製紙，日本製紙，本州製紙，大昭和製紙，大王製紙，三菱製紙，北越製紙，山陽国策パルプ，神崎製紙，中越パルプ，東海パルプ，紀州製紙，日本加工製紙，特種製紙の洋紙を生産する企業と，板紙専業であるレンゴー，セッツ，中央板紙の17社である。

計測では，まず非効率性が伴わないトランスログ費用関数に加え，非効率性を想定しない資本と労働の２本のコストシェア方程式を合わせた３本の方程式を最尤法（完全情報最尤推定法）でシステム計測してそれぞれの係数値を得る。この係数値を初期値として，(12.13) 式の一般化費用関数と (12.15) 式で表された資本と労働の２本のコストシェア方程式を最尤法によってシステム推計しパラメータの係数値を得た。また，それぞれの計測では合併ダミーや異常値のダミー変数を導入している[(3)]。

一般化費用関数の計測結果を表12－１から表12－３に掲載する。規模の経済性の有無は生産物に掛かる係数値で確かめることができる。この計測では一般化費用関数の説明変数を平均値でセンタリングして対数を取っているため，費用関数の近似点を平均値の周りでテイラー展開していると考える。すると (12.16) 式で表された規模の経済性は$lnY=0$，$lnw_i=0$で評価されるため，規模の弾力性$\alpha_Y<1$ならば規模の経済性の機能が確認できる[(4)]。

さらにこの計測では，原材料の非効率性を表すダイバージェンス・パラメータ$\theta_M=1$を仮定しているため，資本設備の非効率性θ_Kと労働の非効率性θ_Lの程度を，θ_Mとの相対的な差で測ることになる。

計測結果を検討すると，三菱製紙とセッツ以外の企業では生産物Yの係数値であるα_Yは統計的に有意に正で１以下であり，王子製紙ではちょうど１程度という計測値になっている。山陽国策パルプの係数値は統計的な有意性は得られていないものの，ほとんどの企業で規模の経済性の発揮を認めることができる。

(3)　一般化費用関数の計測には，TSP5.1を用いている。
(4)　トランスログの近似点には平均値を用いて，説明変数は平均からの乖離をとることが多い。また，近似点が変数ごとに異なってよいことは，広田・筒井（1992）p.141など参照。

表12－1　一般化費用関数の計測結果（上位5社）

	王子製紙		日本製紙		大昭和製紙		本州製紙		大王製紙	
Param	*Coef*	*P-value*	*Coef*	*P-value*	*Coef*	*P-value*	*Coef*	*P-value*	*Coef*	*P-value*
α_0	12.566	[.000]	12.459	[.000]	12.247	[.000]	12.326	[.000]	11.774	[.000]
α_Y	1.000	[.000]	0.861	[.000]	0.834	[.000]	0.867	[.000]	0.862	[.000]
α_K	0.141	[.163]	0.066	[.232]	0.076	[.084]	0.052	[.599]	0.092	[.013]
α_L	0.119	[.147]	0.223	[.000]	0.199	[.001]	0.199	[.059]	0.165	[.000]
α_M	0.739	[.000]	0.711	[.000]	0.725	[.000]	0.749	[.000]	0.743	[.000]
β_{YY}	0.016	[.569]	0.070	[.544]	0.052	[.856]	0.062	[.230]	0.111	[.000]
β_{YK}	0.022	[.395]	0.022	[.304]	−0.026	[.829]	−0.017	[.457]	−0.002	[.919]
β_{YL}	−0.019	[.521]	−0.163	[.049]	−0.089	[.795]	−0.093	[.053]	−0.141	[.000]
β_{YM}	−0.003	[.919]	0.141	[.069]	0.115	[.802]	0.111	[.103]	0.143	[.000]
β_{KK}	0.013	[.614]	0.021	[.508]	0.016	[.847]	0.003	[.920]	0.057	[.406]
β_{LL}	0.015	[.558]	0.250	[.000]	0.099	[.807]	0.129	[.073]	0.173	[.000]
β_{MM}	0.120	[.436]	0.241	[.000]	0.193	[.796]	0.209	[.048]	0.229	[.000]
β_{KL}	0.045	[.495]	−0.015	[.518]	0.039	[.778]	0.039	[.517]	−0.001	[.974]
β_{KM}	−0.059	[.422]	−0.007	[.568]	−0.055	[.796]	−0.042	[.628]	−0.056	[.203]
β_{LM}	−0.061	[.473]	−0.235	[.000]	−0.138	[.797]	−0.168	[.002]	−0.172	[.000]
θ_K	0.506	[.587]	0.343	[.325]	0.882	[.903]	1.170	[.722]	0.925	[.368]
θ_L	0.282	[.580]	2.424	[.000]	0.939	[.901]	1.212	[.274]	1.642	[.048]
θ_M	1.000		1.000		1.000		1.000		1.000	
D89									0.001	[.655]
D93	0.001	[.998]	0.017	[.093]						
D96	0.004	[.922]								
D02	0.001	[.934]								
D03			0.025	[.079]						
D07									−0.007	[.151]

生産要素に関する1次項の係数値であるα_K，α_L，α_Mも理論が想定するようにすべて正で有意なものが多いが，資本設備の係数値であるα_Kに関しては，ほぼ半数となる11社で統計的な有意性が得られていない。2次項についてはそれぞれさまざまであり有意性も得られていないものもあるが，費用関数の概形は1次項によって保証されたものと考える。

配分の非効率性については，ほとんどの企業で統計的な有意性は得られてい

表12－2　一般化費用関数の計測結果（中堅6社）

	山陽国策		神崎製紙		三菱製紙		北越製紙		中越パルプ		東海パルプ	
Param	*Coef*	*P-value*	*Coef*	*P-value*	*Coef*	*P-value*	*Coef*	*P-value*	*Coef*	*P-value*	*Coef*	*P-value*
α_0	11.846	[.000]	11.426	[.000]	11.435	[.000]	11.138	[.000]	10.855	[.000]	10.350	[.000]
α_Y	0.480	[.814]	0.783	[.015]	1.135	[.000]	0.986	[.000]	0.891	[.000]	0.933	[.000]
α_K	0.066	[.141]	0.018	[.748]	0.250	[.015]	0.088	[.124]	0.088	[.000]	0.102	[.003]
α_L	0.294	[.445]	0.250	[.011]	0.023	[.862]	0.153	[.152]	0.208	[.000]	0.172	[.005]
α_M	0.641	[.072]	0.732	[.000]	0.727	[.000]	0.759	[.000]	0.705	[.000]	0.726	[.000]
β_{YY}	0.452	[.944]	0.250	[.662]	－0.026	[.783]	0.020	[.450]	0.021	[.435]	0.102	[.269]
β_{YK}	－0.048	[.883]	0.014	[.862]	0.007	[.880]	0.025	[.378]	－0.019	[.099]	－0.068	[.020]
β_{YL}	－0.272	[.944]	－0.248	[.000]	0.080	[.094]	－0.040	[.212]	－0.068	[.043]	0.020	[.761]
β_{YM}	0.320	[.939]	0.235	[.000]	－0.087	[.150]	0.014	[.711]	0.087	[.012]	0.048	[.497]
β_{KK}	0.031	[.892]	0.004	[.911]	－0.022	[.743]	0.036	[.212]	0.017	[.139]	0.061	[.021]
β_{LL}	0.178	[.933]	0.246	[.000]	－0.046	[.499]	0.083	[.635]	0.108	[.000]	0.097	[.333]
β_{MM}	0.223	[.920]	0.259	[.000]	0.252	[.000]	0.145	[.373]	0.239	[.000]	0.176	[.273]
β_{KL}	0.007	[.934]	0.004	[.939]	0.160	[.006]	0.013	[.615]	0.057	[.000]	0.009	[.822]
β_{KM}	－0.038	[.816]	－0.008	[.803]	－0.138	[.000]	－0.049	[.135]	－0.074	[.000]	－0.070	[.251]
β_{LM}	－0.185	[.928]	－0.251	[.000]	－0.114	[.001]	－0.096	[.580]	－0.165	[.000]	－0.106	[.368]
θ_K	0.648	[.964]	0.325	[.616]	3.914	[.079]	0.564	[.210]	1.483	[.034]	0.909	[.527]
θ_L	0.858	[.972]	2.108	[.619]	1.382	[.023]	0.754	[.661]	1.724	[.000]	0.774	[.592]
θ_M	1.000		1.000		1.000		1.000		1.000		1.000	
D93					0.005	[.090]						
D01							－0.005	[.492]				

ないが，資本設備の配分の非効率性θ_Kは，比較的大企業で1以下となっている。つまり，大企業の資本設備が過大に投入されている可能性を示唆する結果となっている。他方で中堅企業の資本設備の配分の非効率性θ_Kの値は，統計的な有意性は得られていないが，規模が小さくなるほど1を超えており，計測結果からは資本設備の過少投入が推察される。また，θ_Lは資本設備の非効率性ほどではないが，企業規模が小さくなるほど1を超えているケースが多いと確認できる。ただ，これに関しても統計的な有意性を満たしていないものが多い。

さらにここでは，一般化費用関数の計測の際に得られた係数値をもとに，Allen-Uzawaの偏代替の弾力性σ_{ii}と需要の価格弾力性η_{ii}を算出した。先述の定

表12－3　一般化費用関数の計測結果（板紙専業企業を含む6社）

	紀州製紙		特種製紙		日本加工製紙		レンゴー		セッツ		中央板紙	
Param	*Coef*	*P-value*	*Coef*	*P-value*	*Coef*	*P-value*	*Coef*	*P-value*	*Coef*	*P-value*	*Coef*	*P-value*
α_0	10.425	[.000]	9.480	[.000]	10.497	[.000]	11.743	[.000]	10.559	[.000]	9.635	[.000]
α_Y	0.954	[.000]	0.636	[.000]	0.702	[.000]	0.832	[.000]	1.012	[.000]	0.734	[.000]
α_K	0.071	[.000]	0.140	[.000]	0.051	[.583]	0.063	[.533]	0.073	[.217]	0.078	[.127]
α_L	0.227	[.000]	0.315	[.000]	0.231	[.001]	0.258	[.073]	0.144	[.041]	0.249	[.000]
α_M	0.702	[.000]	0.545	[.000]	0.718	[.000]	0.679	[.000]	0.783	[.000]	0.674	[.000]
β_{YY}	0.084	[.504]	0.152	[.055]	0.257	[.008]	0.063	[.619]	0.064	[.635]	0.259	[.593]
β_{YK}	－0.044	[.553]	－0.054	[.221]	－0.015	[.815]	0.033	[.098]	0.029	[.713]	－0.082	[.540]
β_{YL}	0.026	[.795]	－0.138	[.004]	－0.232	[.008]	－0.129	[.371]	－0.016	[.807]	－0.114	[.567]
β_{YM}	0.018	[.880]	0.192	[.000]	0.247	[.004]	0.096	[.502]	－0.013	[.923]	0.196	[.128]
β_{KK}	0.055	[.551]	0.004	[.939]	0.002	[.970]	－0.011	[.727]	0.000	[.997]	0.044	[.545]
β_{LL}	0.230	[.061]	0.105	[.000]	0.147	[.067]	0.100	[.492]	0.101	[.028]	0.176	[.431]
β_{MM}	0.244	[.000]	0.243	[.000]	0.229	[.000]	0.190	[.088]	0.232	[.103]	0.242	[.000]
β_{KL}	－0.020	[.639]	0.067	[.067]	0.040	[.431]	0.050	[.117]	0.066	[.479]	0.011	[.936]
β_{KM}	－0.034	[.749]	－0.071	[.000]	－0.042	[.477]	－0.040	[.145]	－0.065	[.155]	－0.055	[.567]
β_{LM}	－0.210	[.025]	－0.172	[.000]	－0.187	[.001]	－0.151	[.258]	－0.167	[.130]	－0.187	[.052]
θ_K	1.272	[.732]	1.262	[.040]	1.315	[.567]	0.718	[.035]	1.840	[.580]	2.044	[.600]
θ_L	1.838	[.004]	0.747	[.002]	1.461	[.131]	0.730	[.487]	1.675	[.640]	2.534	[.097]
θ_M	1.000		1.000		1.000		1.000		1.000		1.000	
D99							0.000	[.921]				

義通り，自己価格弾力性と交叉弾力性について分析期間内で平均値を取り，その値を図12－1で示している。投入要素が代替的であればσ_{ij}は正になり，補完的であれば負になる。計測結果では，資本と労働は代替的であることが特徴的である。また偏代替弾力性を表すσ_{KK}やσ_{LL}では各社の格差が大きい。交叉弾力性σ_{KL}もσ_{KM}と比べればやや企業間格差が見られる。資本と労働の自己価格弾力性を表すη_{KK}やη_{LL}でも各社の格差は大きく，η_{KL}の交叉弾力性は企業間格差もやや大きいが，全体的に原材料Mが掛かる弾力性については，それぞれの企業で差は見られない。

以下ではこの一般化費用関数の計測によって得られた資本と労働に関する配分の非効率性がそれぞれの相対的な費用効率とどのような関係にあるか，確率

図12－1　Allen－Uzawaの偏代替の弾力性

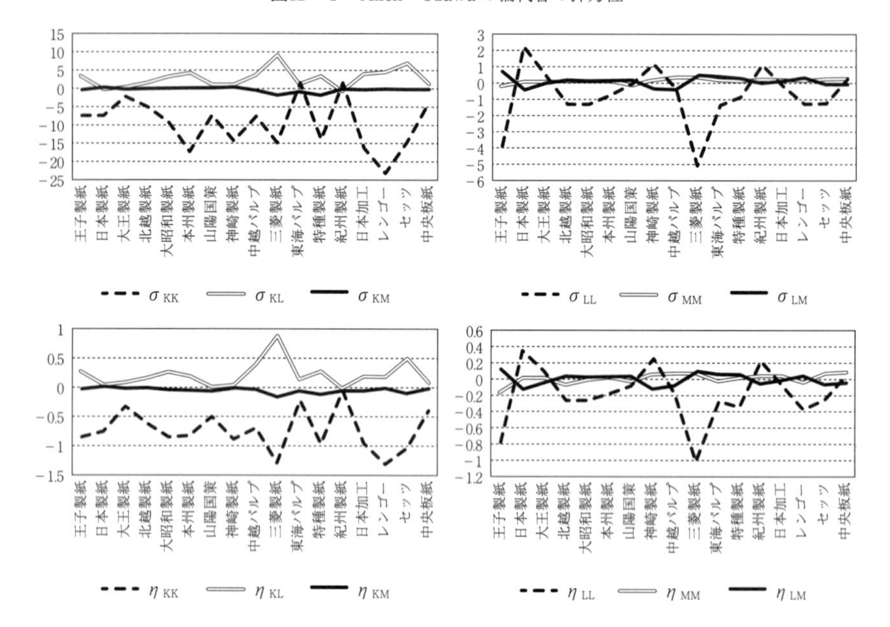

的費用フロンティアモデルによって各企業の非効率性を検出し，それらの関係を確認する。

3　トランスログ型SFAモデルを用いた非効率性の推定

先にも扱ったように，確率的フロンティアモデル（*SFA*）は，企業の生産性や費用構造の効率性を推計する手法であり，生産関数や費用関数のフロンティアを推計し，そこからの乖離度を非効率性の程度として誤差項で捉えるモデルであり，効率フロンティアから乖離する度合いを表す。

生産フロンティアは与えられた投入量に対して技術的に可能な最大生産量を示すが，費用フロンティアは所与の生産量に対して最も費用効率的な投入要素の組み合わせと解釈される。ここではトランスログ型確率的費用フロンティアモデルを用い，先の一般化費用関数の分析に合わせて長期の分析期間に適用し，一般化費用関数で算出した生産要素の配分非効率性との対応を検討する。

いま生産要素ベクトルをY，投入要素価格ベクトルをWと表記し，費用関数$C=f(Y,W)$をテイラー展開して２次近似したトランスログ費用関数を前提とする。この費用関数自体に影響を与える外生的なショックを攪乱項vで捉え，さらにフロンティアから乖離する部分を技術非効率性uとして捉える。vとuは互いに独立（無相関）である。トランスログ型確率的費用関数の計測式は以下のように示すことができる。

$$
\begin{aligned}
lnC &= \alpha_0+\alpha_Y(ln\,Y)+\alpha_K(ln\,w_K)+\alpha_L(ln\,w_L)+\alpha_M(ln\,w_M)\\
&+\frac{1}{2}\beta_{YY}(ln\,Y)^2+\frac{1}{2}\beta_{KK}(lnw_K)^2+\frac{1}{2}\beta_{LL}(lnw_L)^2+\frac{1}{2}\beta_{MM}(ln\,w_M)^2\\
&+\beta_{KY}(ln\,w_K)(ln\,Y)+\beta_{LY}(ln\,w_L)(ln\,Y)+\beta_{MY}(ln\,w_M)(ln\,Y)+v+u \qquad (12.20)
\end{aligned}
$$

ここでCは総費用，Yは生産物，w_Kは資本コスト，w_Lは賃金率，w_Mは原材料価格を表す。攪乱項vは正規分布$N(0,\sigma_v^2)$に従うと仮定し，技術非効率性uは平均μで切断された非負の正規分布$|N(\mu,\sigma_u^2)|$を仮定する。

以下ではパネルデータによる計測を行うため，各期で非効率性の程度が変化するモデルを用い，uを$u_{it}=u_i[exp\{-\eta(t-T)\}]$と表す。$\eta$は市場全体の効率性の時間経過における変化を表すパラメータである。この時$\eta>0$であれば効率性は改善，$\eta<0$であれば効率性は低下，$\eta=0$であれば効率性は分析期間を通じて一定であることを示している。さらに，$\sigma^2=\sigma_v^2+\sigma_u^2$と，$\gamma=\sigma_u^2/(\sigma_v^2+\sigma_u^2)$という指標を考慮する。ここで$\sigma_v^2$は誤差項（フロンティア関数自体）の分散を表し，$\sigma_u^2$は効率性の分散を表している。また，$\gamma$は非効率性による変動部分を表す指標である。非効率の程度は１からどれだけ乖離しているかで表されるため，$0\leqq\gamma\leqq1$で，効率指標の計測結果が１に近いほど効率性の高い企業である。

この確率的費用フロンティアモデルを用いて，製紙企業の効率性を推計した結果を表12－４に示す[(5)]。計測に用いた変数の定義は一般化費用関数の計測で示した定義と同様である。被説明変数は各企業の総費用のデータそのものに対数

(5)　確率的費用フロンティアモデルの計測には，STATA14を利用している。

表12－4　確率的費用フロンティアモデルの計測結果

TC	*Coef.*	*Std.Err.*	*z*	$P>\|z\|$	[95%*Conf.Interval*]	
α_0	11.525	0.010	1131.100	(0.000)	11.505	11.545
α_Y	0.991	0.006	165.250	(0.000)	0.979	1.003
α_K	0.039	0.011	3.430	(0.001)	0.017	0.061
α_L	0.042	0.020	2.160	(0.031)	0.004	0.080
α_M	0.787	0.017	45.690	(0.000)	0.753	0.821
β_{YY}	0.034	0.005	7.440	(0.000)	0.025	0.042
β_{KK}	0.097	0.031	3.090	(0.002)	0.036	0.159
β_{LL}	0.042	0.067	0.620	(0.533)	−0.089	0.172
β_{MM}	0.055	0.043	1.290	(0.199)	−0.029	0.138
β_{YK}	−0.038	0.013	−2.930	(0.003)	−0.063	−0.012
β_{YL}	−0.009	0.020	−0.430	(0.665)	−0.049	0.031
β_{YM}	0.121	0.015	8.150	(0.000)	0.092	0.150
β_{KL}	−0.054	0.079	−0.680	(0.495)	−0.209	0.101
β_{KM}	−0.215	0.048	−4.510	(0.000)	−0.308	−0.122
β_{LM}	−0.207	0.077	−2.680	(0.007)	−0.359	−0.056
μ	0.029	0.023	1.280	(0.201)	−0.016	0.074
η	0.037	0.006	5.860	(0.000)	0.024	0.049
σ^2	0.002	0.001	0.001	(0.005)		
γ	0.586	0.156	0.286	(0.834)		
σ_u^2	0.001	0.001	0.000	(0.003)		
σ_v^2	0.001	0.000	0.001	(0.001)		

値を取り，説明変数についてはすべての企業のデータの平均値でセンタリングしたものを対数化しているため，一般化費用関数同様にトランスログ型費用関数が平均値の周りでのテイラー展開と解釈される。したがって，規模の経済性を検討する際にも，規模の弾力性が１以下であるかどうか着目すればよい。

生産物の係数値α_Yは0.991となっており，パネルデータの計測では規模に関してほぼ収穫一定と解釈できる。これには規模の経済性が発揮されている企業とそうでない企業が混在しているため，全体で見るとこのような結果になったものと考えられる。この事実から，単に規模の経済性をパネルデータによって確認する場合には，規模別で分類した計測が有効であろう。資本，労働，原材

表12－5　各社効率性の計測結果

	企業名	効率性平均乖離		企業名	効率性平均乖離
1	セッツ	－0.0601	10	レンゴー	0.0072
2	東海パルプ	－0.0497	11	日本加工製紙	0.0090
3	中央板紙	－0.0337	12	大昭和製紙	0.0108
4	本州製紙	－0.0326	13	紀州製紙	0.0112
5	北越製紙	－0.0283	14	日本製紙	0.0374
6	大王製紙	－0.0184	15	神崎製紙	0.0492
7	中越パルプ	－0.0064	16	山陽国策	0.0507
8	特種製紙	－0.0002	17	三菱製紙	0.0562
9	王子製紙	0.0027			

料の３つの生産要素の１次項である，α_K，α_L，α_Mの係数値はすべて正で有意に得られているため，理論の１次条件は満たされている。２次項の弾力性はすべて有意に正であり，交叉項はほぼ負となっているが，生産物と原材料の交叉項の係数値のみが正となっている。

切断正規分布の平均値μの係数値は0.029で得られているが，統計的な有意性がないため，この計測では平均がゼロでの半正規分布を仮定してもよいことになる。ηの値はプラスで有意であるため，経年的に効率性は改善していると解釈できる。

確率的費用フロンティアモデルによって推計された各社の非効率性を表12－5に示している。効率値は経年的に変化するため，ここでは各年に計測された効率値の平均値からの乖離率を計算し，さらにその平均値を各企業について算出した値を提示している。合併前後の処理については，例えば1993年の王子／神崎＝新王子のケースであれば，王子製紙，神崎製紙，新王子製紙それぞれ別企業として効率値を推計しているが，表12－5ではこれらの企業と合併した王子製紙の効率値とみなし，効率性の平均乖離率の平均値を算出している。これは一般化費用関数の計測で，合併前後の企業を同様にひとつの企業を見なして計測しており，後に行う配分の非効率性と*SFA* 費用効率を対応させる目的がある。

図12－2　各社の *SFA* 効率性とθ_Kの関係

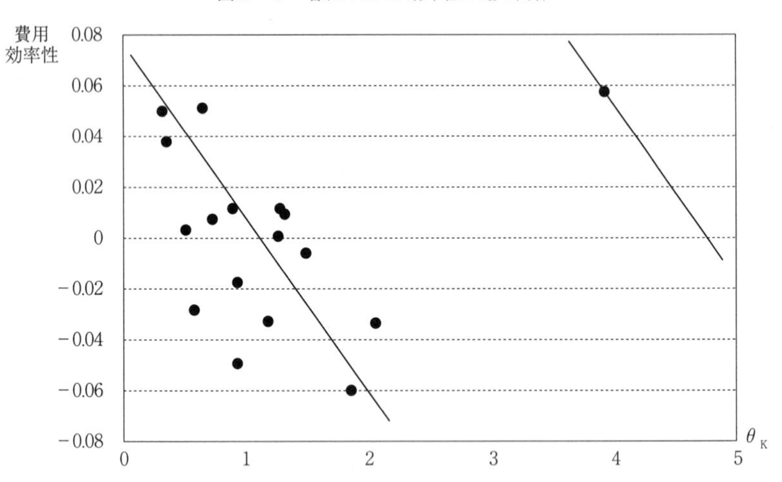

これを見ると，セッツや中央板紙など，板紙専業の企業が上位にランキングされており，東海パルプや本州製紙，北越製紙や大王製紙も洋紙のほかに板紙を生産している企業が上位を占めている。さらに綿密な検証が必要であるが，効率値には洋紙と板紙の収益率の差が反映していること，また範囲の経済性が影響していることなどが推察される。

ここで一般化費用関数によって得られた配分非効率性と，計測を行った確率的費用フロンティアモデルによって得られた効率値との関係を検証する。

図12－2は各社の *SFA* 効率性と資本の配分非効率性θ_Kの関係を，図12－3は *SFA* 効率性と労働の配分非効率性θ_Lの関係を散布図に示したものである。図12－2では三菱製紙の値が右上にプロットされているため，これを異常値としてダミー変数で処理し，*SFA* 非効率性を一般化費用関数から得られた配分非効率性に回帰するかたちで，それぞれ *OLS* による計測を行った。

$$EF = 0.0362 - 0.039\,EK + 0.172\,D \quad \overline{R^2} = 0.397 \tag{12.21}$$

(0.035)　(0.014)　(0.003)

$$EF = -0.006 + 0.005\,EL \quad \overline{R^2} = 0.058 \tag{12.22}$$

(0.770)　(0.736)

図12－3　各社の *SFA* 効率性とθ_Lの関係

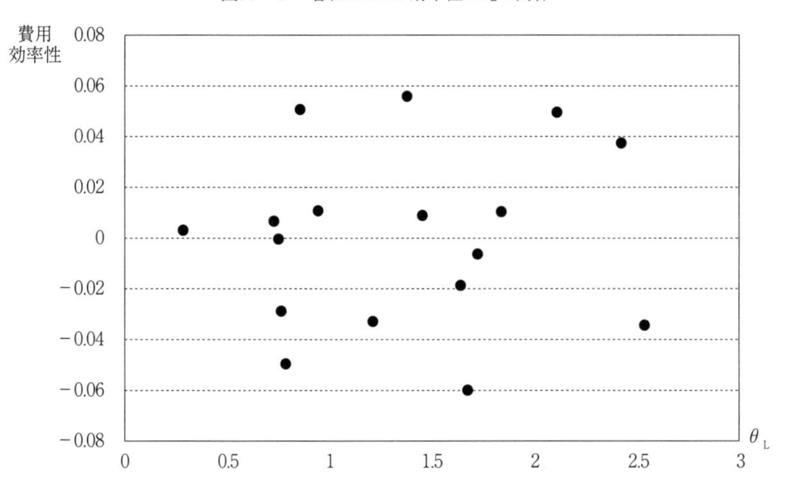

［*EF*：*SFA* 非効率性の平均乖離値　*EK*：θ_k　*EL*：θ_L　括弧内は p 値］

この結果を見ると，*SFA* 非効率性の大きさは，資本の配分非効率性θ_Kと統計的に有意に負の係数値が得られた一方で，労働の配分非効率性θ_Lとは相関が見られない。つまり，*SFA* 非効率性の大きさは，労働の配分非効率よりも資本設備の配分非効率性が主要因となっていることがわかる。資本の配分非効率性θ_Kが大きいのは，資本が相対的に過小投入となっていることを意味するため，資本設備の過小装備が *SFA* 非効率の要因となっている可能性が示唆される。この計測結果からも，一連の製紙業界における効率性は資本設備の拡充による規模の経済性の発揮によって実現されてきたことが窺われる。

4　一般化費用関数による計測結果の考察

ここでは日本の製紙業界における生産性と効率性の実証分析に，費用最小化を行っていない企業の効率性分析に用いられる一般化費用関数を用いて配分の非効率性を検証し，確率的費用フロンティア（*SFA*）モデルによって得られる非効率性との関係を明らかにした。分析結果からは，*SFA* 非効率性の大きさが，労働よりも資本設備の過小投入に帰着することが示され，製紙企業の効率的な操業には，長期的な視点から資本設備の動学的調整を行うことが重要であることを示している。同時に，大企業では相対的に過大な資本設備が規模の経済性の発揮につながっているため，製紙業界の再編にも余地が残る。

他方で，一般化費用関数の計測においては，配分の非効率性に統計的な有意性が担保されていないことから，変数の作成方法を改善することや，分析期間の分割，パネルデータの活用などが課題となる。また，配分非効率性の改善が *SFA* 費用効率性をどの程度変化させるかということについては，さらに多角的な分析が必要になる。

将来の長期的な収益性および効率性の向上を考慮した製紙各社は，成長の見込めない国内需要に見切りをつけ，海外事業の強化と電力などのエネルギー事業への多角化，CNF（セルロースナノファイバー）などの極細繊維の開発など素材力でも新機軸を見出している。今後の製紙業界は，こうした新たな分野への進出を考慮した合併や多角化が進むことが予想されるが，こうした展開が収益性や効率性に与える影響を見極めなければならない。

第13章
日本の製紙業におけるイノベーション効果の分析

1　製紙業のイノベーションと新素材の可能性

日本の製紙業は，ペーパーレス化やデジタルコンテンツの進展により，大きな転換期を迎えている。そもそも製紙業は大型装置産業であり，大量のエネルギーを使って生産が営まれるが，近年では紙の製造工程で発生する廃棄物をバイオマス燃料として自家発電に利用し，大幅な省エネルギー化を達成している。さらにはセルロースナノファイバーなどの新素材開発によって，将来，さまざまな用途の拡大が期待される新市場を開拓し継続的な研究開発が活発である。

ここでは，製紙業界の新市場開拓に向けたイノベーションの効果について，寡占市場を前提に理論的に捉え，新市場の拡大が企業の生産性・効率性にどのように影響するのか，シミュレーション・データによる実証分析を試みる。

ここであらためて1975年から2020年までの長期にわたる洋紙と板紙の生産量の推移を図13－1で確認する。1970年代後半から1980年にかけては，1970年代初頭の第１次オイルショック時の不況からの需要回復を背景に，洋紙・板紙ともに生産量は順調に増大している。1980年代初頭には，第２次オイルショックによる不況の影響で，一時，生産量は停滞するが，その後は1990年に至るまで，紙の旺盛な需要を背景に洋紙・板紙の生産量は増加傾向を辿る。

しかし，1990年代初頭のいわゆるバブル崩壊による不況によって紙の需要は減少する。洋紙の生産量は1993年に再び増加基調となるが，板紙の生産量はその後一定であり，1,200万トン前後で停滞している。洋紙の生産量も2007年をピークにその後は大きく減少して，2020年時点では，洋紙の生産量が板紙の生

図13－1　洋紙と板紙の年生産量の推移

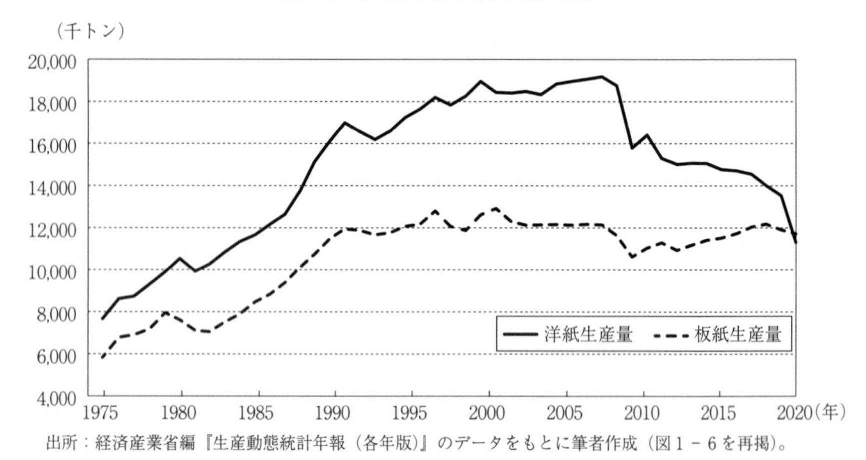

出所：経済産業省編『生産動態統計年報（各年版）』のデータをもとに筆者作成（図1－6を再掲）。

産量を下回る水準にまで落ち込んでいる。洋紙においては，特に新聞用紙，印刷・情報用紙，包装用紙の需要が一貫して減少しているが，この原因はICT導入によるペーパーレス化の流れや，紙媒体以外の情報伝達手段の拡大，包装の合理化などがあげられる。衛生用紙は代替が難しい生活必需品であり，また板紙の需要が堅調であるのは，インターネット通販の拡大に支えられているからである。

このような紙需要の低迷に対して，製紙業界では新たな市場開拓と新技術の開発が活発である。具体的には，バイオマス燃料の積極的な活用，製造工程で出た廃棄物の燃料としての再利用，発電に伴って生じる蒸気エネルギーの製造に利用するなどの取り組みが進められている。また従来，プラスチックで製造されてきたものを，それ以外の素材に置き換えようという流れが広まっており，その中で注目を浴びているのが長い歴史をもつ紙という素材である。容器や食器類などをプラスチックから紙へ置き換える動きが，ここ数年で本格化している。

紙の製造過程では，さまざまな物質・エネルギーが投入され排出されている。化石燃料（石炭・重油）の利用を削減するため，古紙・廃プラスチックを原料とする固形燃料や廃タイヤ，製造過程で生じる黒液，木くず，ペーパースラッジなどが発電燃料として利用されている。

紙製品の用途を広げる技術開発は，日本の製紙業界で活発に行われている。例えば，大王製紙はナイフにも使える硬さをもつ厚紙や，硬さに加えて水や油にも強く，電子レンジに対応できる容器を製造できる厚紙を開発している[1]。

なかでも新素材として注目すべきであるのが，セルロースナノファイバー(CNF) である[2]。CNF は，木を構成する繊維をナノレベルまで細かくほぐすことで生まれる最先端のバイオマス素材である。植物繊維由来であることから，生産・廃棄に関する環境負荷が小さく，将来の低炭素社会の実現にも貢献できる素材であると考えられている。CNF は鋼鉄の5分の1という軽量であるが鋼鉄の5倍以上の強度を有しており，弾性率は高強度繊維で知られるアラミド繊維並に高く，温度変化に伴う伸縮はガラス並みであるため，電化製品や建物，自動車，航空機など，非常に広範な分野に応用が期待されている。また CNF はプラスチックなどに比べて微生物による分解が容易で，燃やしても CO_2 を相対的に抑制できるという利点も有している。

既に CNF を用いた電気自動車も開発されており，車体のボンネット，ドア，スポイラーなどの外装だけではなく，内装パネルやドアミラーにも活用されている。また，塗料への CNF 配合により，顔料分散性やガラスへの密着性が高くなり，立体感のある重ね描きや曲面への塗布等の高機能化が可能となっている。また，CNF が有している粘度特性は，高保湿性や低曳糸性も兼ね備えているため，化粧品添加剤用途への利用も期待されている。CNF をコンクリートへ配合してひび割れの低減を達成でき，食品等の包装においてもガスバリア性を生かして，バイオマス由来のバリア包装資材への転換が可能となる。さらには，フィルムに CNF を塗工した後，紙を貼り合せて加熱乾燥した積層シートで，非常に高い酸素バリア性を持たせることができる[3]。

(1) ここに記載した紙製品の新たな用途については，記事一覧に記載した大王製紙「エリプラペーパー」販売のホームページを参照している。

(2) CNF 製造技術は2006年に東京大学大学院農学生命科学研究科教授の磯貝明氏が完全分散化セルロースナノファイバーの作製に成功して確立したものである。2007年からは東京大学と日本製紙などの共同プロジェクトで実用化が模索され，2015年に世界で初めて CNF を用いた商品として日本製紙クレシアから衛生用品が発売されている。詳しくは国立研究開発法人新エネルギー・産業技術開発機構（NEDO）ホームページなど参照のこと。

以下ではCNFに代表される製紙業界の新技術導入の効果を，寡占市場の理論的枠組みで解釈するために，関連した先行研究を整理して分析の焦点を探る。

2　寡占市場におけるイノベーションの効果

発電やCNFの開発にあげられる製紙業におけるイノベーションは，従来の生産財である紙の製造過程で生じたさまざまな素材や技術の外部効果を活用して開発しており，もとは植物繊維を分解する過程で生じた製造技術を生かしたものである。その意味では範囲の経済性を発揮した技術であると解釈できる。

製紙業は大規模装置産業であるため，「規模の経済性」の実現に加えて，パルプや古紙といった共通の原料で多品種の紙を生産するため，「範囲の経済性」が発揮される。発電やCNFなどの新技術も，もとは生産プロセスで生じる原料や廃材を活用し，従来，紙を生産する過程で必要な技術を応用できるという意味で正の外部経済効果が生じる。

中島（1990）ではクールノー競争の枠組みで，多角化が均衡の安定性を保ち，収益性向上の可能性があることを示している。生産過程における正の外部性によって多角化が実現するならば，新たな市場の開拓は範囲の経済性を有する企業が効率的となる。外部性のモデルとは独立に，寡占市場における新技術の導入を理論的に分析した先行研究は内外で展開されている[(4)]。Mills and Smith（1996）は，２つの企業が第一段階で旧技術と新技術のどちらを採用するかを同時に選択し，第二段階でクールノー競争を行うモデルを構築した。新技術は固定費用が高いが限界費用は低い。理論モデルの帰結は，一方の企業が新技術を採用し，他方の企業はそれを採用しないという状況が均衡になることを示している。またElberfeld（2003）はMills and Smith（1996）モデルを寡占に拡張し，全ての企業が必ずしも新技術を採用するわけではないことを確認したうえで，市場に３企業以上が存在する場合には，新技術を採用する企業が過剰に生

(3)　CNFのさまざまな財への適用事例については，記事一覧に記載した大王製紙「セルロースナノファイバー（CNF）」を参照している。

(4)　野村・大川（2005）では，この分野の理論研究について論点が明確となるサーベイがなされており，以下の叙述もこれを参考にしている。

じることを明らかにしている。さらにElberfeld and Nti（2004）はElberfeld（2003）のモデルで新技術の限界費用水準に不確実性を導入し，不確実性が大きくなるほど研究開発投資費用は高まり，新技術への投資を行う企業数が増加するという帰結を提示している。

また市場の競争形態と新技術の導入に着目したHattori and Tanaka（2016）では，クールノー市場に比べて競争度が弱いシュタッケルベルク市場における新技術導入を理論的に検討している。その結果，シュタッケルベルク市場の方が経済厚生の観点から見て新技術の導入が過少になる可能性があることを指摘している。こうした状況に対しては，政府による新技術導入への補助金政策が必要であることを主張している。

以下では正の外部性による範囲の経済性の効果を前提に，同質財を生産する対称的な2つの企業，企業Aと企業Bがある時のクールノー・モデルを構築する。いま企業間の情報は完全であり，他社の参入退出が生じない短期市場を想定する。一般的な市場の逆需要関数は$p=a-bQ$，各企業の費用関数は，$C_i=c_iq_i$で与えられるものとする。ただし，$q_i(i=1,2)$は各企業の生産量，pは価格，Qは市場全体の需要量$(Q=q_1+q_2)$である。この時企業Aについて利潤の最大化を考える。企業Aの利潤は次のように定式化できる。

$$\pi_A=p(q_A+q_B)q_A\cdot\theta(F)-c_Aq_A-F \tag{13.1}$$

ここでFは生産技術に正の外部性をもつ新技術$\theta(F)$を導入する際の初期費用Fが外部性を通じて生産物の増大をもたらす効果を表し，$\partial\theta/\partial F\geq 1$と想定する。正の外部効果$\theta(F)$が大きくなれば，新技術による生産性増大効果が大きくなることを意味しており，収益性も向上する。ここで企業Aの利潤を最大化させる生産量を求めるために，次のように利潤関数π_Aをq_Aに関して偏微分しゼロと置く。

$$\frac{\partial\pi_A}{\partial q_A}=(a-2bq_A-bq_B)\theta-c_A=0 \tag{13.2}$$

となる。企業Bについても同様に，

$$\frac{\partial \pi_B}{\partial q_B}=(a-2bq_B-bq_A)\theta-c_B=0 \tag{13.3}$$

となる。ここで（13.2）式を解くと，次のような企業Aの反応関数を求めることができる。

$$q_A=\frac{\theta a-\theta bq_B-c_A}{2\theta b} \tag{13.4}$$

同様に（13.3）式を展開して，企業Bの反応関数を得る。

$$q_B=\frac{\theta a-\theta bq_A-c_B}{2\theta b} \tag{13.5}$$

ここで（13.4）式で表された企業Aの反応関数に，企業Bの反応関数（13.5）式を代入し，ナッシュ均衡時の企業Aの最適な生産量を，次式のようにパラメータ表示する。

$$q_A^*=\frac{ab-2bc_A/\theta+bc_B/\theta}{3b^2} \tag{13.6}$$

各企業の費用条件に技術格差がある場合は，この（13.6）式で表現された関係が意味をもつ。外部効果であるθの増大は，$c_B\cong c_A<2c_B$である限りは，右辺第２項の$-2c_A/\theta$が小さくなる効果の影響が強くなるため，当該企業の生産量増大をもたらす。いま企業Aと企業Bの生産技術は対称的であると想定しており，$c_A=c_B$となるため，この条件を考慮すると企業Aのナッシュ均衡における最適生産量を，次のようにさらに単純に表現できる。

$$q_A^* = \frac{\theta^2 ab - \theta bc}{3\theta^2 b^2} = \frac{ab - \dfrac{bc}{\theta}}{3b^2} \qquad (13.7)$$

この時，新技術の外部効果θが大きいほど，bc/θの値が小さくなるため，均衡生産量は大きくなる。したがって，各企業の限界費用cが小さく，外部効果θが大きいほど，企業Aの生産量が増大することがわかる。また，企業Bの均衡生産量は，対称的な企業を仮定しているため企業Aと同じになる。すると，市場全体の生産量は$Q = q_A + q_B$なので，(13.7) 式を２企業について足し合わせた次のようなかたちになる。

$$Q = \frac{2}{3}\left(\frac{\theta^2 ab - \theta bc}{\theta^2 b^2}\right) \qquad (13.8)$$

いま，逆需要関数は$p = a - bQ$であるので，市場全体の生産量をこれに代入すると，

$$p = a - b \cdot \frac{2}{3}\left(\frac{\theta^2 ab - \theta bc}{\theta^2 b}\right) \qquad (13.9)$$

となる。したがって，企業Aの利潤関数をパラメータ表示すると次のようになる。

$$\pi_A = \left(\frac{\theta^2 ab - \theta bc}{3\theta^2 b^2}\right)\left[\left\{a - b \cdot \frac{2}{3}\left(\frac{\theta^2 ab - \theta bc}{\theta^2 b}\right)\right\} \cdot \theta(F) - c\right] - F \qquad (13.10)$$

この (13.10) 式の左辺を利潤率のかたちにして，イノベーション効果の収益性を検討すると，正の外部性を仮定しているため自明ではあるが，

$$\frac{\pi_A}{pq_A} = \theta(F) - \frac{c_A}{p(q_A + q_B)} - \frac{F}{p(q_A + q_B)q_A} \qquad (13.11)$$

と表現できる。既存の技術開発による費用効率の改善はc_Aが小さくなることを意味するので，売上高利益率は向上すると言える。また，新技術の外部効果$\theta(F)$が大きくなるほど，ほかの条件が一定であれば，利潤率は高くなることがわかる。

3　イノベーション効果のシミュレーション

ここでは1970年代から2020年に至るまで，製紙業界において大型合併を行っていない大王製紙を製紙業におけるイノベーション効果の分析対象とする。大王製紙の三島工場は，敷地面積は167万平方キロメートルを誇り，世界でも有数の大規模臨海製紙工場である。2021年度時点で，紙・板紙の生産量は年間210万トンで国内需要の８％を担っており，コスト競争力がある[(5)]。紙の原料となるクラフトパルプの生産においても国内最大の設備が併存し，パルプの生産量も国内トップレベルである。また三島工場は，臨海立地であることから，木材チップ調達コストも軽減でき，国際貿易港を通じてアジア諸国への物流コストにも優位性がある。

また大王製紙は2050年のカーボンニュートラルへの実現計画を策定しており，従来のエネルギー効率化やバイオマス燃料の活用に加え，さまざまな環境配慮の取り組みを進めている。また多種多様な燃料を利用できるノウハウや新技術の導入によって，積極的に化石燃料の削減に取り組む施策を講じている。目標達成に向けて，三島工場では2020年高効率黒液回収ボイラーを設置し，パルプ排水からバイオガスを取り出す処理設備を稼動させている。また2021年には重油の一部を低炭素燃料であるLNGに転換する設備も開発され，近年カーボンニュートラルの実現に向けた研究開発と設備の増強が活発である。

三島工場以外でも新技術の導入は盛んである。いわき大王製紙では，木くずや廃プラスチックを燃料とするリサイクルボイラーが2023年度には稼働しており，自家発電100％の工場となる。余剰となった電力は，隣接の福島工場に送

(5)　以下で叙述する大王製紙の現状については，大王製紙のホームページにある「主要拠点一覧」を参照している。

ることで購入電力も削減できる。リサイクルボイラーは三島工場にも新設し，石炭ボイラーを順次削減する計画が進められている。さらに，バイオマスや廃棄物由来燃料を有効利用することで石炭への依存度を下げ，2050年までに石炭の使用量ゼロを達成し，カーボンニュートラルを実現させることを目標としている。

また先述したように，大王製紙ではセルロースナノファイバー（CNF）の早期事業化に成功しており，その特性を生かした開発が進められ，CO_2削減に向けたニーズから自動車部品やフィルム，フィルター，紙分野などさまざまな応用が期待されている。新素材であるCNFの実用化と開発に向け，大王製紙は2021年度に新たにCNF複合樹脂のパイロットプラントを稼働させ，一貫製造プロセス構築による生産性の飛躍的な向上を企図している。

このように大王製紙では，新素材の開発と実用に向けた取り組みが活発である。2007年には名古屋パルプの吸収合併を行ったため，実証分析する際にはデータの変動に注意しなければならないが，1990年代から製紙業界で盛んに行われた大型合併にも加わっておらず，長期分析を行う意味ではデータが比較的安定している。ここでは2050年にカーボンニュートラルの実現を目標に製品の開発と設備増強を行う大王製紙を対象に，製紙業におけるイノベーションによる生産性や効率性の向上がどの程度達成されるのか，Data Envelopment Analysis（以下*DEA*）を用いた分析を試みる。

生産性は一般に，実際に観測された投入（入力）に対してどれだけの産出（出力）が達成されるかという，入力に対する出力の比率として解釈される。この生産効率をもとに複数の投入と複数の産出の対応を実測できる手法が*DEA*である。したがって，*DEA*を実行するためには，産出と投入を規定し，それらのデータを作成しなければならない。*DEA*は費用効率を分析することも可能である。ここでは売上高をアウトプットとして，これを増大させうるインプットに，資本設備，労働力，原材料等を想定した技術的効率性の費用効率分析を試みる。そこでまず，*DEA*による実証分析に必要となる変数の作成手順を以下で説明する。

製紙業界におけるイノベーションと言える新素材CNFの市場が拡大すれば，

図13－2　ロジスティック曲線によるシミュレーション

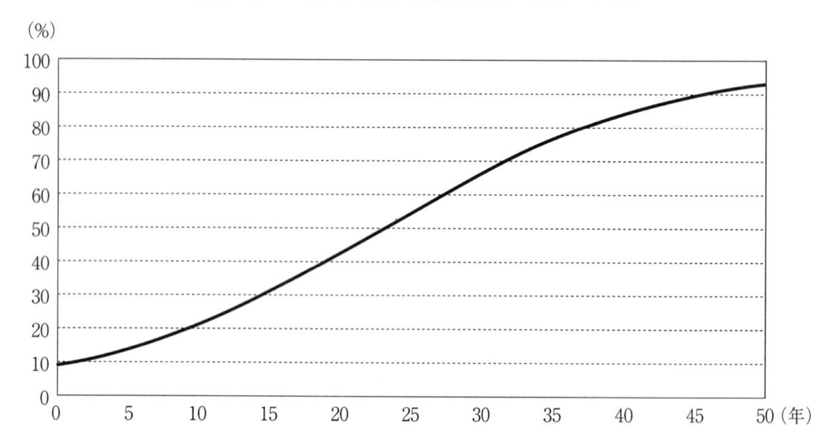

幅広い用途への使用が期待できる。その趨勢を過去に広く普及した財を例にしてシミュレーションを試みる。ここではCNFがさまざまな財に普及し，大王製紙の売上高が次の式で表されるようなロジスティック曲線に沿って拡大すると想定する。

$$y=\frac{K}{1+\beta\cdot exp^{-\alpha x}} \qquad (13.12)$$

具体的なロジスティック曲線の形状は図13－2に描いた通りである。ここで市場規模については50年後に100%を上限とするように$K=100$と置き，$\alpha=0.1$，$\beta=10$に設定している。つまり，新素材であるCNF普及の効果が，50年でほぼ2倍の売上高に反映することを想定していることになる。

ここでは1975年度から2020年度にわたる大王製紙の売上高を，日本銀行が公表する紙・パルプの企業物価指数（2015年基準を2000年基準に加工）でデフレートして実質化し，2021年以降の売上高については想定したロジスティック曲線に基づいた推定値を適用して2050年までの平均的な予測値を得た。[(6)]

さらに予測値がランダムなデータになるように，モンテカルロ・シミュレー

図13－3　大王製紙の売上高シミュレーション（2021年以降は推計値）

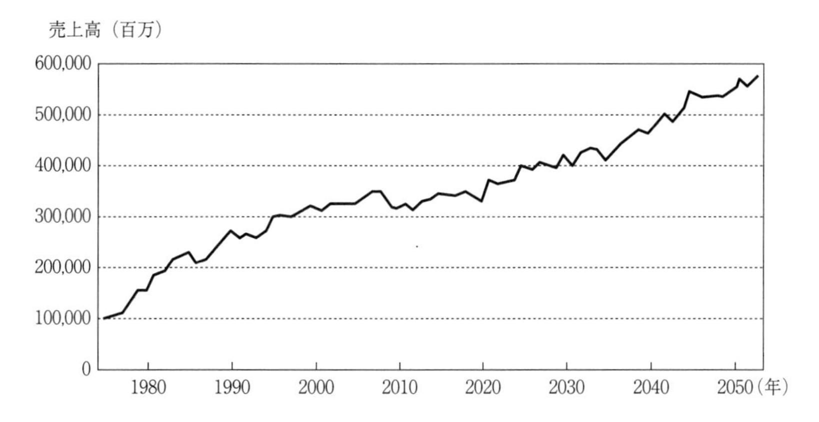

ションを予測値に適用している。具体的には，ロジスティック曲線の予測値を平均とし，標準偏差を10,000（百万単位）と設定した正規乱数を，ロジスティック曲線で得た予測値に乗じたシミュレーションにより10,000個のデータを生成している[(7)]。ここでは生成された乱数でいちばん初めに出現する値を売上高の予測値として採用した。売上高のシミュレーション・データは図13－3に描いたような動きをしている（2020年までの実質売上高は現実値）。

この予測値によると，2050年の時点の売上高は，2020年のおよそ2倍弱程度になる。この値は決して的外れなものではない。実際に大王製紙が公表している事業計画では，2021年度実績で過去最高となる連結ベースで売上高6,123億円を達成し，2026年には8,000億円から1兆円に拡大することを目標としている。この目標値を前提にすれば，カーボンニュートラルの実現を目指した2050年に売上高が2倍程度になるという想定は，むしろかなり控えめな予想である。

次に資本設備，労働力，原材料等の投入に関するデータを作成する。まず資本設備Kには償却対象有形固定資産Kを用い，減価償却費dを用いて資本価格を算出する。これらは内閣府が公表している民間企業設備のデフレータ（2015

(6)　以下の分析で用いる財務データについては，すべて日経NEEDSデータを利用している。
(7)　シミュレーションでは標準偏差を10,000としているが，財務データ自体の桁数は百万を1とした値ですべての計測を行っている。

図13－4　大王製紙の資本設備シミュレーション（2021年以降は推計値）

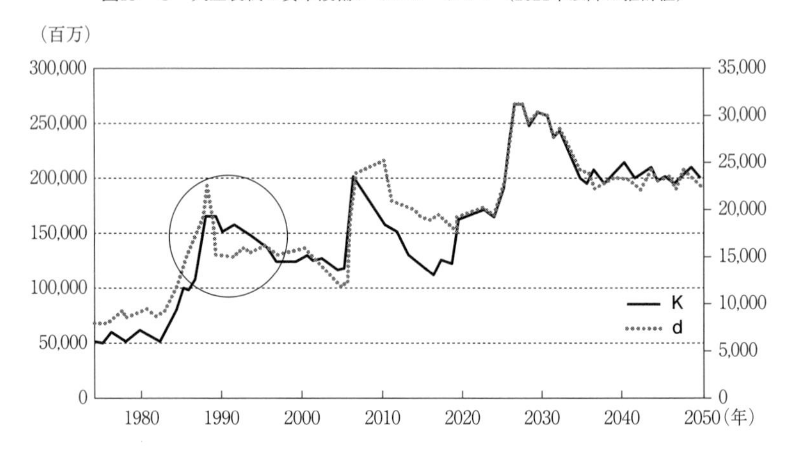

年基準を2000年基準に加工）を用いて実質化している。資本設備と減価償却の推移については図13－4で示しているが，2020年度までが実現値である。2021年度以降の予測値を得るために，資本設備が増強によって大きく動いている1987年から1998年の期間について，時間の経過をtとした資本増加の推計値$\widehat{K}$を3次関数（$\widehat{K}=0.0024t^3-0.062t^2+0.4507t+0.628\quad R^2=0.860$）によって得た[(8)]。この値を2021年度以降の資本設備の予測値を得るための平均値として，標準偏差を5, 000（単位は100万円）としたモンテカルロ・シミュレーション（10, 000回）を行い，その初出値を2036年度までの予測値としている。さらに2037年度以降は2021年度から2036年度までの平均値に対して標準偏差を5, 000にした正規乱数を用いている。このような手法で過去の資本設備増加の形状に似せた予測値を得る工夫をしている。

減価償却費dの推移は資本設備Kの動きとほぼ同様であるが，その増減に適合した推計ができなかったため，資本設備の推計値を用いて2021年度以降の予測値を得ている。後の計測に必用となる資本設備の要素価格w_Kについては，実質償却対象有形固定資産Kを減価償却累計額dで割った値を用いる。

労働Lは期末従業員数で定義する。従業員数Lの予測値は，直近の2013年

(8)　1997年の増減は名古屋パルプの合併による資本設備の増加であるため，紙需要の増大を背景に資本設備を増強した1987年以降の期間を推計の対象としている。

図13－5　従業員数のシミュレーション（2021年以降は推計値）

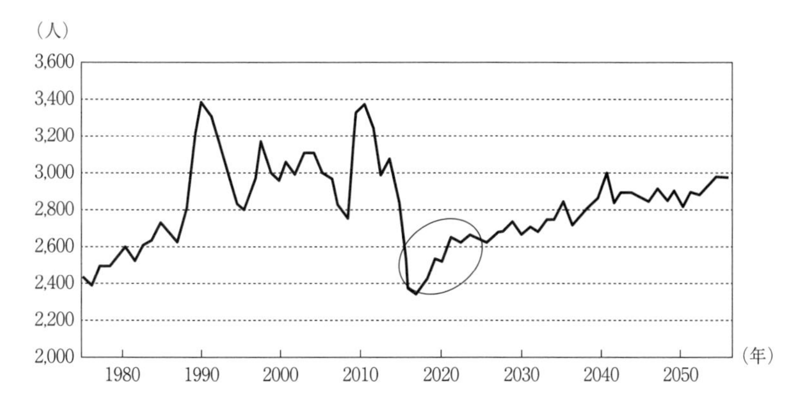

度から2020年度までのデータを時間に関する対数関数で近似して得た回帰式（$\hat{L}=169.99\,ln\,t+2283.2\quad R^2=0.815$）を用いて2021年度以降の値を推計している。期末従業員数Lの推移は図13－5に示した通りである。会計基準の変更によって，2012年以降の事務職従業員の人件費と，生産に関わる従業員の労務費を財務データから得ることができない。そこで一般的な賃金の代わりに，販売費および一般管理費 W を期末従業員 L で割った値を，ここでは「労働」の要素価格 w_L と定義している。2021年度以降の推計値については，2020年度の値を平均として，標準偏差を100（人単位）にしたモンテカルロ・シミュレーションを行い，初出の値をデータとして用いている。

原材料 M についても，会計基準の変更で2012年以降のデータを入手できないため，ここでは売上原価で代用し，この実質化には紙パルプ投入物価指数（日本銀行）を用いている。原材料 M の代理変数として用いた売上原価は，図13－6に示したように売上高 Y との相関が強くその傾向は一定である。これを利用して M/Y の相関を回帰分析によって計測すると，次のような係数値を得る（1％有意）。

$$M=-16546+0.837Y\quad R^2=0.9864$$

売上原価 M についてはこの係数値を用いて2050年までの値を予測値の平均

図13－6　大王製紙の売上高と売上原価の相関

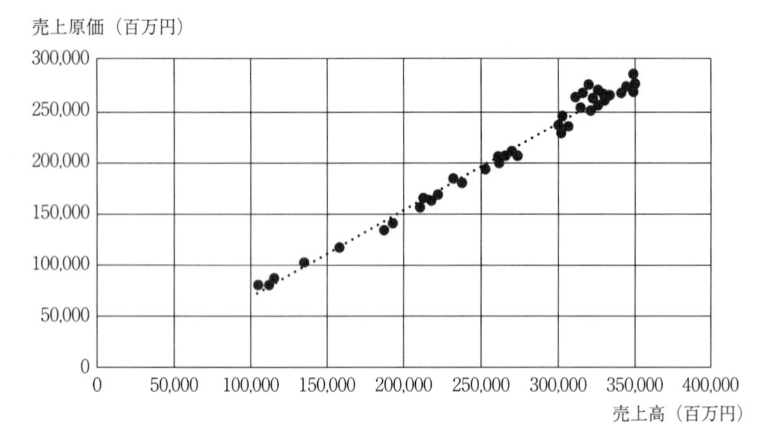

値として，標準偏差を5,000（百万円単位）としたモンテカルロ法によるランダムな値を算出している。さらにこの実質売上原価を実質売上高で割った値を原材料要素価格w_Mとして使用する。以上をまとめると，イノベーションによる効率性の推移を計測するための変数作成は次の通りである。

Y　：売上高／紙パルプ企業物価指数
K　：償却対象有形固定資産／民間企業設備のデフレータ
d　：減価償却費／民間企業設備のデフレータ
L　：期末従業員数
W　：販売費および一般管理費／紙パルプ企業物価指数
M　：売上原価／紙パルプ投入物価指数
w_K：減価償却累計額／償却対象有形固定資産
w_L：販管費／紙パルプ投入物価指数／従業員数
w_M：売上原価／売上高

このようにして得られた推定値を用いて，以下では製紙業界がCNFの新市場開拓を通じたイノベーションによって，2050年に売上高を2020年時点から約

2倍に拡大させることを前提に，*DEA* による効率性の評価を試みる。

4　費用 DEA によるイノベーション効果の実証分析

ここで想定するモデルでは，資本 K，労働 L，原材料 M の3つの投入要素から生産量 Y を生み出す生産技術を想定する。さらに費用面の効率性は，総費用 C，資本コスト w_K，賃金率 w_L，原材料価格 w_M を用いて，双対定理によって得られる費用関数 $C=C(Y,w_K,w_L,w_M)$ を想定した投入－産出を規定するので，総費用 C は，$C=w_KK+w_LL+w_MM$ で定義される。実際に計測で使用するデータは，先ほど検討した通りの加工を行い，予測値に関するデータはすべて10,000回のモンテカルロ・シミュレーションによってサンプリングしている。以下の実証分析では，第10章で展開した *DEA-New-Cost VRS* モデルを用いて費用効率指標を算出する。

紙の生産量は1980年代には順調に増大し，1990年代初頭には一時停滞するものの，その後も合併による供給サイドの合理化が進展するなかで，2007年までは順調に市場が拡大する。しかし，2008年のいわゆるリーマン・ショックを期に生産量が大きく落ち込み，その後は持続的に減退している。この背景には情報通信技術の進展によるペーパーレス化などの経済構造変化の影響もあり，新聞用紙や印刷・情報用紙を中心に，需要の減少に歯止めがかからないことにある。他方，板紙は，段ボール原紙が，加工食品等の食品分野や家電向けなどの安定した需要に加え，電子取引の普及を背景に堅調となっている。2020年時点ではついに洋紙の生産量と板紙の生産量が逆転している。

こうした紙市場の動向を考慮し，生産量の増加傾向がピークとなった1990年を始点に，シミュレーションによって求めた2050年までの分析期間として，*DEA-New-Cost VRS* モデルによって大王製紙の費用効率を評価した。計測の結果を図13－7に提示している。

これを見ると，1980年代から継続していた紙需要の増加傾向がピークとなった1990年の費用効率は1と算出され，分析期間を通じて最も高い値となっている。その後は効率値が低下し，1996年に景気回復を背景に一時上昇するが，再

図13－7　*DEA-New-Cost VRS* モデルによる効率性評価

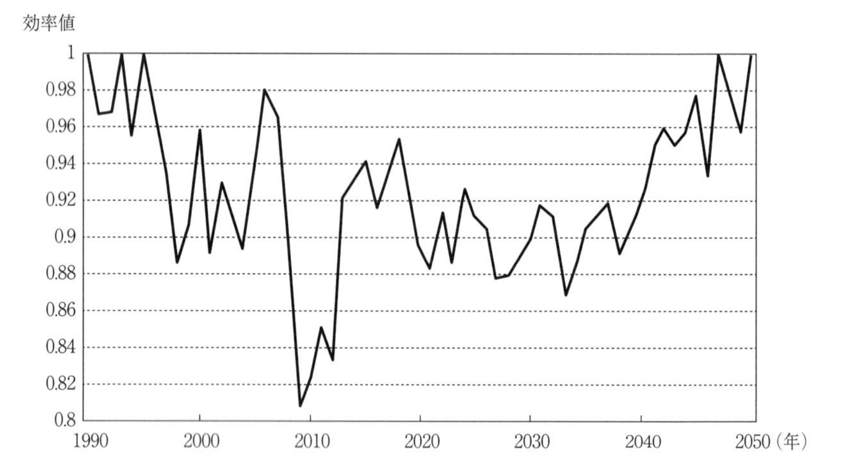

び1990年代終盤まで効率性は低下する。2000年代初頭にはまた効率値は変動しているが，紙生産量がピークとなる2007年にかけて一気に上昇に転じている。ところが2008年のリーマン・ショック時に大きく効率値は低下し，その後は2020年に至るまでやや改善傾向にある。このように，*DEA* による効率指標は分析期間における相対的な評価であるものの，現状を的確に捉えていることが窺える。

2021年以降の売上高のシミュレーション・データは，製紙業におけるイノベーション効果を予測し，CNF の用途が大きく拡大することにより，売上高がロジスティック曲線に沿って増大することを想定した。この予測値によると，2050年の売上高は，2020年のおよそ２倍になるが，この値が控えめな予想であることは先に述べた通りである。

投入要素についてもそれぞれ近年の傾向やピーク時の趨勢をもとに仮想データを作成しているため，むしろ投入要素は過大に見積もっている。こうした前提条件のもとで2050年までの効率性を見ると，2021年以降，新素材生産のために資本設備が増大するように設定しているため，費用効率は漸次低下するが，2040年頃からは効率性が改善し，2048年時点で効率値が１に達し，最終年度の2050年の効率値も１となっている。つまり，この分析における控えめな予想のもとでも，大王製紙では新技術の導入によって費用効率を向上させることが期待できる。

5　イノベーション効果の展望

近年イノベーションが目覚ましい製紙業の将来を，理論的，実証的に分析するために，まず寡占市場におけるクールノー・モデルで外部性をもつ新技術への投資が市場を拡大して生産量を増大させること，さらに実証分析では大王製紙を取り上げて，シミュレーションから得られた将来の産出と投入のデータを用いた *DEA* による費用効率評価を試みた。その結果，CNF の開発等による新市場の開拓は，長期的に製紙企業の効率性を向上させる効果があり，大王製紙のケースでは，2050年時点の効率性は，好景気であった1990年において実現されていた効率水準に並ぶことが明らかになった。

この結果はもちろん産出の変数である売上高と投入要素の予測値に依存するが，現在の大王製紙が掲げている2030年時点での売上高目標値から判断しても，ここでの予測は控えめな値であり，投入についてもシミュレーション・データ作成の基準にした時点は，すべて製紙市場が拡大していた時期や，直近のインプットが増加傾向にある局面を基準にしている。つまり，アウトプットを過大に見積もることなく，またインプットも過小に想定することなく得られた効率性分析の結果である。

製紙業界では，従来の本業である洋紙の需要低迷が，新市場開拓のインセンティブとなり，範囲の経済性を発揮できる新素材開発へのイノベーションを実現している。今後，CNF の製造技術の発展によって製造コストの低減を実現し多様な用途の開発ができれば，市場をさらに拡大することが可能となる。製紙業界においては，既に製造過程で用いられた素材をもとにした発電やバイオマス・エネルギーが活用されていることから，2050年時点では，CNF があらゆる財に広く用いられていると予測できる。カーボンニュートラルの達成とともに，CNF の普及によって製紙企業は従来の本業を上回る収益力を獲得することが期待される。

参考文献

英語文献

Abadie, A. (2005) "Semiparametric Difference-in-Differences Estimators," *Review of Economic Studies*, 72 (1), pp.1-19.

Aigner, D. J., Lovell, C. A. K. and Schmidt, P. (1977) "Formulation and Estimation of Stochastic Frontier Production Function Models," *Journal of Econometrics*, 6 (1), pp.21-37.

Alexander, D. L. (1988) "The Oligopoly Solution Tested," *Economics Letters*, 28 (4), pp.361-364.

Anderson, G. J. and Blundell, R. W. (1982) "Estimation and Hypothesis Testing in Dynamic Singular Equation Systems," *Econometrica*, 50 (6), pp.1559-1571.

Aoki, M. (1990) *'State Space Modeling of Time Series,'* 2 nd ed. Springer-Verlag.

Appelbaum, E. (1982) "The Estimation of the Degree of Oligopoly Power," *Journal of Econometrics*, 19 (2-3), pp.287-299.

Arkhangelsky, D., Athey, S., Hirshberg, D. A., Imbens, G. W. and Wager, S. (2021) "Synthetic Difference-in-Differences," *The American Economic Review*, 84 (4), pp. 772-793.

Asche, F. and Salvanes, K. G. (1996) "Dynamic Factor Demand Systems and the Adjustment Speed towards Equilibrium," *Canadian Journal of Economics*, 29 (2), pp. S576-S581.

Athey, S. and Imbens, G. W. (2006) "Identification and Inference in Nonlinear Difference in Differences Models," *Econometrica*, 74 (2), pp.431–497.

Atkinson, S. E. and Halvorsen, R. (1984) "Parametric Efficiency Tests, Economies of Scale, and Input Demand in U.S. Electric Power Generation," *International Economic Review*, 25 (3), pp.623-638.

Atkinson, S. E. and Halvorsen, R. (1990) "Tests of Allocative Efficiency in Regulated Multi-Product Firms," *Resources and Energy*, 12 (1), pp.65-77.

Atkinson, S.E. and Cornwell, C. (1994) "Parametric Estimation of Technical and Allocative Inefficiency with Panel Data," *International Economic Review,* 35 (1), pp.231-243.

Banker, R. D., Charnes, A. and Cooper, W. W. (1984) "Some Models for Estimating Technical and Scale Inefficiencies in Data Envelopment Analysis," *Management Science,* 30 (9), pp.1031-1142.

Basu, S. (1996) "Procyclical Productivity : Increasing Returns or Cyclical Utilization?," *Quarterly Journal of Economics* , 111 (3), pp.719-751.

Basu, S. and Fernald, J. (1997) "Returns to Scale in US Production : Estimates and Implications," *Journal of Political Economy,* 105 (2), pp.249-283.

Baten, A. P. (1969) "Maximum Likelihood Estimation of a Complete System of Demand Equations," *European Economic Review* , 1 (1), pp.7-73.

Battese, G. E. and Coelli, T. J. (1995) "A Model for Technical Inefficiency Effects in a Stochastic Frontier Production Function for Panel Data," *Empirical Economics,* 20, pp.325 – 332.

Bauer, P. W. (1990) "Recent Developments in the Econometric Estimation of Frontiers," *Journal of Econometrics* , 46 (1 - 2), p.39-56.

Baumol, W. J., Panzar, J. C. and Willng, R. D. (1982) '*Contestable Markets and Theory of Industrial Organization,*' Harcourt Brace Jovanovich.

Berger, A. N., Hanweck, G. A. and Humphrey, D. B. (1987) "Competitive Viability in Banking : Scale, Scope, and Product Mix Economies," *Journal of Monetary Economics,* 20 (3), pp.501-520.

Berndt, E. R. and Wood, D. O. (1975) "Technology, Prices and Derived Demand for Energy," *Review of Economics and Statistics,* 57 (3), pp.376-384.

Berndt, E. R. and Fuss, M. A. (1986) "Productivity Measurement with Adjustments for Variations in Capacity Utilization and Other form of Temporary Equilibrium," *Journal of Econometrics,* 33 (1 - 2), pp.7-29.

Bertrand, M., Duflo, E. and Mullainathan, S. (2004) "How Much Should We Trust Differences-in-Differences Estimates?," *Quarterly Journal of Economics,* 119 (1), pp. 249 – 275.

Berry, S., Levinsohn, J. and Pakes, A. (1995) "Automobile Prices in Market Equilibrium," *Econometrica,* 63 (4), pp.841-890.

Bils, M (1987) "The Cyclical Behavior of Marginal Cost and Price," *The American Eco-*

nomic Review, 77（5）, pp.838-855.

Bowley, A. L.（1928）"Notes on Index Numbers," *Economic Journal*, 38（150）, pp.216-237.

Box, G. E. P. and Cox, D. R.（1964）"An Analysis of Transformations," *Journal of the Royal Statistical Society, Series B*（*Methodological*）, 26（2）, pp.211-252.

Bresnahan, T. F.（1982）"The Oligopoly Solution Concept is Identified," *Economics Letters*, 10（1-2）, pp.87-92.

Brown, R. S. and Christensen, L. R.（1981）"Estimating Elasticities of Substitution in a Model of Partial Static Equilibrium：An Application to U.S. Agriculture, 1947to 1974," in Berndt and Field eds., *Modeling and Measuring Natural Resource Substitution*, MIT Press, pp.209-229.

Buck, A. J. and Stadler, M.（1992）"R&D Activity in a Dynamic Factor Demand Model：A Panel Data Analysis of Small and Medium Size German Firms," *Empirica*, 19（2）, pp.161-180.

Callaway, B. and Sant'Anna, P. H. C.（2021）"Difference-in-Differences with Multiple Time Periods," *Journal of Econometrics*, 225（2）, pp.200-230.

Card, D. and Krueger, A. B.（1994）"Minimum Wages and Employment：a Case Study of the Fast-Food Industry in New Jersey and Pennsylvania," *The American Economic Review*, 84（4）, pp.772-793.

Caves, R. E.（1989）"Mergers, Takeovers, and Economic Efficiency," *International Journal of Industrial Organization*, 7（1）, pp.151-174.

Caves, R. E.（1992）'*Industrial Efficiency in Six Nations*,' MIT Press.

Caves, R. E. and Barton, J. A. (1990)'*Efficiency in U.S. Manufacturing Industries*,' Cambridge, MIT. Press.

Caves, D. W., Christensen, L. R. and Tretheway, M. W.（1980）"Flexible Cost Functions for Multiproduct Firms," *The Review of Economics and Statistics*, 62（3）, pp.447-481.

Charnes, A., Cooper, W. W. and Rhodes, E. (1978）"Measuring the Efficiency or Decision Making Units," *European Journal of Operational Research*, 2（6）, pp.429-444.

Charnes, A., Cooper, W. W., Lewin, A. R. and Seiford, L. M.（1994）'*Data Envelopment Analysis Theory, Methodology, and Applications*,' Kluwaer Academic Publishers.

Chen, C. M.（2009）"Network-DEA：A Model with New Efficiency Measures to Incorporate the Dynamic Effect in Production Networks," *European Journal of Operational Research*, 94（3）, pp.687-699.

Chirinko, R. S. and Fazzari, S. M.（1994）"Economic Fluctuations, Market Power, and Returns to Scale : Evidence from Firm-Level Data," *Applied Economics*, 9（1）, pp.47-69.

Christensen, L. R., Jorgenson, D. W. and Lau, L. J.（1971）"Conjugate Duality and the Transcendental Logarithmic Production Function," *Econometrica*, 39（4）, pp.255-256.

Christensen, L. R., Jorgenson, D. W. and Lau, L. J.（1973）"Transcendental Logarithmic Production Frontiers," *The review of economics and statistics*, 55（1）, pp.28-45.

Christensen, L. R., Jorgenson, D. W. and Lau, L. J.（1975）"Transcendental Logarithmic Utility Functions," *The American Economic Review*, 65（3）, pp.367-383.

Christensen, C. M.（2013）'*The Innovator's Dilemma : When New Technologies Cause Great Firms to Fail*' Harvard Business Review Press, 玉田俊平太監修, 伊豆原弓訳（2020）『イノベーションのジレンマ』翔泳社.

Church, J. and Ware, R.（2000）'*Industrial Organization*,' McGraw Hill.

Cobb, C.W. and Douglas, P.H.（1928）"A Theory of Production," *American Economic Review Papers and Proceedings*, 18 Supplement, pp.139-165.

Coelli, T. J.（1996）"A Guide to DEAP Version2.1 : a Data Envelopment Analysis（Computer Program）," *CEPA Working Papers*, Department of Econometrics University of New England Armidale, NSW2351, Australia.

Coelli, T., Rao, D. S. P. and Battese, G. E.,（1998）'*An Introduction to Efficiency and Production Analysis*,' Kluwer Academic Publishers.

Cooper, W. W., Lawrence, M. S. and Zhu, J.（2004）'*Handbook on Data Envelopment Analysis*,' Kluwer Academic Publishers.

Cooper, W., Seiford, L. M. and Tone, K.（2006）'*Introduction to Data Envelopment Analysis and Its Uses with DEA-Solver Software and Reference*s,' Springer Science and Business Media.

Cornwell, C., Schmidt, P., and Sickles, R. C.（1990）"Production Frontiers with Cross-Sectional and Time-Series Variation in Efficiency Levels," *Journal of Econometrics*, 46（1-2）, pp.185-200.

Cowling, K. and Waterson, M.（1976）"Price-cost Margins and Market Structure,"

Economica, New Series43 (171), pp.267-274.

Crouzet, N. and Mehrotra, N. R. (2020) "Small and Large Firms over the Business Cycle," *American Economic Review,* 110 (11), pp.3549-3601.

Daughety, A. (1990) "Beneficial Concentration," *American Economic Review,* 80 (5), pp.231-237.

Davidson, C. and Deneckere, R. (1984) "Horizontal Mergers and Collusive Behavior," *International Journal of Industrial Organization,* 2 (2), pp.117-132.

Dennis, C. M. (1996) "Lessons from the United States's Antitrust History," *International Journal of Industrial Organization,* 14 (4), pp.415-445.

Diewert, W. E. (1971) "An Application of the Shepard Duality Theorem: a Generalized Leontief Production Function," *International Journal of Political Economy,* 79, pp. 481-507.

Diewert, W. E. (1976) "Exact and Superlative Index Numbers," *Journal of Econometrics,* 4 (2), pp.115-145.

Diewert, W. E. and Wales, T. J. (1987) "Flexible Functional Forms and Global Curvature Conditions," *Econometrica,* 55 (1), pp.43-68.

Diewert, W. E. and Fox, K. J. (1999) "Can Measurement Error Explain the Productivity Paradox?," *Canadian Journal of Economics,* 32 (2), pp.251-280.

Domowitz, I., Hubbard, R. G. and Petersen, B. C. (1986) "Business Cycles and the Relationship between Concentration and Price-Cost Margins," *The RAND Journal of Economics,* 17 (1), pp.1-17.

Domowitz, I., Hubbard, R. G. and Petersen, B. C. (1987) "*Oligopoly* Supergames: Some Empirical Evidence on Prices and Margins," *The Journal of Industrial Economics,* 35 (4), pp.379-398.

Domowitz, I., Hubbard, R. G. and Petersen, B. C. (1988) "Market Structure and Cyclical Fluctuations in U.S. Manufacturing," *Review of Economics and Statistics,* 70 (1), pp.55-75.

Dutz, M. A. (1989) "Horizontal Mergers in Declining Industries," *International Journal of Industrial Organization,* 7 (1), pp.11-13.

Elberfeld, W. (2003) "A Note on Technology Choice, Firm Heterogeneity and Welfare," *International Journal of Industrial Organization,* 21 (4), pp.593-605.

Elberfeld, Walter and Nti, K. O. (2004) "Oligopolistic Competition and New Technology

Adoption under Uncertainty," *Journal of Economics,* 82 (2), pp.106-121.

Färe, R., Grosskoph, S., Norris, S. and Zhang, Z. (1994) "Productivity Growth, Technical Progress, and Efficiency Change in Industrialised Countries," *American Economic Review,* 84 (1), pp.64-83.

Färe, R. and Grosskoph, S. (1996a) '*Intertemporal Production Frontiers : with Dynamic DEA,*' Kluwer Academic Publishers.

Färe, R. and Grosskopf, S. (1996b) "Productivity and Intermediate Products : A Frontier Approach," *Economics Letters,* 50 (1), pp.65-70.

Färe, R. and Grosskopf, S. (2000) "Network DEA," *Socio-Economic Planning Sciences,* 34 (1), pp.35-49.

Farrell, S. (1957) "The Measurement of Productive Efficiency," *Journal of the Royal Statistical Society,* 120 (3), pp.253-281.

Farrell, J. and Shapiro, C. (1990) "Horizontal Mergers : An Equilibrium Analysis," *American Economic Review,* 80 (1), pp.107-126.

Ferrier, G. D. and Lovell, C. A. K. (1990) "Measuring Cost Efficiency in Banking : Econometric and Linear Programming Evidence," *Journal of Econometrics,* 46 (1-2). pp.229-245.

Fershtman, C. and Kamien, M. I. (1987) "Dynamic Duopolistic Competition with Sticky Prices," *Econometrica,* 55 (5), pp.1151-1164.

Forsund, F. R. (1992) "A Comparison of Parametric and Non-Parametric Efficiency Measures : The Case of Norwegian Ferries," *Journal of Productivity Analysis,* 3, pp.25-43.

Fraquelli, G., M. Piacenza and Vannoni, D. (2004) "Scope and Scale Economies in Multi-Utilities Evidence from Gas, Water and Electricity Combinations," *Applied Economics,* 36 (18), pp.2045-2057.

Fried, H. O., Lovell, C. A. K. and Schmidt, S. S. (1993) '*The Measurement of Productive Efficiency*' Oxford University Press.

Friesen, J. (1992) "Testing Dynamic Specification of Factor Demand Equations for U.S. Manufacturing," *Review of Economics and Statistics,* 74 (2), pp.240-250.

Fuss, M and Waverman, L. (1981) "Regulation and Multiproduct firm : the Case of Telecommunications in Canada," in : G. Fromm, ed., '*Studies in Public Regulation,*' Cambridge : M.I.T Press.

Fuss, M. and Waverman, L. (1992) '*Costs and Productivity in Automobile Production,*' Cambridge University Press.

Ghosal, V. (2000) "Product Market Competition and the Industry Price – Cost Markup Fluctuations : Role of Energy Price and Monetary Changes," *International Journal of Industrial Organization,* 18 (3), pp.415-444.

Gilligan, T. W. and Smirlock, M. (1984) "Scale and Scope Economies in the Multiproduct Banking Firms," *Journal of Monetary Economics,* 13 (3), pp.393-405.

Goodman-Bacon, A. (2021) "Difference-in-Differences with Variation in Treatment Timing," *Journal of Econometrics* , 225 (2), pp.254-277.

Greene, W. H. (1990) "A Gamma-Distributed Stochastic Frontier Model," *Journal of Econometrics,* 46 (1-2), pp.141-163.

Greene, W. H. (1997a) "Frontier Production Functions," in Hashem, P. M. and P. Schmidt, ed. '*Handbook of Applied Econometrics Microeconometrics* ,' v 2 , Blackwell.

Greene, W. H. (1997b) '*Econometric Analysis,*' 3 rd edition, Prentice-Hall.

Green, E. and Porter, R. (1984) "Noncooperative Collusion under Imperfect Price Information," *Econometrica,* 52 (1), pp.87-100.

Gugler, K., Mueller, D. C., Yurtoglu, B. B. and Zulehner, C. (2003) "The Effects of Mergers : An International Comparison," *International Journal of Industrial Organization,* 21 (5), pp.625-653.

Hahn, F. (1962) "The Stability of the Cournot Oligopoly Solution," *The Review of Economic Studies,* 29 (4), pp.329 – 331.

Hall, R. (1988) "The Relation between Price and Marginal Cost in US Industry," *Journal of Political Economy,* 96 (5), pp.921-947.

Haltiwanger, J. and Harrington, J. (1991) "The Impact of Cyclical Demand Movements on Collusive Behavior," *The RAND Journal of Economics,* 22 (1), pp.89-106.

Hansen, L. P. (1982) "Large-Sample Properties of Method of Moments Estimator," *Econometrica,* 50 (4), pp.1029-1054.

Hansen, L. P. and Singleton, K. (1982) "Generalized Instrumental Variables Estimation of Nonlinear Rational Expectations Models," *Econometrica,* 50 (5), pp.1269-1286.

Hattori, M. and Tanaka, Y. (2016) "Subsidizing New Technology Adoption in a Stackelberg Duopoly : Cases of Substitutes and Complements," *Italian Economic Journal,*

2 （2）, pp.197-215.

Hausman, J. A. and Leonard, G. K. （1997） “Economic Analysis of Differentiated Products Mergers using Real World Data,” *George Mason Law. Review,* 5 （3）, pp.321-343.

Hulten, C.R. （1973） “Divisia Index Numbers,” *Econometrica,* 41 （6）, pp.1017-1025.

Hunter, W. C., Timme, S. G. and Yang, W. K. （1990） “An Examination of Cost Subadditivity and Multiproduct Production in Large U.S. Banks,” *Journal of Money, Credit and Banking,* 22 （4）, pp.504-525.

Iwata, G. （1974） “Measurement of Conjectural Variations in Oligopoly,” *Econometrica,* 42 （5）, pp.947-966.

Jaimovich, N. and Floetotto, M. （2008）“Firm Dynamics, Markup Variations, and the Business Cycle,” *Journal of Monetary Economics,* 55, pp.1238-1252.

Jondrow, J. C., Lovell, A. K., Matercov, I. S. and Schmidt, P. （1982） “On the Estimation of Technical Inefficiency in the Stochastic Frontier Production Function Models,” *Journal of Econometrics,* 19 （2-3）, pp.233-238.

Jones, C. T. （1995） “A Dynamic Analysis of Interfuel Substitution in U.S. Industrial Energy Demand,” *Journal of Business & Economic Statistics,* 13 （4）, pp.459-465.

Jorgenson, D. W. and Griliches, Z. （1967） “The Explanation of Productivity Change,” *Review of Economic Studies,* 34 （3）, pp.349-383.

Kalman, R. E （1960） “A New Approach to Linear Filtering and Prediction Problems,” *Journal of Basic Engineering,* ASME.82, pp.35-45.

Kalman, R. E. and Bucy, R. S. （1961） “New Results in Linear Filtering and Prediction Theory,” *Journal of Basic Engineering,* ASME.83 （1）, pp.95-108.

Kolstad, C. D. and Lee, J. K. （1993） “The Specification of Dynamics in Cost Function and Factor Demand Estimation,” *Review of Economics and Statistics,* 75 （4）, pp.721-726.

Kopp, R. J. and Mullahy, J. （1990） “Moment-Based Estimation Ana Testing of Stochastic Frontier Models,” *Journal of Econometrics,* 46 （1-2）, pp.165-183.

Kulatilaka, N. （1987） “The Specification of Partial Static Equilibrium Models,” *Review of Economics and Statistics,* 69 （2）, pp.327-335.

Kumbhakar, S. C. （1990） “Production Frontiers, Panel Data, and Time-Varying Technical Inefficiency,” *Journal of Econometrics,* 46 （1-2）, pp.201-211.

Kumbhakar, S. C. (1994) "A Multiproduct Symmetric Generalized McFadden Cost Function," *Journal of Productivity Analysis*, 5, pp.349－357.

Lau, L. J. (1982) "On Identifying the Degree of Competitiveness from Industry Price and Output Data,"*Economics Letters*, 10 (1-2), pp.93-99.

Lau, L. J. and Yotopoulos, P. A. (1971) "A Test of Relative Efficiency and Application to Indian Agriculture," *American Economic Review*, 61 (1), pp.94-109.

Leibenstein, H. (1966) "Allocative Efficiency vs. 'X-efficiency," *American Economic Review*, 66 (3), pp.392-415.

Levin, D. (1990) "Horizontal Mergers: the 50-percent Benchmark," *American Economic Review*, 80 (5), pp.1239-1245.

Lewis, H. F. and Sexton, T. R. (2004) "Network DEA: Efficiency Analysis of Organizations with Complex Internal Structure," *Computers and Operations Research*, 31 (9), pp.1365-1410.

Lovell, C. A. K. and Sickles, R. C. (1983) "Testing Efficiency Hypotheses in Joint Production: A Parametric Approach,"*Review of Economics and Statistics*, 65 (1), pp.51-58.

Lundgren, T. and Sjostrom, M. (2001) "A Flexible Specification of Adjustment Costs in Dynamic Factor Demand Models," *Economics Letters*, 72 (2), pp.145-150.

Machin, S. and Van Reenen, J. (1993) "Profit margins and the business cycle: Evidence from UK manufacturing firms," *The Journal of Industrial Economics*, 41 (1), pp. 29-50.

Martin, S. (1988) "The Measurement of Profitability and the Diagnosis of Market Power," *International Journal of Industrial Organization*, 6 (3), pp.301-321.

Matsumura, T. and Matsushima, N. (2012) "Competitiveness and Stability of Collusive Behavior," *Bulletin of Economic research*, 64, pp.221-231.

Matsumura, T., Matsushima, N. and Cato, S. (2013) "Competitiveness and R&D Competition Revisited," *Economic modelling*, 31, pp.541-547.

Matthew, C. Weinberg (2011) "More Evidence on the Performance of Merger Simulations," *The American Economic Review*, 101 (3), pp.51-55.

Meese, R. (1980) "Dynamic Factor Demand Schedules for Labor and Capital under Rational Expectations," *Journal of Econometrics*, 14 (1), pp.141-158.

Meeusen, W. and Van Den Broeck, J. (1977) "Efficiency Estimation from Cobb Douglas

Production Function with Composed Error," *International Economic Review,* 18 (2), pp.435-444.

Mills, D. E. and Smith, W. (1996) "It Pays to be Different: Endogenous Heterogeneity of Firms in an Oligopoly," *International Journal of Industrial Organization,* 14 (3), pp.317-329.

Morrison, C. J. (1986) "Structural Models of Dynamic Factor Demands with Nonstatic Expectations: An Empirical Assessment of Alternative Expectations Specifications," *International Economic Review,* 27 (2), pp.365-386.

Morrison, C. J. (1988) "Quasi-Fixed Inputs in U.S. and Japanese Manufacturing: a Generalizes Leontief Cost Function Approach," *Review of Economics and Statistics,* 70 (2), pp275-287.

Mueller, D. C. (1989) "Mergers Causes, Effects and Policies," *International Journal of Industrial Organization,* 7 (1), pp.1-10.

Mueller, D. C. (1996) "Lessons from the United States Antitrust Histry," *International Journal of Industrial Organization,* 14 (4), pp.415-445.

Mueller, D. C. (1997) "Merger Policy in the United States: A Reconsideration," *Review of Industrial Organization,* 12, pp.655-685.

Murray, B. C. (1995) "Measuring Oligopsony Power with Shadow Prices: U.S. Markets for Pulpwood and Sawlog," *The Review of Economics and Statistics,* 77 (3), pp.486-498.

Murray, J. D. and White, R. W. (1983) "Economies of Scale and Economies of Scope in Multiproduct Financial Institutions: a Study of British Columbia Unions," *Journal of Finance,* 38 (3), pp.220-226.

Nekarda, C. J. and Ramey, V. A. (2020) "The Cyclical Behavior of the Price-Cost Markup," *Journal of Money Credit and Banking,* 52 (S 2), pp.319-353.

Nemoto, J, and Goto, M. (1993) "Measurement of Dynamic Efficiency in Production: an Application of Data Envelopment Analysis to Japanese Electric Utilities," *Journal of Productivity Analysis,* 19 (2-3), pp.191-210.

Nemoto, J. and Goto, M. (1999) "Measuring Dynamic Data Envelopment Analysis Modeling International Behavior of a Firm in the Presence of Productive Inefficiencies," *Economics Letters,* 64 (1), pp.51-56.

Nemoto, J. and Goto, M. (2003) "Measurement of Dynamic Efficiency in Production: An

Application of Data Envelopment Analysis to Japanese Electric Utilities," *Journal of Productivity Analysis*, 19（2）, pp.191-210.

Nemoto, J. and Goto, M.（2004）"Technological Externalities and Economies of Vertical Integration in the Electric Utility Industry," *International Journal of Industrial Organization*, 22（1）, pp.67-81.

Nemoto, J., Nakanishi, Y. and Madono, S.（1993）"Scale Economies and Over-Capitalization in Japanese Electric Utilitie," *International Economic Review*, 34（2）, pp.431-440.

Nevo, A.（2000）"Mergers with Differentiated Products : The Case of the Ready-to-Eat Cereal Industry," *The RAND Journal of Economics*, 31（3）, pp.395-421.

Nishimura, K., Ohkusa, Y. and Ariga, K.（1999）"Estimating the Mark-up over Marginal Cost : A Panel Analysis of Japanese Firms 1971-1994," *International Journal of Industrial Organization*, 17（8）, pp.1077-1111.

Norrbin, S.（1993）"The Relation between Price and Marginal Cost in US Industry : A Contradiction," *Journal of Political Economy*, 101（6）, pp.1149-1164.

Odagiri, H. and Hase, T.（1989）"Are Mergers and Acquisitions going to be Popular in Japan too?," *International Journal of Industrial Organization*, 7（1）, pp.49-72.

Odagiri, H. and Yamashita, T.（1987）"Price Mark-Ups, Market Structure, and Business Fluctuation in Japanese Manufacturing Industries," *The Journal of Industrial Economics*, 35（3）, pp.317-331.

Panzar, J. C. and Rosse, J. N.（1987）"Testing for Monopoly Equilibrium," *Journal of Industrial Economics*, 35（4）, pp.443-456.

Panzar, J. C. and Willng, R. D.（1977）"Economies of Scale in Multi-Output Production," *Quarterly Journal of Economics*, 91（3）, pp.481-493.

Panzar, J. C. and Willng, R. D.（1981）"Economies of Scope," *American Economic Review*, 71（2）, pp.268-272.

Park, K. S. and Park, K.（2009）"Measurement of Multiperiod Aggregative Efficiency," *European Journal of Operational Research*, 193（2）, pp.567-580.

Pastor, J.T., Ruiz, J. L. and Sirven, I.（1999）"An Enhanced DEA Russell Graph Efficiency Measure," *European Journal of Operational Research*, 115（3）, pp.596-607.

Pazo, C. and Jaumandreu, J.（1999）"An Empirical Oligopoly Model of a Regulated Market," *International Journal of Industrial Organization*, 17（1）, pp.25-57.

Pepall, L., Richards, D. and Norman, G. (2001) '*Industrial Organization Contemporary Theory and Practice,*' South-Western.

Perry, M. and Porter, R. (1985) "Oligopoly and Incentive for Horizontal Merger," *American Economic Review,* 75 (1), pp.219-227.

Petersen, M. A. (2009) "Estimating Standard Errors in Finance Panel Data Sets: Comparing Approaches," *The Review of Financial Studies,* 22 (1), pp.435-480.

Pindyck, R. S. and Rotemberg, J. J. (1983) "Dynamic Factor Demands and Effects of Energy Price Shocks," *American Economic Review,* 73 (5), pp.1066-1079.

Prieto, A. M. and Zofio, J. L. (2007) "Network DEA Efficiency in Input-Output Models: With an Application to OECD Countries," *European Journal of Operational Research*, 178 (1), pp.292-304.

Prucha, I. R. and Nadiri, M. I. (1996) "Endogenous Capital Utilization and Productivity Measurement in Dynamic Factor Demand Models: Theory and an Application to the U.S. Electrical Machinery Industry," *Journal of Econometrics,* 71 (1-2), pp. 343-379.

Puhani, P. A. (2012) "The Treatment Effect, the Cross Difference, and the Interaction Term in Nonlinear Difference-in-Differences' Models," *Economics Letters,* 115 (1), pp.85-87.

Pulley, L. B. and Braunstein, Y. M. (1992) "A Composite Cost Function for Multiproduct Firms with an Application to Economies of Scope in Banking," *The Review of Economics and Statistics,* 74 (2), pp.221-230.

Ragan, N. R., Grabowski, H. Y. A. and Pasurka, C. (1988) "The Technical Efficiency of US Banks," *Economic Letters,* 28 (2), pp.429-444.

Ravenscraft, D. J. and Scherer, F. M. (1989) "The Profitability of Mergers," *International Journal of Industrial Organization,* 7 (1), pp.101-116.

Ridder, M. D. (2024) "Market Power and Innovation in the Intangible Economy," *American Economic Review,* 114 (1), pp.199-251.

Rezitis, A. N., Brown, B. A. and Foster, W. E. (2001) "Dynamic Factor Demands for US Cigarette Manufacturing under Rational Expectations," *Applied Economics,* 33 (10), pp.1301-1311.

Roberts, M. J. (1984) "Testing Oligopolistic Behavior," *International Journal of Industrial Organization,* 2 (4), pp.367-383.

Rotemberg, J. J. and Saloner, G. (1986) "A Supergame-Theoretic Model of Price Wars during Booms," *The American Economic Review*, 76 (3), pp.390-407.

Rotemberg J. J. and Woodfood, M. (1992) "Oligopolistic Pricing and the Effects of Aggregate Demand on Economic Activity," *Journal of Political Economy*, 100 (6), pp. 1153-1207.

Salant, S. W., Switzer, S. and Reynolds, R. J. (1983) "Losses from Horizontal Merger : The Effects of an Exogenous Change in Industry Structure on Cournot-Nash Equilibrium," *The Quarterly Journal of Economics*, 98 (2), pp.185-199.

Salinger, M. Caves, R. E. and Peltzman, S. (1990) "The Concentration-Margins Relationship Reconsidered," *Brookings Papers on Economic Activity Microeconomics*, pp.287-335.

Sengupta, J. K. (1995) '*Dynamics of Data Envelopment analysis*,' Kluwer Academic Publishers.

Sexton, T. R. and Lewis, H. F. (2003) "Two-Stage DEA : An Application to Major League Baseball," *Journal of Productivity Analysis*, 19, pp.227-249.

Shaffer, S. (1983) "Non-Structural Measures of Competition : Toward a Synthesis of Alternatives," *Economics Letters* , 12 (3-4), pp.349-353.

Shaffer, S. (1989) "Competition in the U.S. Banking Industry," *Economics Letters*, 29 (4), pp.321-323.

Shaffer, S. and Disalvo, J. (1994) "Conduct in a Banking Duopoly," *Journal of Banking and Finance*, 18 (6), pp.1063-1082.

Shapiro, M. D. (1987) "Are Cyclical Fluctuation in Productivity Due More to Supply Shocks or Demand Shocks?," *American Economic Review*, 77, pp.118-124.

Shelden, I. and Sperling, R. (2003) "Estimating the Extent of Imperfect Competition in the Food Industry : What Have We Learned?," *Journal of Agricultural Economics*, 54 (1), pp.89-109.

Shinjyo, K. (1977) "Business Pricing Policies and Inflation : The Japanese Case," *The Review of Economics and Statistics*, 59 (4), pp.447-455.

Singh, N. and Vives, X. (1984) "Price and Quantity Competition in a Differentiated Duopoly," *The RAND Journal of Economics*, 15 (4), pp.546-554.

Skjerpen, T. (2005) "The Dynamic Factor Demand Model Revisited : The Identification Problem Remains," *Economics Letters*, 89 (2), pp.157-166.

Slade, M. (1987) "Interfirm Rivalry in a Repeated Game: An Empirical Test of Tacit Collusion," *The Journal of Industrial Economics,* 35 (4), The Empirical Renaissance in Industrial Economics, pp.499-516.

Slade, M. (1990) "Strategic Pricing Models and Interpretation of Price-War Data," *European Economic Review,* 34 (2-3), pp.524-537.

Solow, R. M (1957) "Technical Change and the Aggregate Production Function," *The Review of Economics and Statistics,* 39 (3), pp.312-320.

Stevenson, R. E. (1980) "Likelihood Functions for Generalized Stochastic Frontier Estimation," *Journal of Econometrics,* 13 (1), pp.57-66.

Sueyoshi, T. and Sekitani, K. (2005) "Returns to scale in dynamic DEA," *European Journal of Operational Research,* 161 (2), pp.536-544.

Tachibanaki, T., Mitsui, K. and Kitagawa, H. (1991) "Economies of Scope and Shareholding of Banks in Japan," *The Journal of the Japanese and International Economies,* 5 (3), pp.261-281.

Toda, Y. (1976) "Estimation of a Cost Function When Cost is not a Minimum," *Review of Economics and Statistics*, 58 (3), pp.259-268.

Tone, K. (2001) "A Slacks-Based Measure of Efficiency in Data Envelopment Analysis," *European Journal of Operational Research,* 130 (3), pp.498-509.

Tone, K. (2002a) "A Slacks-Based Measure of Super-Efficiency in Data Envelopment Analysis," *European Journal of Operational Research,* 143 (1), pp.32-41.

Tone, K. (2002b) "A Strange Case of the Cost and Allocative Efficiencies in DEA," *Journal of Operational Research Society*, 53 (11), pp.1225-1231.

Tone, K. and Tsutsui, M. (2009) "Network DEA: A Slacks-Based Measure Approach," *European Journal of Operational Research,* 197 (1), pp.243-252.

Tone, K. and Tsutsui, M. (2010) "Dynamic DEA: A Slacks-Based Measure Approach," *Omega,* 38 (3-4), pp.145-156.

Tone, K. and Tsutsui, M. (2014) "Dynamic DEA with Network Structure: A Slacks-Based Measure Approach," *Omega,* 42 (1), pp.124-131.

Ueda, M. (2019) "The Success or Failure of Mergers in Japan's Paper Industry: Evaluation of Merger Effects Using DEA and Simulation Data," *International Journal of Economic Policy Studies,* 14 (2), pp.179-197.

Urga, G. (1996) "On the Identification Problem in Testing the Dynamic Specification of

Factor-Demand Equations," *Economics Letters*, 52（3）, pp.205-210.

Urga, G.(1999) "An Application of Dynamic Specifications of Factor Demand Equations to Interfuel Substitution in US Industrial Energy Demand," *Economic Modelling*, 16（4）, pp.503-513.

Wolfson, P.（1993）"Compositional Change, Aggregation, and Dynamic Factor Demand : Estimates on a Panel of Manufacturing Firms," *Journal of Applied Econometrics*, 8（2）, pp.129-148.

邦語文献

浅井澄子（2001）「地域通信事業における規模の経済性と範囲の経済性」『岐阜経済大学論集』35（1）, pp.125-136.

有賀健・阪本和典・金古俊秀・佐野尚史（1992）「戦後日本の景気循環――価格・賃金・マーク・アップ」『フィナンシャル・レビュー』22, pp.130-161.

有賀健・大日康史（1996）「製造・流通各段階におけるマーク・アップの循環性に関する研究」『フィナンシャル・レビュー』38, pp.91-127.

伊神満（2018）『イノベーターのジレンマの経済学的解明』日経BP社.

井口富夫（1994）「金融機関における範囲の経済性に関する実証研究――展望」『龍谷大学経済学論集』4（2）, pp.1-20.

池田勝彦・土井教之（1980）『企業合併の分析――国際比較』中央経済社.

五十川大也・大橋弘（2012）「プロダクト・イノベーションにおける波及効果と戦略的関係－わが国のイノベーション政策への示唆」『RIETI Discussion Paper Series』12-J-034, pp.7-31.

岩田暁一（1974）『寡占価格への計量的接近』東洋経済新報社.

植草益・鳥居昭夫（1985）「Stochastic Frontier Production Frontierを用いた日本の製造業における技術非度の計測」『経済学論集』53, pp.2-23.

上田雅弘（2001）「マーク・アップ変動における規模の経済性――クールノー・モデルによる理論的考察」『松山大学論集』12（6）, pp.39-53.

上田雅弘（2003）「フロンティア生産関数による合併の効率性分析――製紙業界再編のケース」『松山大学論集』14（6）, pp.25-53.

上田雅弘（2004）「日本の製紙業界再編とシュタッケルベルク競争」『松山大学論集』16（1）, pp.175-204.

上田雅弘（2005）「製紙業界再編における全要素生産性の変化」『松山大学論集』17

（4），pp.1-19.
上田雅弘（2006a）「日本の製紙業界における規模と範囲の経済性」『同志社商学』57（6），pp.100-118.
上田雅弘（2006b）「DEA・SFA および因子分析を用いた製紙業界の効率性分析」『松山大学論集』18（5），pp.83-116.
上田雅弘（2009）「DEA-Super Efficiency モデルを用いた製紙業の合併と多角化の生産効率分析」『同志社商学』61（3），pp.1-23.
上田雅弘（2010）「DEA・SFA による製紙業の費用効率分析」『同志社大学商学部創立60周年記念論文集』pp.274-291.
上田雅弘（2012）「Dynamic DEA を用いた製紙業における工場別効率性の動学的評価」『同志社商学』63（6），pp.1049-1067.
上田雅弘（2013a）「動学的要素需要関数による製紙企業の規模と範囲の経済性」『社会科学』42（4），pp.155-176.
上田雅弘（2013b）「製紙業における利潤率とシェア・多角化・費用効率の経済分析」『社会科学』43（3），pp.1-22.
上田雅弘（2014）「Network Dynamic DEA を用いた製紙業における企業合併の工場別効率性評価」『同志社商学』66（1），pp.218-239.
上田雅弘（2015a）「製紙業界合併なかりせば――シミュレーション・データと DEA による合併効率の評価」『同志社商学』66（5），pp.851-869.
上田雅弘（2015b）「新聞巻取紙市場における競争形態の検証――クールノー・モデルとシュタッケルベルク・モデルへの適用」『同志社商学』66（6），pp.1261-1280.
上田雅弘（2021）「トランスログ型一般化費用関数と確率的フロンティア関数による製紙業の費用効率性分析」『同志社商学』72（6），pp.1187-1207.
上田雅弘（2022a）「コンポジット型費用関数を用いた製紙業における規模と範囲の経済性の推計」『社会科学』51（4），pp.65-86.
上田雅弘（2022b）「状態空間モデルを用いた日本の製紙業に関する需要の価格弾力性の計測」『同志社商学』73（6），pp.1341-1364.
上田雅弘（2022c）「状態空間モデルを用いた日本の洋紙市場におけるシュタッケルベルク競争の検証」『同志社商学（同志社大学商学部100周年記念論文集）』74（2），pp.355-377.
上田雅弘（2023a）「日本の製紙業におけるイノベーション効果の分析――大王製紙のケース」『社会科学』52（4），pp.277-298.

上田雅弘（2023b）「日本の製紙業界における合併と収益性に関する理論・実証分析――DID分析を用いた合併効果の検証」『同志社商学』75（1），pp.57-77.
上田雅弘（2023c）「日本の製紙業における規模の経済性とマーク・アップ率の循環に関する理論実証分析」『経済学論叢』75（2・3），pp.357-382.
宇佐美竜一（2002）「日本の信託銀行における規模の経済および範囲の経済」『大阪学院大学経済論集』16（1-2-3），pp.151-175.
大川隆夫・上田雅弘（1999）「寡占市場における競争形態の検証――日本の磨き板ガラス市場における実証分析」『立命館経済学』48（1），pp.34-47.
岡田羊祐（2019）『イノベーションと技術変化の経済学』日本評論社.
小田切宏之（1992）『日本の企業戦略と組織』東洋経済新報社.
小田切宏之（1999）「合併規制の経済理論」，後藤晃，鈴村興太郎編『日本の競争政策』東京大学出版会，第10章所収.
小田切宏之（2001）『新しい産業組織論――理論・実証・政策』有斐閣.
小田切宏之（2002）「合併と効率性――「企業の境界」論からの再考」『ビジネス・レビュー』47（2），pp.1-10.
粕谷宗久（1986）「Economies of Scopeの理論と銀行業への適用」『金融研究』5（3），pp.49-79.
粕谷宗久（1993）『日本の金融機関経営――範囲の経済性，非効率性，技術進歩』東洋経済新報社.
片桐聡（1993）「日本の信託銀行における範囲の経済性および規模の経済性――金融制度改革の経済学」『フィナンシャル・レビュー』28,pp.189-204.
加藤智章・吉田昌之（2004）「大規模紙，パルプ企業の生産行動に関する計量分析」『林業経済』57（7），pp.6-15.
加藤智章（2008）「我が国紙市場の競争度の計測――推測的変動モデルによる実証分析」『林業経済』61（7），pp.1-16.
河西宏之（1991）「アメリカ銀行業における範囲の経済性について――展望的覚書」『亜細亜大学経済学紀要』16（1），pp.1-78.
川濵昇・武田邦宣（2011）「企業結合規制における効率性の位置づけ」『RIETI Discussion Paper Series』11-J-022, pp.1-40.
川本卓司（2004）「日本経済の技術進歩率計測の試み」『金融研究』23（4），pp.147-186.
北川源四郎（2019）「時系列解析における状態空間モデルの利用」『統計数理』67（2），pp.181-192.

北坂真一（1989）「エネルギー価格と生産要素代替――動学的生産要素需要システムの推定」『六甲台論集』35（4），pp.154-168.
北坂真一（1992）「動学的生産要素需要システムの推定――わが国鉄鋼業の場合」『*The Economic Studies Quarterly*』43（2），pp.165-176.
北坂真一（1996）「生命保険業における規模と範囲の経済性」『ファイナンス研究』21, pp.61-83.
北坂真一（1999）「社会資本と民間資本の代替，補完性――トランスログ費用関数による計測」『国民経済雑誌』179（5），pp.93-104.
北坂真一（2004）「動学モデルによる規模と範囲の経済性の計測――わが国生命保険業の場合」『経済学論叢』55（4），pp.519-542.
衣笠達夫（2002）「日本の都市ガス産業の Averch-Johnson 効果の分析」『公益事業研究』54（2），pp.91-100.
衣笠達夫（2005）『公益事業の生産性分析』多賀出版.
木下貴雄・太田誠（1991）「日本の銀行業における範囲の経済性，規模の経済性および技術進歩――1981-1988年度」『フィナンシャル・レビュー』21,pp.163-181.
黒田昌裕（1984）『実証経済学入門』日本評論社.
桑原鉄也・依田高典（1998）「日本電気産業におけるパネルデータ分析――トランスログ費用関数と費用補正係数」『公益事業研究』52（2），pp.71-82.
桑原秀史（1998）「水道事業の産業組織――規模の経済性と効率性の計測」『公益事業研究』50（1），pp.45-54.
小林千春（1996）「一般化費用関数に基づく配分の非効率性の検定と規模の経済性――日本の電力産業への適用」『六甲台論集－経済学編－』43（1），pp.46-59.
佐竹光彦・筒井義郎（2003）「なぜ京都は信金王国なのか――efficiency structure 仮説の視点による分析」，湯野勉『京都の地域金融』日本評論社，第4章所収.
四宮俊之（1997）『近代日本製紙業の競争と協調――王子製紙，富士製紙，樺太工業の成長とカルテル活動の変遷』日本経済評論社.
首藤恵（1985）「銀行業の Scale and Scope Economies」『ファイナンス研究』4，pp.43-57.
新庄浩二（1987）「価格－費用マージンの決定と変動」『国民経済雑誌』155（2），pp.49-71.
新庄浩二（1995）「景気循環と価格－費用マージン」『国民経済雑誌』171（5），pp.1-17.
新庄浩二・播磨谷浩三（2004）「わが国信託銀行業における規模の経済性と範囲の経済

性の再検証――Fourier 型費用関数とトランスログ型費用関数との比較」『経済政策ジャーナル』 2（1-2）, pp.16-32.
末吉俊幸（2001）『DEA――経営効率分析法』朝倉書店.
高瀬浩二（2000）「変量効果をもつ伸縮的要素需要体系――紙，パルプ産業パネルデータへの応用例」『早稲田経済学研究』50, pp.63-81.
高田しのぶ，茂野隆一（1998）「水道事業における規模の経済性と密度の経済性」『公益事業研究』50（1）, pp.37-44.
高橋智彦（2003）「巨大経営統合を考慮した銀行の効率性について」高橋一・池田昌幸『禁輸工学と資本市場の計量分析』日本評論社，第2章所収.
高橋豊治（1990）「生命保険業における範囲の経済性について」『商経論集』23, pp.115-131.
谷崎久志（1993）『状態空間モデルの経済学への応用――可変パラメータ，モデルによる日米マクロ経済モデルの推定』神戸学院大学経済学研究叢書9.
張星源（2001）「稼働率内生型モデルによる TFP 成長率の計測」『経済研究』52（4）, pp.359-366.
筒井善郎・関口昌彦・茶野努（1992）「生命保険の範囲と規模の経済性」『ファイナンス研究』15, pp.1-15.
土井教之（2002）「合併，アライアンスと産業組織――経済分析の課題」『経済学論究』56（1）, pp.1-33.
刀根薫（1993）『経営効率性の測定と改善――包絡分析法 DEA による』日科技連出版社.
刀根薫・山岸晃・大川直人（1989）「DEA による都市銀行等の経営効率の比較」『オペレーションズ・リサーチ』 7月号, pp.316-319.
鳥居昭夫（1995）「技術効率――市場の変化と市場成果」，植草益編『日本の産業組織――理論と実証のフロンティア』有斐閣，第10章所収.
鳥居昭夫（2001）『日本産業の経営効率』NTT 出版.
中島隆信（1988）「生産者理論における規模の経済性」『三田商学研究』31（4）, pp.17-36.
中島隆信（1989）「エコノミーズオブスコープの発生原因についての再検討」『三田商学研究』32（3）, pp.1-19.
中島隆信（1990）「経済の外部性と企業の業務多角化（I）」『三田商学研究』32（6）, pp.1-10.
中島隆信（2001）『日本経済の生産性分析』日本経済新聞社.

中島隆信・吉岡完治（1989）「TFP の上昇要因分解」『三田商学研究』32（1），pp.58-84.
中島隆信・吉岡完治（1997）『実証経済分析の基礎』慶應義塾大学出版会.
中西泰夫（2014）『イノベーションの計量経済分析』専修大学出版局.
中山徳良（2002）「水道事業の費用構造——可変費用関数によるアプローチ」『公益事業研究』54（2），pp.83-89.
中山徳良（2003）『日本の水道事業の効率性分析』多賀出版.
根本二郎（1984）「エネルギーと非エネルギー生産要素の間の代替可能性について——多重 CES 型生産関数による計量分析」『季刊理論経済学』35（2），pp.139-158.
野村良一・大川隆夫（2005）「技術選択と特許の保護範囲」『社会科学研究（特集経済法・経済規制と産業組織)』56（3-4），pp.103-115.
服部昌彦（2017）「寡占市場における企業の新技術導入行動と政策分析」同志社大学大学院経済学研究科博士論文.
馬場直彦（1995）「内外価格差の発生原因について——マークアップ・プライシングの実証分析に通ずる検討」『金融研究』14（2），pp.71-97.
晝間文彦（1992）「わが国金融機関の規模と範囲の経済性に関する実証分析サーベイ」『早稲田商学』351-352, pp.1219-1238.
広田真一・筒井義郎（1992）「銀行業における範囲の経済性」，堀内昭義・吉野直之編『現代日本の金融分析』東京大学出版会，第 6 章所収.
堀敬一・吉田あつし（1996）「日本の銀行業の費用効率性」『Japanese Journal of Financial Economics』1（2），pp.87-110.
本間哲志・寺西重郎・神門善久（1996）「高度成長期のわが国銀行業の効率性」『経済研究』47（3），pp.248-269.
松浦克己・竹澤康子（2001）「われわれは金融機関をどのように選別すればよいか——フロンティア生産関数による効率性分析」，松浦克己・竹澤康子・戸井佳奈子『金融危機と経済主体』日本評論社，第 8 章所収.
松浦克己・戸井佳奈子（2002）「銀行の経営費効率とその要因——銀行破綻・銀行再生政策との関連において」，林敏彦，松浦克己『金融変革の実証分析』日本評論社，第 3 章所収.
皆川正（1994）「価格の循環的動き：展望」『経済学論集』59（4），pp.23-49.
宮越龍義（1993）「信用金庫における範囲の経済性と規模の経済性——地域別検証」『経済研究』44（3），pp.233-242.

宮崎正樹（1999）「わが国銀行業における規模と範囲の経済性の計測」『ファイナンス研究』26,pp.13-38.
吉岡完治（1989）『日本の製造業，金融業の生産性分析』東洋経済新報社.
和田哲夫・角田千枝子・根本二郎（1998）「郵便事業における規模の経済性・範囲の経済性・費用の劣化法性の検証」『情報通信学会年報』9,pp.22-36.

統計関連（1次データ出所）

『王子製紙社史――1873-2000』 王子製紙.
『紙・板紙統計年報』各年版 日本製紙連合会.
『紙・パルプ統計年報』各年版 経済産業省.
『国民経済計算年報』各年版 内閣府経済社会総合研究所.
『工業統計表（産業編）』各年版 経済産業省.
『公正取引委員会年次報告書』各年版 公正取引協会.
『消費動向調査』各年版 内閣府経済社会総合研究所.
『生産動態統計（紙・印刷・プラスチック製品・ゴム製品統計編）』各年版 経済産業省.
『日本マーケット・シェア事典』各年版 矢野経済研究所.
『毎月勤労統計調査』各年版 厚生労働省.
『物価指数年報』各年版 日本銀行.

集計データ関連

『日経 NEEDS 企業・財務データ』日本経済新聞社.
『日経マクロ経済データ』日本経済新聞社.

各社沿革

王子ホールディングス沿革.
https://www.ojiholdings.co.jp/Portals/0/resources/content/files/ir/library/annual/2019_02.pdf（最終閲覧2023年3月15日）
王子マテリア沿革.
https://www.ojimateria.co.jp/corporate/profile/ojipaper.html（最終閲覧2023年3月15日）
渋沢社史データベース.
https://shashi.shibusawa.or.jp/details_basic.php?sid=2670（最終閲覧2023年3月

15日）
大王製紙沿革.
https://www.daio-paper.co.jp/company/history/（最終閲覧2023年3月15日）
中越パルプ工業沿革.
https://www.chuetsu-pulp.co.jp/company/history.html（最終閲覧2023年3月15日）
特種東海製紙沿革.
https://www.tt-paper.co.jp/company/history/（最終閲覧2023年3月15日）
日本製紙沿革.
https://www.nipponpapergroup.com/about/history/（最終閲覧2023年3月15日）
https://www.nipponpapergroup.com/recruit/company/history/（最終閲覧2023年3月15日）
北越コーポレーション株式会社沿革.
https://www.hokuetsucorp.com/company/history.html（最終閲覧2023年3月15日）
三菱製紙沿革.
https://www.mpm.co.jp/company/history.html（最終閲覧2023年3月15日）
レンゴー沿革.
https://www.rengo.co.jp/company/outline/history.html（最終閲覧2023年3月15日）

資料および統計データ等出所

企業合併の制度変更および独占禁止法に関わる資料等　公正取引委員会.
https://www.jftc.go.jp/（最終閲覧2023年3月15日）
鉱工業出荷指数　経済産業省.
https://www.meti.go.jp/statistics/index.html（最終閲覧2023年3月15日）
工業統計表　経済産業省.
https://www.meti.go.jp/statistics/tyo/kougyo/result-2.html（最終閲覧2023年3月15日）
工業統計表アーカイブス.
https://www.meti.go.jp/statistics/tyo/kougyo/archives/（最終閲覧2023年3月15日）
生産動態統計（紙・印刷・プラスチック製品・ゴム製品統計編）　経済産業省.
https://www.meti.go.jp/statistics/tyo/seidou/result/ichiran/nenpo_2007-2020.html（最終閲覧2023年3月15日）
GDP および SNA 統計　内閣府経済社会総合研究所.

https://www.esri.cao.go.jp/jp/sna/menu.html（最終閲覧2023年３月15日）
日本製紙連合会「世界の中の日本」世界の紙・板紙生産量.
https://www.jpa.gr.jp/states/global-view/index.html（最終閲覧2023年３月15日）
物価関連統計　日本銀行.
https://www.boj.or.jp/statistics/pi/index.htm（最終閲覧2023年３月15日）
1997年の独占禁止法改正に関わる企業合併の制度変更資料等　公正取引委員会.
https://www.jftc.go.jp/info/nenpou/h09/02010000.html（最終閲覧2023年３月15日）

合併件数データ

『中小企業白書』（2018）　第６章.
https://www.chusho.meti.go.jp/pamflet/hakusyo/H30/PDF/chusho/04Hakusyo_part２_chap６_web.pdf（最終閲覧2023年３月15日）
中小企業庁 HP.
https://www.chusho.meti.go.jp/pamflet/hakusyo/2021/chusho/b２_３_２.html（最終閲覧2023年３月15日）
MARR Online（レコフデータ調査）.
https://www.marr.jp/menu/ma_statistics/ma_graphdemiru/entry/35326（最終閲覧2023年３月15日）

製品記事一覧

国立研究開発法人新エネルギー・産業技術開発機構（NEDO）HP.
https://webmagazine.nedo.go.jp/practical-realization/articles/201905np/（最終閲覧2023年３月15日）
大王製紙　「エリプラペーパー」.
https://www.daio-paper.co.jp/news/プラスチック代替素材－エリプラペーパー－の販売／（最終閲覧2023年３月15日）
日本製紙「製品情報　セルロースナノファイバー（CNF）」.
https://www.nipponpapergroup.com/products/cnf/（最終閲覧2023年３月15日）
大王製紙「セルロースナノファイバー（CNF）」.
https://www.daio-paper.co.jp/development/cnf/（最終閲覧2023年３月15日）
大王製紙「主要拠点一覧」.
https://www.daio-paper.co.jp/company/base/（最終閲覧2023年３月15日）

あとがき

本書では，1990年代に大規模な水平合併が繰り返され，ダイナミックな再編成が進展した日本の製紙業界に注目し，市場の競争形態を統計的に推定して理論モデルの現実妥当性を検証するとともに，多角的な生産性・効率性の分析を用いて合併の成否を評価した。

日本の製紙業界では長期化する不況の影響で紙・板紙製品の国内需要が低迷し，企業にとってはいかにして利益を獲得するかが重要な課題となっている。製紙業は典型的な内需型産業であり，寡占市場における生産量競争の理論的枠組みを適用して企業合併の効果を分析し，競争政策のあり方を考えるのに適した市場である。

市場の需要状況を把握するためには，価格弾力性を知ることが肝要である。従来，価格弾力性の推計では，一定期間の需要量と価格のデータによって，ひとつのパラメータを得ることしかできず，データが与えられた毎期の弾力性を測ることができなかった。しかし，ここでは状態空間モデルを駆使して計測することにより，毎期の価格弾力性の推計値を観測することに成功している。よく知られた産業利潤率の決定要因を集中度と価格弾力性に帰着させることを明示した理論モデルを，毎期の価格弾力性の推計値を用いて実証分析を行ったところ，競争政策上の課題として従来から着目されてきた集中度よりも，価格弾力性の利潤率への影響が統計的に有意に検出されたことも，この分析の独自の貢献である。

産業組織論においては，理論，実証，政策というフレームワークで分析が展開される。寡占市場の理論モデルで合併動機を分析する際には，収益性の向上が最も重要な視点となる。典型的な寡占市場の理論であるクールノー・モデルを展開して合併の収益性効果を検討した場合，基本モデルの帰結では「合併のパラドクス」が生じるが，シュタッケルベルク・モデルにおいては合併の収益性向上動機を整合的に説明できることを先行研究によって提示した。

さらに1990年代に大型合併を繰り返し，シュタッケルベルク市場の競争形態を呈している日本の製紙業において，業界大手２社である王子製紙と日本製紙の合併事例を取り上げ，中堅企業でありこの時期合併を行っていなかった大王製紙，北越製紙を参照企業として，収益性向上の面から差分の差分法（*DID*）回帰分析を用いて合併の成否を検証した。その結果，長期的には合併効果としての収益率上昇を認めることができた。この統計的事実は，製紙業界が1990年代の合併を通じて，シュタッケルベルク市場の特性をもつようになった重要な証拠である。

そこで，製紙業界の競争形態を確認するために，理論モデルから得られた価格の理論値を用いることで，クールノー市場とシュタッケルベルク市場の競争形態を検証するモデルを提示した。シュタッケルベルク市場の理論値を求める手法も，本研究独自のものである。これらのモデルから得られた価格の理論値は，企業数とシェア，さらに需要の価格弾力性，限界費用のデータを用いて算出することができる。これを現実の価格と比較する手法で，競争形態の検定を試みた。

実際の計測では企業数とシェア，単位費用に加え，状態空間モデルを用いた価格弾力性の推計値を利用し，毎期変化する変数としている。計測の結果，洋紙市場は1990年代に大型合併が相次ぎ，市場構造に大きな変化が見られたが，シュタッケルベルク市場の様相を呈していることが統計的に明らかになった。寡占市場の典型とされるクールノー市場やシュタッケルベルク市場については，過去に豊富な理論研究の蓄積がある。市場の競争形態を特定化できれば，理論研究のインプリケーションを適用して，当該市場の戦略的行動を窺うことができ，またさまざまな政策判断を行う根拠となる。その意味では，ここで競争形態の推定に新たな手法を提示したことになる。

合併の効果は収益性だけでなく，生産性や効率性の面からも検証する必要がある。そこで，生産性分析の理論的背景を展開するとともに，1990年代の製紙業界における合併について指数法によって企業ごとの全要素生産性（*TFP*）を計測し，合併前後の生産性の変化を捉えることで合併の成果を検証した。その結果，大型合併を経験した上位企業では，合併当初には一時的に生産性が低下するものの，長期的には従来よりも生産性は改善している。また，合併を経験しなかった中堅企業でも，経年的に生産性は向上していた。また中堅企業の小規模合併については生産性の上昇が認められず，合併には規模の経済性が大きく影響を及ぼしていることの傍証となった。

規模の経済性が景気と相関するならば，*TFP* も景気と相関するはずである。この仮説の検証については，不完全競争によるマーク・アップの影響を考慮した理論モデルの展開と，それをもとにした実証分析が必要である。そこで，不完全市場における景気変動とマーク・アップの循環性について，理論的に数量競争の枠組みで包括的に述べるモデルの構築を試みた。この理論モデルでは，規模に関する収穫逓増となる状況下では，逆循環を起こす可能性が高いことが明らかになっている。そこでこの帰結を日本の製紙業に当てはめて実証分析を試みた。

その結果，1980年代から2000年代終盤にかけて規模の経済性が大きく機能したと考えられる時期には，マーク・アップ率と景気の長期的動向は逆循環の関係にあり，市場が低迷する2000年代終盤以降ではそれらが消失する。市場の拡大と規模の経済性の発揮は価格の低下をもたらし，その結果，長期的な動向を見れば，景気と利潤率の逆循環が観察されたと考えられる。このように，日本の製紙業界ではマーク・アップ率と景気の循環に関する理論モデルの説明力と妥当性が検証された。

そもそも製紙業界の企業では，規模と範囲の経済性が機能しているのか，静学的費用関数および動学的要素需要関数を用いることによる検証を試みた。静学的モデルを用いた計測では，上位 4 社となる王子製紙，日本製紙，大昭和製紙，大王製紙で，規模と範囲の経済性の発揮を統計的に認めることができた。つまり製紙業界における合併は，生産性向上の視点で有効な戦略であったことが認められる。また，動学的計測では，日本製紙，大王製紙，北越製紙などで多品種生産による範囲の経済性の発揮を統計的に有意に確認することができた。

経済学における最適化の理論モデルと整合的に，企業の生産効率や費用効率を計測する手法として，確率的フロンティアモデル（*SFA*）をあげることができる。*SFA* は企業合併の効率性向上を捉えるパラメトリックな分析手法としても有用である。そこで1990年代の製紙業界における合併の成果を *SFA* によって評価した。

生産面からのアプローチでは生産関数を想定するが，大半の大型合併のケースが成功的事例として評価された。しかし，費用関数を用いて費用効率を求めた *SFA* 費用フロンティアモデルによる計測では，日本製紙の合併事例は評価されるものの，王子製紙の合併は費用効率を低下させる結果となっている。これには合併相手となる企業の効率性が大きく関わっていること，また合併の評価にはある程度の時間が必要であり，長期的な評価が重要であることなどが明らかになった。この分析においても，大王製紙の効率性が圧倒的に高く評価された要因は，ひとつの地域に立地した大規模な工場を有し，多品種の紙を生産しているところにある。大王製紙の生産体制は，規模の経済性を発揮するだけでなく，多角化のメリットである範囲の経済性，また集積のメリットである密度の経済性を発揮していると考えられる。

SFA はパラメトリックに効率性を分析する確率論的手法であるが，決定論的な効率性分析の手法に包絡分析法（*DEA*）がある。合併を多角的に評価し，計測結果に頑健性をもたせる意味でも，*DEA* による分析を行うことは有用である。*DEA* にも生産面と費用面のアプローチがある。生産面のアプローチでは，基本モデルを応用した *DEA Super-efficiency* モデルを採用し，多角化の程度も考慮した産業内の相対的な効率性の計測を行った。その結果，企業別の効率値については，合併による上位２強の効率値の向上と，大王製紙や東海パルプで多品種生産の効率性が認められた。

また，板紙企業のレンゴーも効率値が一貫して高く，専業の経済性を生かす意味でも，加工品の付加価値を高め競争力をもつことが重要な戦略となる。製紙業界においては，王子製紙，日本製紙の上位２強グループは，規模の経済性の発揮，その他中位企業は資本・業務提携を通じたゆるやかな連携で，独自の効率性を保ちながら多品種生産において発生するさまざまなコストを排除し，範囲の経済性を発揮させることが重要である。

さらに合併による費用効率の変化を *DEA* 費用アプローチによって確かめた

ところ，クロスセクション分析による短期的な効果としては，王子製紙，日本製紙における大型合併後の効率性向上が見られる。また大王製紙は費用面からのアプローチでも経年的に費用効率が優れており，大規模工場での生産による規模と範囲の経済性の発揮が，費用効率性の側面からも支持された。付加価値が高い雑種紙の生産に特化していた特種製紙や板紙専業のレンゴーでも，分析期間を通じて費用効率が優れていたため，専業の効率性も確認することができる。

これまでの研究では，合併前後の実際のデータを用いて効率指標を算出していたため，合併によって経年的にサンプルは減り，*DEA* による計測にも限界があった。そこで，合併企業と被合併企業がそれぞれ合併せずに存続した場合の仮想データをシミュレーションによって作成し，合併が実現した後の実際のデータと，合併が行われなかった場合との効率性比較を試みた。このような手法を用いると，合併事例が増えるほどサンプルも増えるという利点もある。分析の結果，大手企業と中堅企業の合併では，存続する大手企業から見れば，短期的には合併相手の効率性に多少の影響を受けるが，ある程度の調整期間の後に，長期的には効率性は改善していることが判明した。このように仮想的なデータを合併の効率性分析に採用したことも，本研究の新奇かつ独自な点である。

製紙業界は1990年代に企業レベルの大型合併を繰り返したが，工場レベルでは資本設備や従業員を引き継ぎ，生産物も合併前とほぼ変わらず生産を存続している。したがって，長期にわたる効率性分析を適用するには，工場レベルの効率性を測ることが望ましい。そこで，工場レベルのデータを用いて，企業の設備投資における動学的意思決定を反映できるように分析を考慮した。

Network Dynamic DEA を用いて工場レベルの効率値を企業レベルの効率性との関連で捉え，効率性の高い工場を確認するとともに，合併や統合が工場レベルの効率性に与える影響を検討したところ，大王製紙の三島川之江工場における効率値が全期間において最も高く評価された。大王製紙の三島川之江工場は，規模の大きさと多品種生産の効率性が際立っている。また最新鋭の効率的な装置を装備した北越製紙の工場でも相対的に高い効率性が確認された。大手

企業の工場では，企業レベルの分析結果と効率性の動向が対応しており，工場レベルの効率性の動きが企業レベルに反映していたと解釈できる。

さらに各年の工場レベルの効率値を生産規模と多角化に回帰した結果，規模が大きい工場ほど効率性は高い傾向がみられ，規模の経済性の機能が観察されるが，多角化が効率性に与える影響はそれよりも強く，範囲の経済性が効率性に与える影響も重要であることが検証されている。

こうして求められた効率性の意味をさらに深く検討することは有意義である。そこで，非効率性を含めたパラメトリックな計測手法である一般化費用関数を用いて資源配分の非効率性を検証し，確率的費用フロンティア（*SFA*）モデルによって得られる非効率性との関係を明らかにした。分析結果からは，*SFA* 非効率性の大きさが，労働よりも資本設備の過小投入に帰着することが示された。製紙企業の効率的な操業には，長期的な視点から資本設備の動学的調整を行うことが重要である。

当初，本研究の狙いは，大規模装置型産業における盛衰を経済合理的に検証するため，理論モデルによって抽象的に分析対象を捉え，収益性，生産性，効率性の側面から多角的な実証分析によって産業の動態を検証することであった。衰退する産業の成れの果てに，生産規模や企業数はどのような状態に帰着するのかを明らかにすることに関心があった。そこで日本の製紙業界を分析対象として合併というサバイバル戦略に着目し，合併の成否を理論的かつ実証的に明らかにしてきたわけである。

しかし製紙業界はもはや衰退産業ではない。従来の生産物を産出する過程で得られた生産技術の蓄積によってイノベーションを起こし，セルロースナノファイバー（CNF）という新たな財の生産と開発に着手している。産業や企業が衰退するかどうかは，イノベーションにかかっている。これまでの分析において生産性，効率性が優れていた大王製紙を取り上げて，この新財の普及を前提に将来の市場拡大を予測し，シミュレーションから得られた将来の産出と投入のデータを用いた *DEA* による費用効率評価を試みた。

その結果，CNF の開発等による新市場の開拓は，長期的に製紙企業の効率性を向上させる効果があり，大王製紙のケースでは，2050年時点の効率性は，売上高の成長を控え目に想定した計測においても，好景気であった1990年において実現されていた効率水準に並ぶことが明らかになった。

製紙業界では，従来の本業である洋紙の需要低迷が新市場開拓のインセンティブとなり，範囲の経済性を生かした新素材開発のイノベーションを実現しつつある。製紙業界の収益性と費用効率性の改善は，カーボンニュートラルの達成に向けたCNFの製造技術の発展によっていかに製品コストを低減させるか，またさらなる用途開発によって市場規模をいかに迅速に拡大させるかにかかっている。

本書は筆者がこれまでの研究をまとめ，2023年９月に博士（経済学）の学位を得た論文に加筆修正したものである。本書執筆に至るまでの研究過程では，多くの方々からご指導とご支援を賜った。

神戸大学大学院在学中の指導教授である神戸大学名誉教授の新庄浩二先生には，在学中のご指導のみならず，人生のあらゆる節目に温かいご恩情を賜っている。博士論文にも丁寧に目を通していただいた。ここに心からの敬意と感謝の気持ちを記したい。また大学院で副指導教授であった神戸大学名誉教授の福田亘先生には，学部時代からご教示いただき，大学院進学後もあらゆる場面で気に掛けていただいた。心からの敬意とお礼を申し上げたい。同様に副指導教授であった神戸大学名誉教授の田中康秀先生には，在学中に温かなご指導をいただき，その後も学会でお目にかかるたびに論文執筆の激励を賜った。心からの敬意と感謝の意を記したい。

同志社大学商学部在学中，指導教授であった同志社大学名誉教授の二村重博先生に大学院進学を志望していることを伝え，さまざまな相談に乗っていただいた。大学卒業後もずっと見守っていただいていること，心からの感謝の意を伝えたい。また同志社大学名誉教授の森田雅憲先生には，大学入学後の経済原論の講義で刺激を与えられ，在学中は大学院進学に向けて専門領域のご指導をいただくのみならず，人生の貴重な教訓を賜った。あらためて敬意を表したい。

関西学院大学名誉教授の土井教之先生には公正取引委員会の調査研究など貴重な機会にメンバーとしてお声掛けいただき，学会報告ではコメンテーターとしてご指導を賜った。これまでお世話になったことに心から厚くお礼申し上げたい。また，大学院の先輩にあたる立命館大学の大川隆夫教授には，大学院在学中から実証分析の手法を教示いただくとともに，研究活動について叱咤激励と実りある導きをいただいた。ここに記して感謝申し上げる。大学院の後輩にあたる京都女子大学の張星源教授には，本書のテーマとなる効率性分析の手法について大いなる刺激をいただき，学会報告でも貴重なコメントとアドバイスをいただいた。心から感謝申し上げたい。

在職している同志社大学商学部の先生方にも温かなご支援をいただいた。川満直樹教授には，異なる専門分野からの視点で博士論文に目を通していただき，詳細な文言チェックをいただいた。多大な時間を費やしていただいたことに心からの感謝の意を記したい。また大学院の先輩にあたる植田宏文教授には，博士論文の完成まで継続的に論文執筆の激励とご支援を賜った。同じ学系の教員として，専門分野で学会でも活躍されている辻村元男教授，内藤徹教授，牧大樹教授，溝渕英之准教授には，理論実証分析の多角的なアドバイスをいただき，小島秀信教授には本書執筆に至る過程で多大なご支援を賜った。さらには新進気鋭の会計学者である田口聡志教授とは，専門分野は異なるものの研究に対する熱意を常に共有し，強い信頼関係のもと刺激と安心を与えてもらっている。経営学およびマーケティングの研究分野でご活躍の冨田健司教授にも，難局を乗り越えなければならないときに大いなるご支援をいただいた。本書執筆の過程でお世話になった商学部長の崔容熏教授はじめ同僚の先生方には，あらためて心からの感謝を記したい。

さらに，同志社大学経済学部の北川雅章教授，竹廣良司教授，小林千春教授には，博士論文審査の過程で多大なお時間を割いていただき，専門分野の視点から多くの貴重なご指摘をいただいた。また，学校法人同志社総長兼理事長の八田英二先生には，大学院時代に公正取引委員会の調査研究がきっかけで面識を得て以来，公私にわたりさまざまな局面でご支援を賜っている。ここに記して心から感謝申し上げたい。

本書の出版にあたり，ミネルヴァ書房の堀川健太郎氏には，何度もやり取りしながら研究室にもたびたび来訪いただき大変お世話になった。旧知とはいえ，数年前から著書をまとめると宣言しながらなかなか実現できなかったにもかかわらず，博士論文を完成して出版したいという願いを受け入れていただいたことに感謝の意を表したい。また，これまで実証研究に必要なデータの作成に尽力してもらった松山大学経済学部と同志社大学商学部の上田雅弘ゼミナールのメンバーにも，心からお礼の意を記しておきたい。

最後に，この間，苦楽をともにした妻の理江，いつもその笑顔が執筆の原動力になった娘茱鈴と息子晃靖に，感謝の意を込めて本書を捧げたい。

2024年 9 月

上 田 雅 弘

初出一覧

本書における各章の分析は,以下の先行研究の加筆・修正をもとに構成されている。

第1章　製紙業界の概況

上田雅弘（2003）「フロンティア生産関数による合併の効率性分析――製紙業界再編のケース」『松山大学論集』14（6）, pp.25-53.

上田雅弘（2004）「日本の製紙業界再編とシュタッケルベルク競争」『松山大学論集』16（1）, pp.175-204.

第2章　状態空間モデルを用いた価格弾力性の推定

上田雅弘（2022b）「状態空間モデルを用いた日本の製紙業に関する需要の価格弾力性の計測」『同志社商学』73（6）, pp.1341-1364.

第3章　寡占市場における企業合併の理論と実証分析

上田雅弘（2004）「日本の製紙業界再編とシュタッケルベルク競争」『松山大学論集』16（1）, pp.175-204.

上田雅弘（2023b）「日本の製紙業界における合併と収益性に関する理論・実証分析――DID 分析を用いた合併効果の検証」『同志社商学』75（1）, pp.57-77.

第4章　洋紙市場における競争形態の検証

上田雅弘（2015b）「新聞巻取紙市場における競争形態の検証――クールノー・モデルとシュタッケルベルク・モデルへの適用」『同志社商学』66（6）, pp.1261-1280.

上田雅弘（2022c）「状態空間モデルを用いた日本の洋紙市場におけるシュタッケルベルク競争の検証」『同志社商学』74（2）, pp.355-377.

第5章　合併による生産構造の変化と全要素生産性の成長

上田雅弘（2005）「製紙業界再編における全要素生産性の変化」『松山大学論集』17（4），pp.1-19.

第6章　製紙業におけるマーク・アップ率の循環と規模の経済性

上田雅弘（2001）「マーク・アップの変動における規模の経済性――クールノー・モデルによる理論的考察」『松山大学論集』12（6），pp.39-53.

上田雅弘（2023c）「日本の製紙業における規模の経済性とマーク・アップ率の循環に関する理論実証分析」『経済学論叢』75（2・3），pp.357-382.

第7章　日本の製紙業における規模と範囲の経済性

上田雅弘（2006a）「日本の製紙業界における規模と範囲の経済性」『同志社商学』57（6），pp.100-118.

上田雅弘（2013a）「動学的要素需要関数による製紙企業の規模と範囲の経済性」『社会科学』42（4），pp.155-176.

第8章　確率的フロンティアモデルを用いた製紙業界の効率性分析

上田雅弘（2003）「フロンティア生産関数による合併の効率性分析――製紙業界再編のケース」『松山大学論集』14（6），pp.25-53.

上田雅弘（2006b）「DEA・SFAおよび因子分析を用いた製紙業界の効率性分析」『松山大学論集』18（5），pp.83-116.

上田雅弘（2021）「トランスログ型一般化費用関数と確率的フロンティア関数による製紙業の費用効率性分析」『同志社商学』72（6），pp.1187-1207.

第9章　生産DEAによる製紙業界の効率性評価

上田雅弘（2006b）「DEA・SFAおよび因子分析を用いた製紙業界の効率性分析」『松山大学論集』18（5），pp.83-116.

上田雅弘（2009）「DEA-Super Efficiencyモデルを用いた製紙業の合併と多角化の生産効率分析」『同志社商学』61（3），pp.1-23.

第10章　費用 DEA とシミュレーション・データによる合併効率の評価
上田雅弘（2010）「DEA・SFA による製紙業の費用効率分析」『同志社大学商学部創立60周年記念論文集』, pp.274-291.
上田雅弘（2013b）「製紙業における利潤率とシェア・多角化・費用効率の経済分析」『社会科学』43（3）, pp.1-22.
上田雅弘（2015a）「製紙業界合併なかりせば――シミュレーション・データと DEA による合併効率の評価」『同志社商学』66（5）, pp.851-869.
Ueda, M.（2019）“The Success or Failure of Mergers in Japan's Paper Industry : Evaluation of Merger Effects Using DEA and Simulation Data,” *International Journal of Economic Policy Studies*, 14（2）, pp.179-197.

第11章　動学的 DEA とネットワーク DEA を用いた工場別効率性分析
上田雅弘（2012）「Dynamic DEA を用いた製紙業における工場別効率性の動学的評価」『同志社商学』63（6）, pp.1049-1067.
上田雅弘（2014）「Network Dynamic DEA を用いた製紙業における企業合併の工場別効率性評価」『同志社商学』66（1）, pp.218-239.

第12章　一般化費用関数を用いた規模と範囲の経済性と効率性の評価
上田雅弘（2021）「トランスログ型一般化費用関数と確率的フロンティア関数による製紙業の費用効率性分析」『同志社商学』72（6）, pp.1187-1207.

第13章　日本の製紙業におけるイノベーション効果の分析
上田雅弘（2023a）「日本の製紙業におけるイノベーション効果の分析――大王製紙のケース」『社会科学』52（4）, pp.277-298.

索　引

あ 行

か 行

さ 行

た　行

な　行

は　行

ま　行

や　行

ら　行

《著者紹介》

上田雅弘（うえだ・まさひろ）

1965年　生まれ。
1990年　同志社大学商学部卒業。
1998年　神戸大学大学院経済学研究科博士後期課程単位取得退学。
2023年　博士（経済学）。
　　　　松山大学経済学部准教授を経て，
現　在　同志社大学商学部教授。
主　著　"The Success or Failure of Mergers in Japan's Paper Industry: Evaluation of Merger Effects using DEA and Simulation Data," *International Journal of Economic Policy Studies* (14), 2019.
「状態空間モデルを用いた日本の洋紙市場におけるシュタッケルベルク競争の検証」『同志社商学』74（2），2022年。
「日本の製紙業におけるイノベーション効果の分析——大王製紙のケース」『社会科学』52（4），2023年。

日本の製紙業における合併効果
——生産性と効率性の計量分析——

2024年11月1日　初版第1刷発行　〈検印省略〉

定価はカバーに
表示しています

著　者　上　田　雅　弘
発行者　杉　田　啓　三
印刷者　藤　森　英　夫

発行所　株式会社　ミネルヴァ書房
607-8494　京都市山科区日ノ岡堤谷町1
電話代表　(075)581－5191
振替口座　01020－0－8076

亜細亜印刷・新生製本

ISBN978-4-623-09835-4
Printed in Japan